KB154590

경이로운 지구의 생명들

# 경이로운
# 지구의 생명들

데이비드 애튼버러

이한음 옮김

LIVING PLANET : The Web of Life on Earth

by David Attenborough

First published in Great Britain by William Collins Sons & Co. Ltd. and
BBC Books: a division of BBC Enterprises Ltd. in 1984
Fully updated and republished by William Collins in 2021
Text © David Attenborough Productions Ltd. 1984, 2021
Photographs © Individual copyright holders
Translation © Kachi Publishing Co., Ltd. 2023, translated under licence
from HarperCollins Publishers Ltd. through EYA Co., Ltd.
David Attenborough asserts the moral right to be acknowledged as the
author of this work.

이 책의 한국어판 저작권은 EYA Co., Ltd.를 통한 HarperCollins Publishers
Ltd.사와의 독점계약으로 (주)까치글방이 소유합니다. 저작권법에 의하여 한
국 내에서 보호를 받는 저작물이므로 무단전재와 복제를 금합니다.

역자 이한음
서울대학교에서 생물학을 공부했으며, 저서로 『투명 인간과 가상 현실 좀 아는
아바타』 등이 있으며, 역서로 『유전자의 내밀한 역사』, 『DNA : 유전자 혁명 이야
기』, 『조상 이야기』, 『암 : 만병의 황제의 역사』, 『생명 : 40억 년의 비밀』, 『살아 있는
지구의 역사』, 『초파리를 알면 유전자가 보인다』, 『침묵의 지구』 등이 있다.

편집 교정_ 권은희(權恩喜)

# 경이로운 지구의 생명들

저자/데이비드 애튼버러
역자/이한음
발행처/까치글방
발행인/박후영
주소/서울시 용산구 서빙고로 67, 파크타워 103동 1003호
전화/02 · 735 · 8998, 736 · 7768
팩시밀리/02 · 723 · 4591
홈페이지/www.kachibooks.co.kr
전자우편/kachibooks@gmail.com
등록번호/1-528
등록일/1977. 8. 5
초판 1쇄 발행일/2023. 5. 10

값/뒤표지에 쓰여 있음
ISBN 978-89-7291-797-7 03470

# 차례

# 서문



이 책은 BBC에서 제작한 다큐멘터리 시리즈를 토대로 했으며, 「생명의 위대한 역사*Life on Earth*」라는 더 이전 다큐멘터리와 책의 속편이라고 할 수 있다. 이전 책과 다큐멘터리에서는 지난 30억 년 동안 이 행성에서 동물과 식물이 어떻게 진화했는지를 살펴보고, 다양한 동물 집단들의 출현 과정을 추적했다. 특히 가장 나중에 일어난 포유류의 팽창과 인류의 출현도 다루었다.

이 책은 현재 시점에서의 상황을 점검한다. 고대 집단의 생존자들뿐 아니라 새로 진화한 집단의 대표자들이 지구의 아주 다양한 환경들에 함께 자리를 잡고 적응한 방식을 살펴본다. 두 책의 내용이 조금 겹치는 부분도 군데군데 있겠지만, 동식물이 워낙 다양하기 때문에 대부분 이전 책에서 다룬 종들이 아닌 다른 종들을 예로 들어서 이야기를 진행할 수 있었다.

이전과 마찬가지로 이 책에서도 가능한 한 전문용어를 피하고 본문에 라틴어 학명을 쓰지 않으려고 애썼다. 그러나 이 책에서 다룬 생물이 정확히 어떤 과, 속, 종인지를 알고 싶은 독자를 위해서 "찾아보기"에 언급된 페이지와 더불어 학명을 넣었다. 원하는 독자는 "찾아보기"를 들춰보기를 바란다.

이 책은 다큐멘터리를 촬영하면서 동시에 썼다. 따라서 한쪽이 다른 한쪽에서 나온 것이 아니다. 오히려 둘은 여러 해에 걸친 연구와 여행의 공동 산물인 사촌이다. 그러니 그런 관계에서 예상할 수 있는 유형의 유사점과 차이점이 있으며, 나는 이것들 모두가 독자들에게 더 나은 재미를 선사하기를 바란다.

# 프롤로그

칼리간다키 강은 세계에서 가장 깊은 골짜기를 흐른다. 네팔에서 포효하며 흐르는 우윳빛 강물 옆에 서서 상류인 히말라야 산맥 쪽을 올려다보면, 강은 눈으로 덮이고 엄청난 얼음에 에워싸인 봉우리들로부터 솟구쳐 나오는 듯하다. 그중 가장 높은 봉우리인 다울라기리는 높이가 8,000미터를 넘는 세계에서 5번째로 높은 산이다. 옆으로는 겨우 35킬로미터 떨어진 곳에 몇 미터 낮은 봉우리인 안나푸르나가 있다. 강의 수원이 그 앞자락, 바위와 얼음이 장벽처럼 뒤덮인 남쪽 가장자리에 있다는 생각이 들지도 모르겠지만, 그렇지 않다. 칼리간다키 강은 두 산의 사이로 흐르며, 강바닥과 봉우리의 높이 차이는 6킬로미터에 달한다.

네팔인들은 오래 전부터 이 골짜기를 히말라야 산맥을 통과해서 티베트로 올라가는 일종의 고속도로 삼았다. 여름 내내 매일 노새들이 양쪽 어깨 사이로 붉은 갈기를 들썩거리면서 구불구불한 바윗길을 줄지어 타박타박 올라간다. 길게 이어져서 흔들거리는 짐을 실은 안장들 가운데 붉은 고사포들이 삐죽 튀어나와 있는 듯하다. 보리와 메밀, 차와 옷감을 잔뜩 싣고 티베트로 가서 양털 꾸러미, 소금 덩어리와 교환한다.

골짜기의 가장 낮은 곳은 아주 따뜻하고 습해서 바나나도 재배할 수 있다. 열대 밀림처럼 무성한 숲도 펼쳐져 있다. 치트완 국립공원과 발미키 호랑이 보호구역에서는 코뿔소가 무성한 식생을 뜯어 먹고 호랑이가 대나무 숲을 돌아다닌다. 그러나 골짜기를 따라 얼마간 올라가면, 식생이 변한다. 해발 1,000미터쯤 올라가면, 철쭉류가 나타나기 시작한다. 키가 약 10미터에 반들거리는 넓은 잎을 지닌 들쭉날쭉한 나무들이다. 4월에는 진홍색 꽃들이 수북히 핀다. 이 근사한 꽃은 작은 태양새를 끌어들인다. 굽은 부리를 꽃부리 한가운데로 집어넣어서 꿀을 빨면서 나무 사이로 꽃가루를 옮길 때, 가슴의 깃털은 햇빛을 받아 금속처럼 무지갯빛으로 반짝인다. 북부평원회색랑구르도 찾아오지만, 그들은 약탈자이다. 꽃을 한 움큼 뜯어서 입에 쑤셔넣는다. 바닥에는 난초와 붓꽃, 나팔 모양의 천남성과 앵초가 피어 있다. 햇빛이 임관林冠을 뚫고 들어와서 바위를 따끈하게 데우는 곳에서는 햇볕을 쬐는 작은 도마뱀을 볼 수도 있다. 그리고 숲 깊숙한 곳에서는 바닥에서 먹이를 찾아 이곳저곳을 뒤지거나 나뭇가지에 앉아 있는 세상에서 가장 화려한 새들 중 하나를 언뜻 볼 수도 있다. 바로 트라고판이다. 칠면조만 한 꿩의 종류로서, 군청색 육수와 하얀 반점들이 장식처럼 점점이 박혀 있는 멋진 심홍색 깃털이 특징이다.

이 무성한 숲을 조성하고 유지하는 것은 풍부하게 내리는 비이다. 인도에서 계절풍이 불어올 때마다 이 골짜기는 짙은 구름에 뒤덮인다. 산을 따라 올라갈수록 대기의 온도는 더 낮아지다가, 이윽고 더 이상 많은 수분을 머금을 수 없는 지경에 이른다. 그리하여 억수같이 비가 퍼붓고, 칼리간다키 강의 하류는 세상에서 가장 물이 많은 곳 중 한 곳이 된다.

이 숲도 끝자락에 이른다. 해발 2,500미터까지 올라가면 철쭉류는 몇

몇 아늑한 비탈에만 남아 있을 뿐 사라지고 없다. 대신에 침엽수가 들어서 있다. 히말라야전나무와 부탄소나무이다. 눈이 쌓여서 그 무게에 가지가 부러지고는 하는 철쭉류의 넓은 잎과 달리, 이 나무들의 잎은 길쭉하고 질긴 바늘잎이며 아주 추운 날씨에도 견딜 수 있다. 아주 운이 좋다면, 이 숲에서 레서판다를 볼 수도 있다. 적갈색 털에 검은 고리무늬가 있는 꼬리에 머리는 회색인 이 동물은 나뭇가지 사이를 쪼르르 돌아다니면서 새 알이나 열매, 곤충, 생쥐를 찾는다. 이들은 눈으로 덮인 바닥과 미끄러운 젖은 나뭇가지를 돌아다니는 데에도 미끄러지지 않는다. 발바닥이 털로 덮여 있어서 꽉 붙들 수 있기 때문이다.

다시 반나절쯤 걸으면 소나무 숲에서 빠져나간다. 보금자리나 먹이를 직간접적으로 소나무 숲에 의지하고 있는 온갖 조류와 포유류를 뒤로 하고 벗어난다. 이제 몇몇 덤불 식물과 이따금 보이는 산자나무나 노간주나무 덤불을 제외하고 산비탈은 돌투성이이다. 강 자체도 쪼그라들어 자갈밭 위를 구불구불 흐르는 얕은 개울에 불과하다. 그러나 골짜기 자체는 여전히 넓다. 바닥은 폭이 1킬로미터를 넘는다. 게다가 해마다 강물이 이 넓은 골짜기를 흘러 넘치는 것도 아니다. 비는 대부분 더 낮은 고도에서 내릴 뿐, 비구름이 이곳까지 올라오는 일은 드물다. 이는 칼리간다키 강이 지닌 여러 수수께끼들 중의 하나이다. 이렇게 강물이 찔끔찔끔 흐르는데, 어떻게 그렇게 드넓은 골짜기가 파일 수 있었을까?

사실 이곳까지 올라오는 야생 동물은 거의 없다. 너무 추워서 도마뱀은 살 수 없다. 북부평원회색랑구르가 살아가기에는 먹이가 부족하다. 사실 온종일 걸어도 동물 한 마리 마주치지 못할 수도 있다. 높이 나는 붉은부리까마귀나 갈까마귀, 더 높이 날면서 산비탈을 훑는 흰목대머리수리만이 어쩌다가 보일 뿐이다. 그러나 그들이 존재한다는 것은 이곳에 다른 동물들도 있다는 확실한 표시이다. 그렇지 않다면, 대머리수리는 굶어죽을 테니까. 따라서 바위 틈새 어딘가에는 마멋이나 우는토끼 같은 설치류가 있을 것이 틀림없다. 그들은 주변을 경계하면서 돌 비탈에 군데군데 자라는 풀과 방석식물을 뜯어 먹는다. 그러나 뜯어 먹을 것이 아주 적기 때문에 아주 소수의 개체만이 살 수 있으며, 이곳에서 그럭저럭 살아가는 종들은 모두 희귀하다. 히말라야산양도 그중 하나로, 진짜 양도 진짜 염소도 아니며, 염소에 좀더 가까운 종류이다. 그리고 이 산양을 먹이로 삼는 더 희귀한 동물도 있다. 바로 눈표범이다. 고양이류 중에서 가장 사랑스러운 축에 드는 이 동물은 회색 로제트 무늬가 있는 두꺼운 크림색 털로 덮여 있고, 발바닥도 거친 돌과 추위로부터 보호해줄 털로 덮여 있다. 겨울에는 더 낮은 곳의 숲으로 내려왔다가, 여름에는 해발 5,000미터까지도 올라간다.

이곳에는 많은 비가 내리는 경우는 거의 없지만, 바람은 거의 끊임없이 분다. 춥고 매서운 바람이다. 이제 우리는 거의 해발 3,000미터까지 올라와 있고, 날마다 걸어서 골짜기 아래쪽에서부터 죽 올라온다면 공기가 희박하다는 느낌을 확실히 받을 것이다. 허파에 찬 기운이 느껴지고, 가슴이 묵직하면서 숨이 가빠오는 느낌이다. 머리가 아플 수도 있고, 온몸이 아프다는 느낌도 들 수 있다. 며칠 쉬고 있으면 몸이 순응할 것이고, 최악의 증상들은 사라질 것이다. 그래도 고지대에서 살아가는 노새를 모는 사람의 지구력은 결코 따라갈 수 없을 것이다.

이 높이에서는 노새조차도 짐을 옮기는 일이 힘겹다. 고지대 주민들은 더 강인한 야크를 짐꾼으로 부린다. 야크는 원래 큰 무리를 지어서 티베트 고원을 돌아다니던 야생동물이었다. 지금은 길들여져서 짐을 운반하고 쟁기를 끈다. 야크는 털가죽이 아주 두껍고 따뜻해서 여름에는 과열을 피하기 위해서 털이 많이 빠지며, 사람을 제외하면 가장 높은 곳에서 계속 살아갈 수 있는 대형 포유류이다. 갑자기 눈앞이 트이면서 골짜기가 한눈에 드러난다. 며칠 전 철쭉류의 임관 틈새로 수 킬로미터 높은 곳에서 하얗게 빛나는 피라미드처럼 언뜻 보였던 안나푸르나와 다울라기리의 거대한 봉우리들이 지금 바로 뒤에 보인다. 앞쪽으로는 눈의 방벽이 갈색 선을 이루고 있는 지평선을 향해 떨어지고 있다. 지평선을 이루는 것은 높고 메마르고 반쯤 얼어붙은 티베트 고원이다. 세계에서 가장 높은 산맥을 걸어서 통과한 것이다.

그리고 이제 칼리간다키 강의 또다른 놀라운 특징이 뚜렷이 드러난다. 강물이 엉뚱한 방향으로 흐르는 듯하다는 것이다. 어쨌거나 강은 대개 산에서 기원해서 비탈을 따라 흘러내리고, 도중에 유역의 다른 지류들에서도 물이 흘러들면서 한 줄기를 이루어서 아래쪽 평탄한 곳으로 흘러간다. 칼리간다키 강은 반대이다. 티베트 대평원의 가장자리에서 솟아 나와서 곧장 산맥으로 향한다. 양쪽에서 산들이 점점 더 높이 솟아오르면서 서로 맞물려 이룬 거대한 버팀벽 사이를 꿈틀꿈틀 구불구불 흘러간다. 그곳을 곧장 통과한 뒤에야 비로소 비교적 편평한 평원에 다다라서 갠지스 강과 합쳐져 바다로 흘러간다. 골짜기 위쪽 높은 곳에 있는 수원 가까이에 서서 멀리 산맥 속으로 은빛 뱀처럼 구불구불 흘러가는 강줄기를 눈으로 훑고 있자면, 강이 어떻게 산맥 자체를 가를 수 있었는지 도저히 믿기지가 않는다. 대체 어떻게 그런 경로로 흐르게 되었을까?

단서는 우리의 발밑, 잡석 사이에 흩어져 있다. 이곳의 암석은 쉽게 쪼개지면서 부서지는 사암이며, 그 안에 돌돌 말린 껍데기들이 무수히 들어 있다. 껍데기는 대부분 지름이 10센티미터가 되지 않지만, 수레바퀴만 한 것도 있다. 바로 암모나이트이다. 지금은 모두 사라지고 없지만, 1억 년 전에는 수가 엄청나게 많았다. 화석의 해부구조와 화석이 들어 있는 암석의 화학적 조성을 통해서 우리는 그들이 바다에서 살았다고 확신할 수 있다. 그러나 이곳 아시아 한가운데는 바다로부터 800킬로미터나 떨어져 있을 뿐 아니라, 높이도 해발 약 4,000미터에 달한다.

암모나이트가 어떻게 이곳에 왔는지는 20세기 중반까지 지질학자들과 지리학자들 사이에서 열띤 논쟁거리였다. 그 뒤에 모두가 수긍할 만한 대략적인 설명이 도출되었다. 한때 남쪽의 인도라는 거대한 땅덩어리와 북쪽의 아시아 사이에는 넓은 바다가 있었다. 그 바다에는 암모나이트들이 살았다. 두 대륙에서 흘러나오는 강들은 바다 밑에 층층이 퇴적물을 쌓았다. 암모나이트가 죽으면 껍데기는 바닥에 가라앉았고, 그 위를 새로 밀려든 진흙과 모래가 덮었다. 그런데 인도가 아시아로 점점 다가옴에 따라서, 이 바다는 해가 가고 시간이 흐르면서 점점 더 좁아졌다. 인도가 점차 밀려옴에 따라 해저가 주름이 지고 구겨지면서 올라오기 시작했고, 바다는 점점 얕아졌다. 그 와중에도 인도 대륙은 계속 다가왔다. 퇴적물은 짓눌려져서 이제 사암, 석회암, 이암으로 변해서 솟아올라 언덕을 이루었다. 그리고 한없이 느린 속도로 조금씩 솟아올랐다. 느리기는 해도 앞쪽에서 비탈이 서서히 솟아오르자, 아시아에서 남쪽으로 흐르던 강들 중 일부는 결국 제 경로를 유지할 수 없게 되었다. 그런 강들은 동쪽으로 방향을 틀었고, 갓 생겨나던 히말라야 산맥의 동쪽 끝으로 휘감기면서 나아가다가 이윽고 브라마푸트라 강에 합류했다. 그러나 칼리간다키 강은 부드러운 암석이 솟아오르는 속도만큼 빠르게 그 암석을 깎아낼 힘이 있었고, 이윽고 오늘날 골짜기 양쪽으로 울퉁불퉁하게 지층이 드러난 거대한 낭떠러지를 형성했다.

이 과정은 수백만 년 동안 이어졌다. 두 대륙이 충돌하기 전에 아시아의 남쪽 가장자리를 따라서 물에 잠기곤 하는 평원이었던 티베트는 위로 밀려 올라갔을 뿐 아니라, 새로 생기는 산맥에 막혀서 강수량도 서서히 줄어들었다. 이윽고 오늘날 같은 추운 고지대 사막으로 변했다. 칼리간다키 강의 상류 쪽에서는 처음에 엄청난 침식력을 제공했던 비가 거의 내리지 않자, 강줄기는 드넓은 골짜기 안쪽으로 작게 쪼그라들었다. 고대에 바다였던 곳에는 이제 새로 생긴 세계에서 가장 높은 산맥이 들어서 있었고, 그 안에는 암모나이트 껍데기들이 가득했다. 게다가 이 과정은 아직 끝난 것이 아니다. 지금도 인도는 연간 약 5센티미터의 속도로 북쪽으로 움직이고 있으며, 히말라야 꼭대기는 연간 1밀리미터씩 높아지고 있다.

바다가 육지로 변하는 이 과정은 약 6,500만 년 전에 시작되었다. 존재한 지 50만 년도 채 되지 않는 종인 우리에게는 상상하기 어려울 만치 긴 시간 같지만, 생명의 역사 전체로 보면 비교적 최근에 일어난 사건이다. 어쨌거나 단순한 동물들이 고대 바다를 헤엄치기 시작한 것은 대략 6억 년 전부터였다. 그로부터 2억 년이 지난 뒤에 양서류와 파충류가 육지로 올라왔다. 그 뒤로 수백만 년에 걸쳐서 조류는 깃털과 날개를 발달시켜서 하늘로 날아올랐고, 같은 시기에 포유류에게서는 털과 따뜻한 피가 진화했다. 6,600만 년 전의 대격변으로 조류를 제외한 공룡들은 모두 사라졌고, 조류와 이윽고 포유류는 땅의 지배권을 획득했으며 그 지배권은 지금까지 이어지고 있다. 따라서 섬 대륙인 인도가 아시아를 향해 다가올 무렵인 약 5,000만 년 전에는 오늘날 우리가 아는 모든 주요 동식물 집단들과 그 집단들 내의 거의 모든 주요 과(科)들은 이미 존재하고 있었다. 양쪽 대륙에 나름의 다양한 생물들이 살고 있었지만, 인도는 거대한 파충류들이 몰락한 직후부터 거대한 섬 형태로 고립되어 있었기 때문에 아시아보다 나중에 진화한 종들이 훨씬 적었을 것이 틀림없다. 이윽고 약 4,000만 년 전에 두 대륙이 만나고 새로운 산맥이 솟아오르기 시작했을 때, 두 대륙에서 서식하던 동식물들은 본래 살던 대륙을 떠나서 새로운 땅으로 퍼져나가기 시작했다.

지금과 마찬가지로 당시에도 아시아에는 밀림이 있었고, 그곳의 동식물들은 새로운 산맥의 남쪽 가장자리의 저지대가 살기 적합한 곳임을 알아차렸다. 산자락 위쪽으로는 아시아나 인도의 그 어떤 곳보다도 더 높이 솟아 있는 새로운 땅이 펼쳐져 있었다. 그 빈 영토에 정착하려면 생물은 변해야 했다. 조금 달라진 적응 형질을 지니는 것만으로 충분한 사례도 있었다. 따뜻한 평원의 북부평원회색랑구르는 체온을 유지해줄 좀더 두꺼운 털가죽을 갖추는 것만으로도 더 추운 철쭉 숲으로 올라가서 잎과 열매를 따먹을 수 있었다. 히말라야산양의 조상처럼 풀을 뜯는 동물들도 비슷했다. 저지대 표범과 같은 조상에게서 나온 눈표범은 털이 더 빽빽해지는 한편으로, 회색 산비탈이나 눈밭에서 덜 눈에 띄도록 색깔이 더 옅어졌고, 밀림에서 주로 먹었을 영양과 야생 소 대신에 산양과 마멋 같은 더 작은 먹이를 잡아먹었다. 흰목대머리수리 같은 새들에게는 고도가 전혀 문제가 되지 않았다. 그들은 으레 높이 날아올라서 드넓은 골짜기로 날아들고는 했다. 골짜기에 먹잇감이 있기만 하다면 말이다.

새로운 숲과 그 주민들은 그 뒤로 오랜 세월에 걸쳐서 자리를 잡았고, 약 5만 년 전 그곳으로 인류가 들어왔다. 골짜기를 올라오는 사람들도 새로운 조건에 적응하기 시작했다. 다른 동물들과 달리, 그들은 신체적 변화 이외의 방법들을 이용해서 추위를 막을 수 있었다. 인류 특유의 높은 지능과 기술 덕분에, 그들은 따뜻한 옷을 지어 입고 불을 피울 수 있었다. 그러나 공기의 희박한 산소에 대처할 장치는 만들 수 없었으므로, 신체적 변화를 통해서 이에 대처해야만 했다. 그리고 그들은 신체적 변화를 이루었다. 오늘날 그들은 해수면 가까이에서 사는 사람들보다 혈액에 혈구가 30퍼센트 더 많으며, 그 결과 피 1리터당 더 많은 산소를 운반할 수 있다. 티베트 고원의 고지대에서 살아가는 사람들은 피에 영향을 미치는 특수한 유전적 적응 형질을 지니며, 아마 오래 전에 멸종한 다른 인류와의 교잡을 통해서 이 형질을 얻은 듯하다. 또 그들은 가슴과 허파도 유달리 커서, 저지대 사람들보다 한 번에 더 많은 공기를 들이마실 수 있다. 그러나 그들조차도 산맥의 가장 높은 곳에 완벽하게 적응한 것은 아니다. 여성들은 해발 6,000미터 이상에서는 아기를 가질 수 없다. 공기가 너무 희박한 탓에 혈액으로 전달되는 산소가 부족해서 자궁에서 태아가 자랄 수 없다.

히말라야 산맥의 형성과 뒤이은 동식물의 정착 이야기는 우리 행성의 전역에서 지속적으로 일어난 많은 변화들 중 하나의 사례일 뿐이다. 산맥은 형성되는 한편으로 빙하와 강에 깎여나간다. 강 자체는 경로가 막히고 변한다. 호수는 퇴적물로 메워져서 습지를 거쳐 이윽고 평원으로 변한다. 또 지표면에서 움직이는 대륙이 인도만은 아니다. 모든 대륙은 기나긴 지질학적 시간에 걸쳐 움직이면서 합쳐지고 쪼개진다. 대륙이 적도로 가거나 극지방으로 나아가면서 위치가 달라져서, 밀림은 툰드라로 변하고 초원은 바짝 말라서 사막이 될 수도 있다. 햇빛과 고도, 강수량과 기온 같은 이런 물리적 변화들은 개체군을 서서히 변화시킴으로써 기존 동식물 군집의 다양성을 바꾼다. 어떤 생물은 적응하여 번성한다. 어떤 생물은 적응에 실패함으로써 사라진다.

환경이 비슷하면 적응 형질도 비슷해지며, 세계 각지에서 전혀 다른 조상들로부터 기원했지만 서로 상당히 닮은 동물들이 그렇게 생겨났다. 그래서 안데스 산맥의 비탈에서 커다란 꽃을 먹는 작고 화려한 색깔의 새는 히말라야 산맥의 태양새를 쏙 빼닮았지만 전혀 다른 조류 과에 속하며, 안데스 사람들이 짐을 운반하는 데에 부리는 털이 수북하고 잘 미끄러지지 않는 동물인 야마는 히말라야의 야크와 달리, 소의 친척이 아니라 낙타의 일종이다.

주요 환경 중에서 기나긴 세월 동안 물리적으로 변하지 않은 채 남아 있는 양 보이는 것은 밀림과 바다, 이 두 곳뿐이다. 그러나 이런 곳들도 변화를 피할 수는 없다. 열대의 밀림을 품은 땅덩어리들은 대륙이 이동함에 따라서 변했고, 대륙이 갈라지고 합쳐짐에 따라서 따뜻한 얕은 해안선의 길이도 늘어나거나 줄어들었다. 게다가 변경의 안팎에서 진화가 일어나서 새로운 생물들이 생겨나고 기존 생물들이 새로운 생존 문제들에 처함에 따라서 이런 환경의 생물학적 조건들도 서서히 달라져왔다.

그리하여 가장 높은 곳에서 가장 낮은 곳, 가장 따뜻한 곳에서 가장 추운 곳, 물 위에서 물속에 이르기까지 지구의 거의 모든 곳에서 동식물 집단들은 서로서로 의존하기에 이르렀다. 생물들이 지구의 다양한 환경으로 폭넓게 퍼질 수 있게 된 것은 바로 이런 적응 양상 덕분이며, 그것이 바로 이 책의 주제이다.

# 1
# 지구의 화로

히말라야 산맥을 비롯하여 지구의 모든 산맥을 만든 거대한 힘은 너무나 느릿느릿 작용하기 때문에, 우리는 대개 그 진행 과정을 눈으로 볼수가 없다. 그러나 때로는 그 힘이 분출되면서 세계가 보여줄 수 있는 가장 극적인 장관을 펼치기도 한다. 땅이 뒤흔들리기 시작하다가 이윽고 폭발한다.

땅에서 뿜어지는 용암이 검고 무거운 현무암이라면, 그 지역은 수백년 동안 계속 용암을 뿜어낼 수도 있다. 아이슬란드가 그런 곳들 중 하나이다. 아이슬란드에서는 거의 해마다 어떤 화산 활동이 벌어진다. 섬을 가르면서 지나는 거대한 틈새로부터 녹은 암석이 배어나온다. 때로는 멈출 수가 없어 꾸역꾸역 밀려나오는 양 땅 위로 뜨거운 현무암 덩어리들이 너저분하게 흩어지기도 한다. 뜨거운 암석이 식으면서 빠각 소리를 내면서 쪼개진다. 앞쪽 가장자리로부터 그런 덩어리들이 우르르 굴러 떨어진다. 현무암이 더 액체 같을 때도 있다. 그럴 때면 거대한 제트엔진처럼 요란스러운 소리와 함께 중심은 샛노랗고 가장자리는 주홍색을 띠는 불의 분수가 공중으로 50미터까지 치솟기도 한다. 분화구 주위로도 녹은 현무암이 흩뿌려진다. 용암 기둥이 일으킨 거센 바람을 받아서 주된 기둥 위쪽으로 높이 솟구친 용암 거품은 식으면서 바람에 날려서 까끌까끌한 회색 잡석이 되어 멀리 떨어진 바위들을 뒤덮는다. 바람을 안고 다가가면 재뿐 아니라 열기까지 한 몸에 받으므로 분화구에서 50미터까지 다가가면 얼굴이 새빨갛게 그을릴 것이다. 바람 방향이 바뀌면 재가 주변에 우수수 떨어지기 시작하고, 새빨간 덩어리도 쿵 소리를 내면서 땅에 떨어져서 주변에 쌓인 눈을 지글지글 녹일 것이다. 바위 덩어리가 날아오는지 계속 지켜보거나 달아나야 한다.

분화구 주위로는 온통 식어가는 검은 용암이 흐른다. 굵은 밧줄이 꼬이거나 물집이 다닥다닥 난 것 같은 그 표면 위를 걸으면, 갈라진 틈새의 바로 몇 센티미터 안에서 아직도 새빨간 용암이 보일 것이다. 곳곳에서 용암에 들어 있던 기체 때문에 표면이 커다란 거품처럼 부푼다. 덮개 부분은 아주 얇아서 밟으면 산산이 부서지면서 쉽게 무너질 수 있다. 그런 우려뿐만 아니라 보이지도 않고 냄새도 나지 않는 독가스 때문에 호흡하기가 힘들어질 수 있으므로, 더 이상 가지 않는 편이 현명할 것이다. 그래도 꽤 가까이 다가간 덕분에 가장 무시무시한 광경을 볼 수도 있다. 바로 용암의 강이다. 분화구로부터 녹은 암석이 세차게 밀려 올라오면서 부들부들 떨리는 거대한 반구를 이룬다. 이 반구로부터 용암이 강물처럼 흘러내리기 시작하는데, 그 폭이 20미터에 달하기도 한다. 용암의 강은 때로 시속 100킬로미터에 달하는 경이로운 속도로 비탈로 쏟아진다. 밤이 오면 이 놀라운 강의 주홍색 불빛에 주변의 모든 것들이 으스스한 붉은색으로 빛난다. 달아오른 표면에서는 기체 거품이 터지고, 그 위쪽의 공기는 열기로 일렁인다. 분화구에서 몇백 미터쯤 흘러가면 용암류의 가장자리가 충분히 식어서 굳으며, 그러면 검은 바위로 이루어진 둑 사이로 주홍색 강이 흐르는 것 같은 광경이 펼쳐진다. 더욱 내려가면, 강의 위쪽 표면도 굳기 시작한다. 그러나 이 굳은 덮개 아래에서는 용암이 계속 흘러가며, 이윽고 몇 킬로미터까지 계속 흘러갈 것이다. 현무암 용암은 비교적 저온에서도 액체 상태를 유지하지만, 이제 그 주위의 굳은 암석으로 된 벽과 천장이 단열재 역할을 함으로써 열을 더욱 가둔다. 며칠 또는 몇 주일이 지나서 분화구에서 공급되는 용암이 끊겨도, 강은 계속 아래로 흐르고 덮개 안쪽은 텅 비어서 구불구불한 커다란 동굴이 된다. 이런 용암동굴은 높이가 10미터에 달하기도 하며, 용암류의 속을 따라 수 킬로미터까지 뻗어 있고는 한다. 용암동굴은 비슷한 과정들이 어떻게 비슷한 효과를 낳는지를 보여주는 놀라운 사례로, 달과 화성에도 용암동굴이 있다.

아이슬란드는 대서양의 중앙을 따라 남북으로 뻗은 화산섬 열도에 속해 있다. 더 북쪽에는 얀마옌 섬이 있고, 남쪽으로는 아소르스 제도, 어센션 섬, 세인트헬레나 섬, 트리스탄다쿠냐 제도가 있다. 이 열도는 대부분의 지도가 보여주는 것보다 더 이어져 있다. 수면 아래에서도 분출하는 화산들이 죽 이어져 있기 때문이다. 이 화산들은 모두 동쪽의 유럽과 아프리카, 서쪽의 아메리카 사이의 바다 한가운데로 뻗어 있는 거대한 화산암 산맥에 놓여 있다. 이 산맥의 좌우 양쪽 해저에서 채취한 암석 표본들은 쌓인 침전물 아래에 화산에서 뿜어지는 것과 같은 현무암이 있음을 보여준다. 현무암은 화학 분석을 통해서 생성 연대를 측정할 수 있으며, 현재 우리는 중앙해령으로부터 멀리 떨어져 있는 암석일수록 더 오래된 것임을 안다. 사실 이 산맥의 화산들은 해저를 만들고 있다. 산맥에서 흘러나오는 현무암이 해저를 천천히 양쪽으로 밀어낸다.

이 같은 움직임은 지구 깊숙한 곳에서 벌어지는 과정을 통해서 일어난다. 해저에서 200킬로미터를 더 들어가면 암석은 아주 뜨거워서 부드러워진다. 그 아래에는 더욱 뜨거운 금속으로 이루어진 중심핵이 있으며, 이 중심핵이 위쪽 층들을 느리게 휘젓는 흐름을 일으킨다. 이 흐름은 해령으로 암석을 솟아오르게 하고, 해저의 해령 반대편 양쪽 끝자락에서는 커스터드를 덮은 단단한 껍질 같은 현무암 해저를 아래로 끌어당긴다. 이렇게 쪼개진 판처럼 움직이는 지구의 지각을 지각판地殼板이라고 한다. 그리고 지각판 위에는 대개 더껑이처럼 대륙이 얹혀 있다.

1억2,000만 년 전에는 아프리카와 남아메리카가 하나로 붙어 있었다. 여러분도 대서양 양쪽의 암석들이 비슷하고, 해안선이 들쭉날쭉한 모양도 비슷하다는 점에서 추측했을지도 모른다. 그러다가 약 6,000만 년 전 이 초대륙 밑에서 줄줄이 화산들이 분출했다. 그 결과 초대륙은 한가운데에 균열이 생기면서 양쪽으로 갈라져서 천천히 멀어졌다. 이 균열선은 오늘날 대서양 중앙해령을 이루고 있다. 아프리카와 남아메리카는 지금도 서로 멀어지고 있으며, 대서양은 해마다 몇 센티미터씩 넓어지고 있다.

캘리포니아에서부터 남쪽으로 뻗어 있는 비슷한 해령은 동태평양 해저를 만들었다. 아라비아에서 남동쪽으로 남극을 향해 뻗어 있는 해령은 인도양을 만들었다. 아프리카 옆에 있던 인도를 떼어내어 아시아로 운반한 것은 이 해령의 동쪽에 있던 지각판이었다.

해령에서 솟아오르는 대류는 다시 아래로 내려가야 한다. 지각판들이 서로 만나는 경계선에서 바로 그런 일이 일어난다. 이곳에서 대륙들이 충돌한다. 인도가 아시아에 접근했을 때, 두 대륙 사이의 해저에 있는 퇴적층들이 구겨지면서 위로 솟아올라 높은 히말라야 산맥을 형성했다. 그 결과 이곳에서는 지각판들이 만나는 경계선이 산맥 아래에 숨겨져 있다. 그러나 그 경계선을 따라 남동쪽으로 나아가면, 아시아 쪽에만 대륙이 있다. 따라서 지각의 약한 경계선이 훨씬 더 드러나 있으며, 수마트라에서 자바를 거쳐 뉴기니에 이르기까지 그 선을 따라서 화산들이 죽 늘어서 있다.

하향 대류는 해저를 끌어내림으로써 길고 깊은 해구가 생긴다. 인도네시아 열도의 남쪽 연안을 따라 이런 해구가 형성되어 있다. 현무암 지각판의 가장자리가 가라앉을 때, 물과 인도네시아 육지에서 침식되어 흘러나와 해저에 쌓인 퇴적물도 함께 가라앉는다. 그 결과 지각 깊숙한 곳에 자리한 녹은 암석에 새로운 성분이 추가된다. 그래서 인도네시아 화산에서 뿜어지는 마그마는 중앙해령에서 흘러나오는 현무암과 상당히 다르다. 훨씬 더 끈적거리기 때문에 틈새에서 밀려나오거나 강처럼 흐르지 않고, 화산의 목구멍을 꽉 틀어막는다. 보일러의 안전밸브를 꽉 잠그는 것 같은 효과를 일으킨다.

인도네시아의 한 화산은 역사상 가장 파괴적인 폭발 중 하나를 일으컸다. 1883년 수마트라와 자바 사이의 해협에 있는 길이 7킬로미터, 폭 5킬로미터의 작은 섬인 크라카타우가 연기를 구름처럼 뿜어내기 시작했다. 날이 갈수록 분출은 더욱 심해졌다. 근처를 오가는 배들은 해수면에 떠다는 엄청난 양의 부석을 헤치고 나아가야 했다. 갑판에는 화산재가 비처럼 쏟아졌고, 삭구에는 전기 불꽃이 튀겼다. 매일 분화구에서 귀가 멀 듯이 요란스러운 폭발이 일어나면서 엄청난 양의 화산재, 부석, 용암 덩어리가 뿜어졌다. 한편 이 모든 물질을 쏟아내고 있던 지하의 마그마방은 서서히 비어가고 있었다. 8월 28일 오전 10시, 떠받치고 있던 용암이 줄어들자 마그마방을 덮고 있던 지붕 암석은 바닷물과 해저의 무게를 더 이상 견디지 못하고 붕괴되었다. 수백만 톤이 물이 마그마방에 남아 있던 용암으로 밀려들면서, 섬의 위쪽 3분의 2가 무너졌다. 그 결과 엄청난 폭발이 일어났다. 아마 역사상 가장 큰 굉음이 지구 전체에 울려퍼졌을 것이다. 이 소리는 3,000킬로미터 떨어진 오스트레일리아에서도 들렸다. 5,000킬로미터 떨어진 작은 섬인 로드리게스의 영국군 요새 사령관은 멀리서 화포를 쏘는 소리라고 판단하고 살펴보러 바다로 나갔다. 폭발 지점에서 시작된 돌풍은 지구를 7바퀴 돈 뒤에야 비로소 잦아들었다. 가장 강력한 재해 수준의 이 폭발은 바다에 거대한 해일을 일으켰다. 이 해일은 자바 해안으로 나아가면서 건물 4층 높이까지 치솟았다. 이 해일에 휩쓸린 해군의 한 포함은 거의 2킬로미터 내륙까지 떠밀려가서 언덕 꼭대기에 얹혔다. 해일은 인구 밀도가 높은 해안의 마을들을 잇달아 덮쳤다. 사망자가 3만6,000명을 넘었다.

20세기의 가장 큰 화산 폭발은 태평양 반대편에서 일어났다. 태평양 판의 동쪽 가장자리가 북아메리카의 서쪽 해안을 으깨는 곳이었다. 이곳에서도 판의 경계선을 따라 한쪽에만 대륙이 있기 때문에, 경계선이 깊이 묻혀 있지 않다. 그러나 대륙은 현무암보다 더 가벼운 암석으로 이루어져 있어서 밑으로 밀려드는 해양판 위에 얹히게 되고, 해안에서 약 200킬로미터 들어간 내륙에서 화산들이 줄지어서 분출한다. 여기에서도 솟구치는 용암에는 퇴적물 성분이 섞여 있어서 재앙 수준의 폭발이 일어날 가능성이 높아진다.

1980년까지 세인트헬렌스 산은 대칭을 이룬 아름다운 원뿔 모양으로 유명했다. 이 산은 높이가 해발 약 3,000미터였고, 꼭대기는 일 년 내내 눈으로 덮여 있었다. 그해 3월 산이 우르릉거리면서 경고를 발하기 시작했다. 봉우리에서 증기와 연기로 이루어진 기둥이 솟아오르면서, 하얀 눈에 회색 먼지가 쌓여서 줄줄이 흘러내렸다. 4월 내내 연기 기둥은 점점 커졌다. 가장 불길한 징후는 꼭대기에서 약 1,000미터 아래 산맥의 북쪽 비탈이 부푸는 현상이었다. 하루에 약 2미터씩 부풀어올랐다. 암석 수천 톤이 위로 밖으로 밀려나왔고, 게다가 위쪽 분화구는 매일 새로운 화산재와 연기를 게워냈다. 그러다가 5월 18일 아침 8시 반에 폭발이 일어났다.

북서 사면의 약 1세제곱킬로미터가 그냥 터져 나갔다. 산의 더 아래쪽 비탈 약 200제곱킬로미터를 뒤덮고 있던 소나무, 전나무, 솔송나무는 마치 한 몸이 된 양 모두 쓰러졌다. 산꼭대기에서는 엄청난 크기의 검은 구름이 분출해서 해발 20킬로미터까지 솟구쳤다. 화산 가까이에서 살던 사람은 거의 없었고 이미 많은 경고가 있었음에도, 약 60명이 목숨을 잃었다. 지질학자들은 이 화산의 폭발력이 히로시마를 파괴한 핵폭탄의 2,500배에 달한다고 추정했다.

분출한 직후의 화산에서는 아무것도 살 수 없다. 폭발이 일어났다면 증기, 매연, 유독가스가 분화구에 흩어진 암석들로부터 몇 주일 동안 계속 스며나올 것이다. 중앙해령의 화산에서 흘러나오는 현무암류의 열기도 주변의 모든 생물을 없앨 수 있다. 지구에서 생명이 없는 불모지가 있다면, 바로 이런 곳일 것이다. 그러나 지표면 깊숙한 곳에서 일어나는 대류가 약간 옮겨지면, 화산 화로의 광포함은 잦아들기 시작한다. 이런 말기 단계로 접어든 죽어가는 화산은 용암이 아니라 뜨거운 물과 증기를 뿜어낸다. 원래 마그마에 들어 있던 물과 지각의 지하수에서 유입된 물이 섞인 것이다. 이 물에는 아주 다양한 화학물질이 녹아 있다. 용암과 마찬가지로 깊은 원천에서 유래한 화학물질도 있고, 뜨거운 물이 지표면으로 올라오면서 접한 암석에서 녹아나온 물질도 있다. 질소와 황의 화합물들도 들어 있으며, 그런 화합물들은 물에 사는 아주 단순한 생물들의 먹이가 될 수 있다. 사실 지구 최초의 생명체가 약 36억 년 전에 그런 환경에서 출현했을 가능성도 있다.

그런 상상할 수도 없을 만치 오래 전에, 지구에는 아직 산소가 풍부한 대기가 없었고 대륙의 위치와 모양도 지금과는 완전히 달랐다. 화산은 지금의 화산보다 훨씬 컸을 뿐 아니라, 훨씬 많았다. 혜성의 폭격으로 유입되었든지 새로운 행성을 둘러싸고 있던 증기 구름이 응축되어 생겼든지 간에 바다는 여전히 뜨거웠고 지각 깊숙한 곳에서 터지는 화산을 통해서 계속 울컥울컥 물을 뿜어내고 있었다. 이렇게 화학물질이 풍부하게 녹아 있는 물에서는 복잡한 분자들이 생성되고 있었다. 이윽고 엄청난 시간이 흐른 뒤, 아주 미세한 생명체가 출현했다. 그런 생명체는 내부 구조는 거의 없었지만, 그래도 물에 든 화학물질을 자신의 성분으로 전환할 수 있었고, 스스로 증식할 수 있었다. 우리는 기껏해야 이런 단세포생물이 세균에 가까웠을 것이라는 추정밖에 할 수 없다.

오늘날 세균은 종류가 많으며, 아주 다양한 화학적 과정을 통해서 살아간다. 세균은 육지, 바다, 하늘에 다 퍼져 있다. 처음 출현했을 때의 상황과 비슷할 화산 환경에서 번성하는 종류도 있다.

2010년 연구자들은 로키의 성Loki's Castle이라는 멋진 이름이 붙은 북극해 깊은 곳에 있는 화산 열수분출구에서 진흙을 채취했다. 5년에 걸쳐서 철저히 연구한 끝에, 그들은 진흙에서 독특한 세균의 DNA를 찾아냈다. 바로 로키고세균Lokiarchaeota이었다. 이 생물은 다양한 단세포생물들의 교차점에 서 있는 듯하며, 어느 면에서는 모든 다세포생물의 조상과도 닮았다. 그런 곳에서는 복잡한 생태계가 발견되기도 한다. 1977년 미국의 한 심해 탐사선은 갈라파고스 제도의 남쪽 가장자리에서 분출 중이던 수중 화산들을 조사하고 있었다. 그들은 수심 3킬로미터 해저의 분출구에서 화학물질이 풍부하게 들어 있는 뜨거운 물이 솟구치는 것을 발견했다. 과학자들은 이런 분출구와 그 주변의 암석 틈새에 화학물질을 먹어치우는 세균들이 아주 많다는 사실을 발견했다. 또 그런 세균은 길이가 3.5미터에 지름이 10센티미터에 이르는 거대한 벌레의 먹이가 되었다. 이 관벌레는 과학자들이 지금까지 찾아낸 다른 갯지렁이들과 전혀 달랐다. 입도 없고 창자도 없고, 오로지 몸 끝에서 뻗어나온 혈관이 풍부하게 배열되어 있는 깃털 같은 촉수의 얇은 피부를 통해서 흡수한 세균으로 살아가기 때문이다. 이들이 사는 컴컴한 깊은 바다에서는 햇빛의 에너지를 직접 얻을 수가 없다. 게다가 관벌레는 입이 없으므로 위에서 떨어지는 죽은 동물의 잔해를 먹어서 간접적으로 햇빛의 에너지를 얻지도 못한다. 이들의 먹이는 오로지 세균이며, 그 세균은 화산에서 나오는 물에서 얻는 화학물질로 살아간다. 따라서 관벌레는 큰 동물들 중에서 전적으로 화산에서 에너지를 얻는 세계에서 유일한 종류라고 할 수도 있을 것이다.

관벌레 주위에는 길이가 30센티미터에 이르는 커다란 조개도 산다. 이 조개도 마찬가지로 세균을 먹는다. 솟구치는 뜨거운 물은 주변 해저로부터 분출구 쪽으로 향하는 물의 흐름을 일으키며, 그 물에 실려온 유기물 조각들을 먹는 생물들도 산다. 지금까지 알려지지 않았던 기이한 어류와 눈 먼 하얀 게이다. 이들은 조개와 관벌레 주위에 몰려 있다. 따라서 이런 수중 화산 샘은 다양한 생물들이 빽빽하게 모여서 번성하는 어둠 속의 생태계이다.

육지에도 뜨거운 물이 샘솟는 곳들이 있다. 이 물은 깊은 곳에서 올라온 물과 깊이 침투한 빗물이 마그마방에서 가열되어 암석 틈새로 밀려나오는 것이다. 주전자에서 물이 끓어 넘치는 것과 비슷하다. 각 샘의 독특한 기하학적 구조 때문에, 물이 간헐적으로 솟구치는 곳도 있다. 지하의 작은 마그마방에 고인 물이 압력을 받으면서 과열되었다가, 마침내 증기와 물기둥을 이루면서 지상으로 뿜어진다. 간헐천이 바로 그런 곳이다. 반면에 올라오는 흐름이 더 규칙적이어서 늘 찰랑찰랑 넘치는 깊은 물웅덩이가 생기는 곳도 있다. 표면에서 증기가 올라올 정도로 물이 아주 뜨거운 곳도 있지만, 그런 온도에서도 세균은 번성한다. 그런 곳에서는 남세균이라는 더 진화한 생물도 함께 산다. 내부 구조를 보면 남세균은 세균과 그다지 다르지 않지만, 엽록소를 가지고 있다. 엽록소는 어떤 경이로운 물리학적 특성을 발휘하여 태양의 에너지를 세포가 이용하는 화학물질로 전환할 수 있는 놀라운 구조물이다. 이 전환 과정에서 산소가 방출된다.

이런 세균들은 북아메리카 옐로스톤의 온천에도 산다. 이곳에서 남세균과 세균들은 함께 자라면서 끈적거리는 녹색이나 갈색의 깔개처럼 물웅덩이 바닥을 뒤덮는다. 남세균은 수십억 년 동안 해수면 가까이에서 햇빛을 이용해 탄소를 만들면서 번성해왔으며, 죽어서는 해저에 묻혀서 이윽고 엄청난 석유의 바다를 형성했다. 지난 세기에 걸쳐 인류가 채굴한 바로 그 원료이다.

이런 깔개가 덮여 있는 온천의 가장 뜨거운 지점에서는 다른 생물들은 전혀 살 수 없지만, 물이 흘러넘쳐서 개울이 생기는 곳은 수온이 조금 더 낮아서 다른 생물들도 살아갈 수 있다. 이곳에서는 남세균 깔개가 아주 두껍게 자라서 수면 위까지 올라온다. 이 살아 있는 댐은 깔개가 덜 쌓인 곳으로 물이 흘러가는 방향을 바꾸기도 한다. 물이 댐 위로 흘러서 천천히 똑똑 떨어지는 곳은 수온이 더 낮으며, 그 위로 물가파리들이 구름처럼 모여 있다. 남세균의 온도가 40도 이하인 곳에서는 물가파리들이 내려앉는다. 그들은 남세균 위에서 짝짓기를 하고 알을 낳는다. 곧 구더기들이 깨어나서 게걸스럽게 남세균을 뜯어 먹고 어느 정도 커지면 번데기가 된다. 그러나 이들은 자신이나 자식의 몰락을 자초하는 셈이다. 이들이 마구 뜯어 먹는 바람에 깔개가 약해지기 때문이다. 이윽고 깔개가 터지면서 물길이 생기고, 물웅덩이로부터 훨씬 더 뜨거운 물이 왈칵 쏟아져 나오면서 남은 남세균을 휩쓸고 그것을 뜯어 먹고 있던 구더기들을 몰살시킨다. 그러나 물가파리들은 충분히 많은 알을 낳기 때문에 이런 역경에서도 살아남아 온천의 다른 지점에서 다시 이 모든 과정을 되풀이할 것이다.

세계의 더 추운 지역에서는 잦아드는 화산의 열기가 위험이 아니라 안식처를 의미할 수도 있다. 안데스 산맥은 남아메리카와 동태평양의 판들이 만나는 경계선을 따라 화산이 분출하면서 형성되었으며, 이 경계선은 더 남쪽과 동쪽으로 남극해까지 뻗으면서 몇 군데에 화산섬들을 만든다. 벨링스하우젠 섬은 사우스샌드위치 제도에 속해 있다. 남극해의 매서운 힘 앞에 이 섬은 한쪽이 바다까지 깎여나가서 낭떠러지를 이루고 있다. 이 낭떠러지에는 화산재와 용암이 번갈아 쌓여서 형성된 지층이 교과서에 실린 사진처럼 뚜렷이 드러나 있다. 빈 통로를 용암이 구불구불 흘러가면서 채운 선들도 보인다. 그 주위로 비탈에서 흘러내리는 빙원과 무늬가 있는 하얀 스커트처럼 펼쳐진 유빙도 보인다. 이 온통 하얀 세계를 아델리펭귄들이 행진하고 있다. 산자락을 기어올라서 화산 꼭대기로 가면, 지름이 500미터쯤 되는 드넓은 구덩이가 입을 쩍 벌리고 있는 광경이 펼쳐진다. 구덩이 바닥은 눈으로 덮여 있고, 내려가는 길목에 튀어나온 돌에는 고드름이 매달려 있다. 분화구 가장자리 바로 밑에 울퉁불퉁하게 돌이 쌓인 곳에는 우아한 새하얀 새인 흰풀마갈매기들의 둥지가 있다. 그러나 이 화산의 불은 완전히 꺼진 것이 아니다. 가장자리의 한두 군데에서는 바위 틈새로 여전히 증기와 가스가 뿜어진다. 그래서 황화수소의 악취가 공기에 배어 있으며, 주변의 돌들은 황으로 뒤덮여서 샛노란색을 띤다. 분출구 주위의 바닥은 만지면 따뜻하므로, 극지방의 매서운 돌풍이 불어닥칠 때 몸을 웅크리고 있으면 냄새가 나기는 하지만 아늑하다. 그리고 발밑의 암석은 방석처럼 수북이 자란 이끼와 우산이끼들로 덮여 있고, 그 가장자리를 눈이 에워싸고 있다.

이렇게 이끼들이 자라는 얼마 되지 않는 자그마한 공간들이 이 섬에서 유일하게 식물이 자랄 수 있을 만치 따뜻한 곳이다. 이 제도는 세계에서 가장 고립된 곳이다. 남극대륙과 남아메리카 모두 약 2,000킬로미터 떨어져 있다. 그럼에도 이 단순한 식물들의 홀씨는 바람에 실려서 전 세계의 대기를 떠다니다가 이 살기 힘든 외딴 작은 섬이 서식이 가능해지자마자 정착했다.

이렇게 매서운 추위가 휘몰아치는 곳에서만 생물이 화산의 열기를 이용하는 것은 아니다. 열대 생물들도 화산 열기를 이용하는 법을 터득했다. 인도네시아에서 서태평양까지 퍼져 있는 조류 집단인 무덤새는 알을 부화시키는 극도로 독창적인 방법을 개발했다. 오스트레일리아의 풀숲무덤새가 대표적이다. 이 놀라운 새는 둥지를 지을 때, 먼저 지름이 4미터에 달하는 커다란 구덩이를 판다. 구덩이에 썩어가는 잎을 채운 다음 그 위를 모래로 덮는다. 암컷은 이 거대한 더미에 굴을 파고서 알을 낳는다. 수컷은 모래를 채워서 굴을 메우며, 알은 썩어가는 식물에서 나오는 열로 따뜻하게 유지된다. 그렇다고 해서 수컷이 알을 방치하는 것은 아니다. 반대로 수컷은 하루에도 몇 번씩 둔덕으로 돌아와서 모래를 부리로 찔러본다. 수컷의 혀는 0.1도의 온도 변화도 감지할 수 있을 만치 민감하다. 모래의 온도가 알에 너무 차갑다는 판단이 들면, 모래를 더 쌓을 것이다. 너무 덥다는 판단이 들면 모래를 긁어낼 것이다. 이윽고 유달리 긴 부화 기간을 거친 뒤, 깨어난 새끼는 스스로 둔덕을 파고 올라온다. 깃털이 다 자란 상태로 튀어나온 새끼는 총총 달아난다.

인도네시아 술라웨시 섬에도 풀숲무덤새의 친척인 술라웨시무덤새가 산다. 이 새는 해변 위쪽 검은 화산 모래에 알을 묻는다. 이 모래는 검어서 열을 잘 흡수하므로, 햇볕의 열기만으로도 충분히 알을 부화시킬 수 있다. 해변을 떠나서 내륙의 화산 비탈에 모여 사는 술라웨시무덤새도 있다. 이들은 화산 증기가 계속 나와서 열기가 유지되는 넓은 지역을 찾아냈다. 무리 전체가 때가 되면 그곳에 모여서 알을 낳는다. 죽어가는 화산은 부화기가 된다.

지각판이 움직이고 그 밑의 대류 위치가 변함에 따라 이윽고 화산은 완전히 꺼진다. 땅이 식으면 주변의 동식물들이 암석으로 뒤덮이고 황량해진 새 땅으로 들어와서 정착한다. 현무암류는 정착자들에게 상당한 난제를 안겨준다. 이 물집이 잔뜩 난 듯한 반질거리는 표면은 아주 매끄러워서 물이 그냥 흘러나가며, 어린 식물이 뿌리를 내릴 만한 틈새도 거의 없다. 그래서 수백 년 동안 완전히 헐벗은 상태로 남아 있는 곳도 있다. 이런 곳에 처음으로 들어와서 개척하는 꽃식물 종은 지역에 따라서 다르다. 식물상이 주로 남아메리카에서 유래한 갈라파고스 제도에서는 선인장이 가장 먼저 정착할 때가 많다. 본래 사막에서 살면서 수분을 최대한 보존하도록 적응한 식물인 선인장은 이글거리는 온도까지 달구어지기도 하는 검은 용암에서도 살아갈 수 있다. 하와이에서는 물을 보존하는지가 조금 불분명해 보이는 나무인 오히아레후아ohia lehua가 개척자이다. 이 나무의 뿌리는 용암류 깊숙이 뚫고 들어가서 수분을 모은다. 대부분의 용암류 안쪽에 생기는 용암동굴까지 뿌리를 뻗기도 한다. 그런 뿌리는 동굴 천장에 매달린 모습이며, 종을 치는 데 쓰이는 거대한 갈색 밧줄 같다. 용암 표면에 내린 빗물은 틈새와 뿌리를 타고 조금씩 스며들어서 동굴 바닥으로 똑똑 떨어진다. 증발시킬 햇빛이 없으므로, 이런 동굴에 고인 물은 내부의 공기를 축축하게 유지한다.

용암동굴은 탐사할 때 조금 으스스하다. 폭풍우도 서리도 들어올 수 없으므로, 벽이나 바닥의 침식도 일어나지 않는다. 마지막 용암이 빠져나가고 바닥에 닿는 것은 무엇이든 태워버릴 만치 뜨거운 상태였을 때의 모습을 고스란히 간직하고 있다. 천장에서 떨어지다가 매달린 채 굳어서 종유석처럼 보이는 것들도 있다. 바닥에서 용암이 흐른 자국은 딱딱하게 굳은 포리지처럼 보인다. 일종의 장벽을 넘어간 곳에서는 계단식 폭포가 굳은 것 같은 모습이 남아 있다. 갑작스럽게 밀려가면서 휩쓸 때 용암의 강이 일시적으로 솟아올랐다가 유달리 빨리 식으면서 벽을 따라 매끄러운 물결무늬를 남긴다.

이런 기이한 곳에서 영구 거주하기에 이른 생물이 몇 종류 있다. 천장에 늘어진 뿌리에 잔뜩 자라난 작은 뿌리털 사이에는 그것을 먹고 사는 귀뚜라미, 톡토기, 딱정벌레 같은 몇 종류의 곤충이 있다. 그리고 그들을 잡아먹는 거미도 있다. 그러나 이런 동물들은 섬의 동굴 바깥에 사는 가까운 친척들과 달리 눈과 날개를 잃은 것들이 많다. 동물의 한 신체 부위가 기능을 잃는다면, 그 부위를 발달시키는 것은 에너지 낭비이다. 그런 식으로 계속 자원을 낭비하는 개체보다 그쪽으로 낭비하지 않는 개체가 더 유리하다. 따라서 세대를 거듭할수록 쓸모없는 기관은 점점 쪼그라들다가 이윽고 사라지는 경향을 보인다. 반면에 어둠 속에서도 장애물이나 먹이를 찾을 수 있도록 돕는 긴 더듬이와 다리를 지니는 것은 유리하다. 용암동굴에 사는 동물들은 실제로 다리와 더듬이가 유달리 길다.

대륙에서 화산 분출로 황폐해진 땅은 매끄러운 현무암류로 뒤덮인 곳보다 정착하기가 더 쉬운 듯하다. 화산재나 여기저기 끊기고 부서진 용암으로 덮인 곳에서는 식물이 뿌리를 내리기가 어렵지 않기 때문이다. 세인트헬렌스 산의 비탈이 터져나가면서 황폐해진 넓은 땅에는 곧 식물들이 다시 자리를 잡았다. 격변이 일어난 지 몇 달 지나지 않아 쌓인 진흙 둔덕 구석구석과 바위 밑에는 바람에 실려 날아온 작은 씨들이 쌓였다. 바늘꽃 종류가 많았다. 허리 높이로 자라는 이 식물은 꽃대에 멋진 자주색 꽃들이 핀다. 씨는 아주 가볍고 솜털이 달려 있어서 바람을 타고 수백 킬로미터까지 날아간다. 제2차 세계대전 당시 유럽에서는 폭탄이 터진 자리에 몇 주일이 채 지나기도 전에 바늘꽃이 피어나면서 부서진 벽돌 더미를 색깔로 뒤덮었다. 북아메리카에서는 흔히 불풀fire-weed이라고 불리는데, 이들이 산불이 나서 검게 탄 그루터기만 남은 곳에서 가장 먼저 싹을 내미는 식물 중 하나이기 때문이다. 화산 분출로 황폐해진 곳에도 가장 먼저 출현한다.

곧이어 루핀이 돋아나서 꽃을 피웠다. 용암에는 몇몇 영양소가 부족하기는 하지만, 이 식물들은 그런 영양소를 합성할 수 있다. 놀랍게도 터져 나간 산의 꼭대기에는 먹을 것이 거의 없었지만, 동물들이 곧 돌아왔다. 한두 해 사이에 바람에 날리는 거미줄에 매달려서 퍼지는 거미들과 몇몇 딱정벌레 종이 산꼭대기의 비탈로 들어와서 바람에 실려온 죽은 곤충의 잔해들을 먹으며 살아갔다. 나방, 파리, 심지어 잠자리까지 우연히 들어온 절지동물들은 먹이 부족으로 죽어 쌓이면서, 더 뒤에 영구적인 정착이 이루어질 토대를 마련했다. 그런 동물의 사체는 조각나서 바람에 날려 씨와 함께 틈새나 구석에 쌓인다. 그 작은 사체들이 썩으면서 나온 영양소는 그 아래의 화산재로 흡수되고, 본래 풍화되지 않아서 가용 영양소가 거의 없는 화산 먼지였던 곳에서 싹이 튼 씨는 그 영양소를 즉시 이용할 수 있었다. 화산 폭발이 일어난 지 40여 년이 지난 지금, 파괴의 흔적은 남아 있지만 산 전체에서 생명의 징후를 볼 수 있다. 이 지역을 조사하는 과학자들조차 놀랄 정도로 재정착이 매우 빠른 속도로 진행되고 있다.

크라카타우는 회복이 얼마나 완벽하게 이루어질 수 있는지를 잘 보여준다. 격변이 일어난 지 50년이 지난 뒤, 그 섬이 사라진 자리에서 작은 분화구가 불을 뿜으면서 바다 위로 솟아올랐다. 주민들은 그 섬을 크라카타우의 아낙Anak, 즉 아이라고 불렀다. 이 섬에는 벌써 비탈에 카수아리나와 야생 사탕수수가 덤불을 이루고 있다. 기존 섬의 한 잔해는 라카타라고 부르는데, 바다 건너 약 1.7킬로미터 떨어져 있다. 약 150년 전에는 헐벗었던 이곳의 비탈은 지금은 열대림이 빽빽하게 뒤덮여 있다. 이곳에서 발아한 씨들 중에는 바닷물에 떠다니다가 밀려온 것도 틀림없이 있을 것이다. 바람에 실려오거나 새의 발에 붙어서 또는 위장에 담겨서 들어온 씨도 있다. 이 숲에는 새, 나비를 비롯한 곤충 등 날개 달린 동물들도 많이 살고 있는데, 겨우 40킬로미터 떨어진 본토에서 이곳까지 오는 데에 별 어려움은 없었을 것이다. 비단뱀, 왕도마뱀, 쥐도 들어왔는데, 아마 열대의 강물에 휩쓸려서 종종 바다로 유입되는 식물을 타고 바다를 떠돌다가 들어왔을 것이다. 그러나 이 숲이 새로 생겼고 그 이전에 격변을 겪었다는 증거를 찾기는 어렵지 않다. 나무의 뿌리들은 격자처럼 지표면을 뒤덮으면서 함께 흙을 움켜쥐고 있지만, 개울에 흙이 깎여나간 곳들이 군데군데 보이며, 쓰러진 나무는 그 아래에 여전히 가루 같은 화산 먼지들이 헐겁게 쌓여 있음을 보여준다. 이런 식으로 식물 덮개가 파손되면, 헐거워진 화산재는 물줄기에 쉽게 깎여나가고, 뿌리들이 얽히며 만든 덮개 밑으로 깊이 6-7미터의 협곡이 생기기도 한다. 그러나 이렇게 덮개가 파손되는 사례는 드물다. 열대림은 한 세기도 지나지 않아서 크라카타우를 재탈환했다. 세인트헬렌스 산에도 금세기 말에는 침엽수림이 다시 조성되고, 침엽수림에서 사는 포유류와 조류도 돌아올 것이 틀림없다.

따라서 화산이 땅에 남긴 상처는 결국 치유된다. 비록 인간이 경험하는 짧은 시간 규모에서 보면, 화산이 자연의 가장 끔찍한 파괴적인 측면처럼 보일지는 몰라도, 더 길게 보면 화산은 위대한 창조자이다. 화산은 아이슬란드, 하와이, 갈라파고스 같은 새로운 섬을 만들고, 세인트헬렌스 산과 안데스 산맥 같은 산도 형성한다. 그리고 대륙들의 장엄한 이동과 그에 따른 대기 변화는 연쇄적으로 길게 이어지면서 환경 변화들을 야기하고, 기나긴 세월에 걸쳐서 동식물들에게 위험한 도전과제와 군집을 형성할 새로운 기회를 함께 제공한다.

# 2

# 얼어붙은 세계

히말라야 산맥이든 세계의 다른 어떤 높은 산이든 간에 그 꼭대기에서 영구 정착해서 살아갈 수 있는 생물은 없다. 그런 곳은 때때로 시속 300 킬로미터가 넘는 지구에서 가장 사나운 바람이 끊임없이 몰아친다. 게다가 치명적일 만치 매서운 추위에 휩싸여 있다.

지구에서 태양에 가장 가까운 곳들이 가장 추운 지역에 속한다는 사실이 조금은 역설적으로 보이기도 한다. 그러나 공기의 온기는 태양광선이 뚫고 지나가면서 대기의 원자들에 에너지를 제공함으로써 그 원자들이 서로 더 자주 충돌하면서 발생한다. 충돌이 일어날 때마다 아주 조금씩 열이 방출된다. 공기가 희박하면, 원자들이 더 성기게 흩어져 있어서 충돌 빈도도 더 낮아진다. 그래서 공기가 더 추운 상태로 남게 된다.

그리고 추위는 생물을 죽인다. 추위는 식물이나 동물의 몸속으로 아주 철저히 스며들어서 세포에 든 액체를 얼리며, 그럴 때면 거의 예외 없이 세포의 벽이 터진다. 집 안에서 얼어붙은 수도관이 터지는 것과 마찬가지이다. 그러면 조직이 물리적으로 파괴된다. 그러나 추위는 동물을 딱딱하게 얼리기 한참 전에 이미 목숨을 앗아갈 수 있다. 곤충, 양서류, 파충류를 비롯한 많은 동물들은 주변 환경으로부터 직접 열을 흡수한다. 그래서 그들은 때로 "냉혈동물"이라고 불리지만, 이 용어는 오해를 불러일으킨다. 그들의 피가 차갑지 않을 때도 많기 때문이다. 예를 들면 많은 도마뱀은 햇볕을 쬐어 몸을 덥히는데, 덥히는 효율이 워낙 좋아서 낮에는 사람보다 체온이 더 높다. 물론 밤 동안에는 체온이 상당히 식기는 한다. 이런 동물들은 체온이 상당한 수준까지 떨어져도 견딜 수 있지만, 이들조차도 어느점까지 떨어지기 한참 전에 죽을 것이다. 동물은 체온이 떨어지면 몸에서 에너지를 생산하는 화학적 과정들의 진행 속도가 느려지면서 점점 더 기운을 잃는다. 이윽고 영상 4도쯤 되면, 신경막이 미세한 전기 신호를 전달하는 데에 필요한 반액체 상태라는 성질을 잃고, 동물은 몸을 제대로 통제할 수 없게 되어 죽는다.

자체적으로 열을 생산하는 조류와 포유류는 추위에 살아남을 가능성이 더 높다. 그 대신에 치러야 할 대가도 크다. 우리는 꽤 따뜻한 날에도 섭취한 음식의 절반을 체온 유지에 소비한다. 아주 추운 날에 제대로 옷을 껴입지 않으면, 아무리 많이 먹어도 열을 내는 속도가 잃는 속도를 따라가지 못한다. 뇌를 비롯한 우리 몸의 매우 복잡한 기관들은 온도가 겨우 몇 도만 달라져도 견디지 못하며, 파충류라면 그저 축 처질 수준으로만 떨어져도 우리는 목숨을 잃을 것이다.

따라서 온도가 영하 20도까지 떨어지는 높은 산꼭대기에는 생명이 없다. 우연히 바람에 실려온 작은 생물들과 더 불가해하게도 스스로 그

꼭대기까지 올라가는 모험을 감행하는 몇몇 인간을 제외하면 말이다.

그런 봉우리에서 내려오는 등반가는 정상에서부터 1,000미터쯤 내려올 때까지는 얼음 절벽과 얼어붙은 바위 사이에서 그 어떤 생물도 보지 못할 가능성이 높다. 아마 해발 7,000미터쯤에서 처음으로 보게 될 생물은 바위를 물집이 생긴 양 얇게 덮고 있는 무엇인가일 것이 거의 확실하다. 바로 지의류이다. 지의류는 어느 한 식물 종이 아니라, 상상할 수 있는 가장 긴밀한 관계로 얽힌 서로 다른 두 생물의 복합체이다. 한쪽은 조류이고, 다른 한쪽은 균류이다. 균류는 바위 표면을 부식시키는 산酸을 분비해서 군체가 매끄러운 표면에 달라붙을 수 있도록 하고, 광물질을 녹여서 조류가 흡수할 수 있는 화학물질 형태로 만든다. 또 군체가 공기에 있는 수분을 흡수할 수 있도록 얼기설기 엮인 뼈대 역할도 한다. 조류는 햇빛의 도움을 받아서 무기물과 공기에서 흡수한 이산화탄소로부터 먹이를 합성한다. 이 먹이는 자신과 균류가 쓴다. 양쪽은 각자 따로따로 번식을 하기 때문에, 다음 세대의 조류와 균류는 새롭게 관계를 맺어야 한다. 그러나 이 협력관계는 평등하지 않다. 때로 균류의 팡이실이 조류 세포를 휘감아서 먹어치우기도 한다. 한편 조류는 균류와 떨어져서 독립생활을 할 수도 있는 반면, 균류는 조류가 없으면 살아남지 못한다. 균류는 본래 들어올 수 없었을 이런 황량한 곳에 자리를 잡기 위해서 조류를 이용하는 듯하다. 협력관계를 맺는 조류와 균류의 종은 많지만, 유달리 으레 서로 짝을 이루는 종들도 있다. 그렇게 형성된 지의류는 나름의 독특한 모양, 색깔, 바위 선호 양상을 지닌 일반적인 종으로 간주된다.

지의류는 전 세계에 약 1만7,000종이 있다. 모두 느리게 자라는데, 산

꼭대기의 바위를 덮고 있는 것들은 유달리 더 느리다. 이런 고지대에서는 1년 중 성장이 가능한 날이 딱 하루에 불과할 수도 있으며, 지의류의 면적이 1제곱센티미터까지 커지는 데에 60년이 걸릴 수도 있다. 접시만큼 자란 지의류를 흔히 볼 수 있는데, 그런 것은 설령 수천 년까지는 아니더라도 수백 년 동안 자란 것일 가능성이 높다.

산 위쪽 비탈을 뒤덮은 눈밭에는 그 주변의 암석보다 생물이 더 없어 보이기도 한다. 그러나 어디에나 다 그렇게 새하얀 눈만 있는 것은 아니다. 히말라야 산맥과 안데스 산맥, 알프스 산맥과 남극대륙의 산맥에는 마치 수박을 잘라놓은 것처럼 눈이 분홍색을 띠는 곳들이 군데군데 있다. 직접 눈으로 보면서도 믿기 어렵다. 그런 곳까지 올라가려면 먼저 눈을 보호할 스노고글을 써야 하는데, 그래서 눈 비탈에 보이는 그 기이한 색깔의 얼룩이나 무늬가 그림자이거나 착시 현상이 아닐까 하는 생각이 들기도 한다. 이런 놀라운 눈을 한 줌 떠서 맨눈으로 살펴본다고 해도, 특이한 점은 전혀 보이지 않을 것이다. 분홍색이라는 점만 확실할 뿐이다. 현미경을 들이대야 비로소 얼어붙은 눈 알갱이 사이에서 색깔을 띠는 것을 알아볼 수 있다. 미세한 단세포 생물들이 가득하다. 이들도 조류이다. 각 조류에는 광합성을 하는 녹색 알갱이도 들어 있지만, 이 색깔은 스노고글이 우리의 눈을 보호하듯이 조류를 보호하는, 붉은 색소에 가려져 있다. 이 붉은 색소가 햇빛에서 해로운 자외선을 걸러내는 역할을 한다.

이 조류 세포는 삶의 어느 단계에 이르면 편모鞭毛라는 파닥거리는 작은 실이 달린다. 이 시기에 조류는 편모를 이용해서 눈 속을 움직여 표면 바로 밑 적당한 곳에 자리를 잡는다. 햇빛이 딱 맞는 양으로 들어오는 곳이다. 눈 자체가 바람을 막아주기 때문에, 이곳은 공기에 노출된 곳보다는 덜 춥다. 그렇다고 해도 이 눈녹조류는 추위로부터 자신을 보호할 필요가 있으며, 물의 어는점보다 몇 도 아래에서도 액체 상태가 유지되도록 돕는 화학물질을 지니고 있다.

이 조류는 햇빛과 눈에 녹아 있는 미량의 영양소 말고는 세상에서 아무것도 취하지 않는다. 어떤 생물도 먹지 않으며, 어떤 생물의 먹이도 되지 않는다. 눈을 붉게 만드는 것 외에는 주변에 거의 아무런 변화도 일으키지 않는다. 이들은 그냥 존재함으로써, 생명이 가장 단순한 수준에서도 그저 스스로 출현한다는 감동적인 사실을 증언한다.

이 눈밭에는 더 복잡한 생물들도 있다. 좀, 톡토기, 귀뚜라미붙이 같은 원시적인 곤충들과 작은 벌레 같은 것들이다. 이들도 때로 눈을 얼룩지게 할 만큼 수가 엄청나게 불어나지만, 분홍색이 아니라 검은색으로 물들인다. 이 짙은 색깔은 그들에게 유익할 수도 있다. 옅은 색은 열을 반사하는 반면 짙은 색은 열을 흡수하기 때문이다. 그러나 이렇게 도움을 받아 온기를 약간 얻는다고 해도, 이들은 생애의 대부분을 체온이 어는점에 가까운 상태에서 살아가야 한다. 이들도 동결 방지 물질을 몸에 지니고 있으며, 생리적 과정들이 저온에 너무나 잘 적응한 탓에 우리가 손바닥에 올려놓을 때처럼 갑자기 따뜻해지면 몸이 제대로 기능을 하지 못해서 죽는다. 또 이들은 눈녹조류와 달리 먹이를 합성할 수 없으며, 대신 아래쪽에서 바람에 실려 올라온 곤충의 사체나 꽃가루를 먹고 산다.

이들이 혹한 속에서 살아간다는 사실에서 짐작할 수 있겠지만, 이들의 삶은 극도로 느릿느릿 진행된다. 귀뚜라미붙이의 알은 부화하기까지 1년이 걸리며, 깨어난 약충이 성체가 되기까지는 5년이 걸린다. 눈에 사는 이 동물들은 모두 날개가 없다. 곤충의 날개가 제 역할을 하려면 아주 빨리 날개를 쳐야 하는데, 저온에서는 곤충의 어떤 근육도 그런 일을 할 수 없다는 점을 생각하면 그리 놀랄 일은 아니다. 간단히 말해서 에너지를 충분히 생산할 수가 없다. 이런 별난 동물들 중의 하나인 눈밑들이는 비행 능력 상실을 보완하는 나름의 방법을 진화시켰다. 근육의 빠른 반응을 전혀 요구하지 않는 방법이다. 이 동물의 다리 관절에는 탄성을 띠는 미세한 받침이 들어 있다. 눈밑들이는 다리 근육을 써서 이 받침을 천천히 누른 뒤에 고정시킨다. 적에게 위협을 받으면, 이 받침의 고정 장치를 탁 푼다. 그러면 눈밑들이는 엄청난 탄력으로 아주 높이 튀어오를 수 있다.

눈밭 옆 바위 틈새에는 작은 방석 같은 식물들이 웅크리고 있다. 유럽패랭이, 범의귀, 용담, 이끼이다. 이들은 바람을 피해 가파르게 비탈진 땅에 옹기종기 모여 있지만, 뿌리는 길다. 땅속으로 거의 1미터를 뻗어나간 것들도 있다. 그래서 돌풍이 불어서 돌들이 굴러다녀도 이들은 제자리를 지킬 수 있다. 줄기와 잎은 빽빽하게 모여 방석을 이루고 있어서, 서로 지탱하고 추위를 막아준다. 저장된 먹이로 약간의 열을 발생시켜서 주변의 눈을 녹일 수 있는 식물도 있다. 이들은 모두 극도로 느리게 자란다. 작은 잎이 한두 개 피는 데에 1년이 걸릴 수도 있으며, 꽃을 피울 수 있을 만치 에너지를 모으는 데에는 10년이 걸리기도 한다.

산비탈을 따라서 더 내려가면 추위가 조금 누그러지고 정상에서부터 뻗어내린 산등성이가 바람을 좀더 막아주며, 땅이 덜 가팔라서 바위와 추위에 얼었다가 녹았다 하면서 부서진 쇄석이 좀더 안정적으로 쌓여 있는 곳이 나온다. 드디어 식물이 충분히 뿌리를 내리고 줄기가 땅에서 약 3센티미터 이상 자랄 수 있는 곳이다. 특히 더 자라기 좋은 곳에서는 땅 전체를 빠짐없이 온통 초록색으로 덮기도 한다. 그러나 비교적 고도가 낮아진 이곳에서도 추위를 막는 보호 수단은 필수적이다.

아프리카 케냐 산의 고지대에 있는 골짜기에는 모든 고산식물 중에서도 가장 장관을 이루는 몇몇 식물들이 자란다. 이들은 거인이다. 왕솜방망이 종류도 있고, 왕숫잔대 종류도 있다. 이들은 우리의 정원에서 자라는 친척들과 완전히 다르다. 왕솜방망이는 키가 6미터가 넘고, 굵은 나무줄기에 올린 거대한 양배추처럼 보인다. 잎들은 죽은 뒤에도 그대로 줄기에 달라붙어서 공기를 가두는 두꺼운 통처럼 추위를 상당 부분 막아준다. 왕숫잔대 중 한 종은 키가 8미터에 달하는 기둥으로 자라며, 그 위에 먼지떨이 같은, 아주 길고 가늘고 털이 난 회색 잎들 사이사이로 작은 파란 꽃을 피운다. 잎들은 공기를 완전히 가두지는 않지만, 기둥 주위로 공기가 자유롭게 순환하지 못하게 막음으로써 밤에 내리는 서리로부터 식물을 보호한다. 또다른 왕숫잔대 종은 지름이 50센티미터에 달하는 거대한 로제트 모양으로 땅바닥에 바짝 붙어 자란다. 로제트 한가운데에는 물이 차 있다. 어둠이 깔리면, 이 물의 수면은 얼어붙는다. 이 얼음판은 아래쪽의 물이 더 차가워지지 않게 막아준다. 즉 이 식물은 사실상 중앙의 싹을 보호하는 액체 보호 덮개를 덮고 있는 셈이다. 아침에 해가 뜨면, 얼음판은 녹는다. 이제 왕숫잔대는 다른 문제에 직면한다. 적도와 가까운 대기가 아주 희박한 고도에서 자라므로, 극도로 강한 햇빛을 받게 되는 왕숫잔대는 중앙의 잔에 담긴 물이 증발하여 잎의 보호 수단이 사라질 위험에 처한다. 그러나 이 물은 그냥 빗물이

고인 것이 아니다. 식물이 분비한 물이며, 증발산을 대폭 줄이는 젤라틴 물질인 펙틴pectin이 들어 있어서 약간 끈적인다. 그래서 가장 더운 날에도 가장 추운 밤을 위해서 액체 단열체를 간직한다.

아프리카의 왕숫잔대와 왕솜방망이의 엄청난 크기는 산의 더 위쪽에 사는 작은 식물들 및 세계 각지에서 자라는 거의 모든 자그마한 숫잔대와 솜방망이 종들과 선명한 대조를 이룬다. 안데스 산맥에서는 파인애플과의 몇몇 종들이 비슷한 방식으로 거대해졌다. 양쪽 다 적도에 가깝고 고지대이므로, 이 두 요인의 조합이 그렇게 거대해진 크기를 유리하게 만드는 것일 수도 있지만, 아직까지 생물학자들은 왜 이런 일이 일어나는지 정확히 이해하지 못하고 있다.

산비탈에서 어떤 초록 잎이 성기게 자라든 간에, 곧 먹이가 있음을 알아차리고 뜯어 먹으러 동물들이 나타난다. 그런 모험가들도 추위를 막는 대비책을 갖추어야 한다. 케냐 산에서는 몸집은 토끼만 하지만 코끼리와 수생동물인 듀공의 친척인 바위너구리가 왕숫잔대 잎을 뜯어 먹는다. 이들은 저지대의 친척들보다 털이 훨씬 더 길다. 안데스 산맥에도 상응하는 동물인 친칠라가 살고 있다. 친칠라는 바위너구리와 몸집이 비슷하고 모습, 행동, 식성까지 꼭 닮았지만, 가까운 친척이 아니라 전혀 다른 종류인 설치류이다. 친칠라는 부드러운 털이 가장 빽빽하게 난 동물에 속한다. 안데스 산맥의 또다른 동물인 비쿠냐는 야생 낙타의 털도 가장 귀한 축에 든다. 이 빽빽하게 자라는 가는 털은 단열에 아주 탁월하기 때문에 몸이 과열될 위험이 있다. 몸을 조금 활달하게 움직일 때는 특히 더 위험하다. 그래서 온몸이 이런 털로 덮여 있지는 않다. 허벅지 안쪽과 사타구니에는 털이 거의 없다. 너무 더우면 비쿠냐는 몸을 더 빨리 식히기 위해서 이 부위에 공기가 잘 통하도록 자세를 취하고 선다. 반대로 추울 때에는 허벅지와 사타구니를 꽉 붙여서 사실상 온몸이 털로 완전히 뒤덮인 자세를 취한다.

그러나 열을 보존하는 방법이 두꺼운 털만 있는 것은 아니다. 신체 비율도 상당한 효과를 낼 수 있다. 길고 가느다란 팔다리는 열을 잃기가 쉬우므로, 산에 사는 동물은 팔다리가 더 짧고 귀도 더 작은 경향이 있다. 열을 가장 잘 보존하는 형태는 공 모양이므로, 동물은 몸이 더 둥글둥글할수록 체온이 더 잘 보존될 것이다. 몸집도 영향을 미친다. 열은 몸의 표면에서 복사를 통해서 빠져나간다. 몸의 부피에 비해 표면적이 더 작을수록, 몸은 열을 더 잘 간직할 것이다. 따라서 큰 공이 작은 공보다 온기가 더 오래갈 것이다. 이 효과 때문에 같은 종이라고 해도 추운 기후에 사는 개체들이 더 따뜻한 지역에 사는 개체들보다 몸집이 더 커지는 경향이 있다. 예를 들면, 퓨마는 북쪽의 알래스카에서 로키 산맥과 안데스 산맥을 거쳐 아마존의 밀림에 이르기까지 아메리카 전역에 서식한다. 퓨마는 쿠거, 산사자, 팬서 등 여러 이름으로 불리지만, 모두 같은 종이다. 그러나 개체의 크기는 지역에 따라 달라서 산에 사는 개체가 저지대에 사는 개체보다 더 크다.

적도 근처 안데스 산맥 중부에서 비쿠냐와 친칠라를 찾고자 한다면, 해발 약 5,000미터에 있는 설선snow line까지 올라가야 할 것이다. 안데스 산계를 따라 남쪽으로 갈수록 설선은 점점 낮아진다. 파타고니아와 대륙의 남쪽 끝에 다다를 즈음에는 해발 수백 미터 높이에도 만년설이 쌓여 있고, 빙하가 곧바로 바다로 들어가는 광경을 보게 될 것이다.

이유는 단순하다. 적도에서는 태양광선이 지면에 직각으로 닿는다. 반면에 지구는 둥글기 때문에 극지방으로 갈수록 광선은 점점 더 비스듬하게 지면에 닿는다. 따라서 적도의 편평한 땅 1제곱미터에 닿는 햇빛의 양이 더 남쪽으로 갈수록 훨씬 더 넓은 면적에 퍼져서 닿는다. 또 태양광선 자체도 극지방 근처에서는 덜 따뜻하다. 지구의 대기를 비스듬하게 통과하기 때문에 훨씬 더 긴 거리를 지나면서 에너지를 더 많이 잃은 뒤에야 지표면에 닿기 때문이다. 그래서 남극대륙의 해변은 적도에 있는 안데스 산맥의 정상만큼 춥고 황량하다.

남극대륙에 사는 동물은 극도의 추위뿐 아니라 지속되는 어둠에도 대처해야 한다. 지구 자전축이 태양에 상대적으로 기울어져 있기 때문에, 지구가 태양 주위를 공전하는 동안 극지방은 계절에 따른 변화가 심하게 일어난다. 여름이 시작되면 낮은 점점 더 환해지고 더 길어지다가 한여름에는 이윽고 24시간 내내 이어진다. 이 혜택에는 그만한 대가가 따른다. 여름이 끝날 무렵이면 낮은 짧아지고, 계속 짧아지다가 한겨울에는 몇 주일 동안 온종일 어둠에 잠긴다.

지의류는 이런 가혹한 환경에서도 견딜 수 있는 극소수의 생물에 속하며, 놀라울 만치 잘 견딘다. 남극대륙의 바위에도 400종이 넘는 지의류가 자란다. 착 달라붙은 피부 같은 것도 있고, 딱딱한 껍데기처럼 덮인 것도 있고 오그라든 띠처럼 보이는 것도 있다. 가장 흔한 것은 검은 색을 띠는데, 눈 곤충들처럼 빈약한 빛에서 최대한 열기를 흡수하기 위해서이다. 뻣뻣하게 또는 약간 탄력 있게 갈라진 털들이 말려서 뒤엉킨 모습인 것들도 많다. 이 작은 숲에는 나름의 작은 동물들이 군집을 이루고 있다. 핀 머리만 한 톡토기와 진드기는 가지들 사이를 천천히 돌아다니면서 뜯어 먹는다. 육식성 진드기는 약간 더 활발하게 그들을 뒤쫓아 다니면서 턱으로 문 다음 구석으로 끌고 가서 산 채로 먹어치운다. 이끼도 몇 종 살고 있으며, 몇 주일 동안 꽁꽁 얼어붙어도 견딜 수 있는 종류도 있다. 또 거의 믿을 수 없게도 암석 틈새로 침투하여 투명한 광물질을 통해서 스며드는 빛을 이용해서 살아가는 조류도 1종 있다. 그리고 꽃식물은 단 2종으로, 작디작은 풀과 카네이션 종류이다. 이들은 극히 빈약해서 아주 작은 동물에게조차 충분한 먹이가 되지 못한다. 이런 상황은 달라질지도 모른다. 이미 기후 변화로 해안의 얼음이 슬러시로 변하고 있고, 눈 조류가 증식하고 대발생하면서 하얀 대륙 곳곳이 일시적으로 으스스한 녹색으로 변하고는 한다. 그러나 언제까지 그럴지는 모르지만, 당분간 남극대륙의 해안과 얼음에 사는 동물들은 육지가 아니라 바다에 사는 식물로부터 직간접적으로 먹이를 얻어야 한다.

남극해의 물은 더 북쪽의 온대 지역의 물과 끊임없이 순환이 이루어지기 때문에 남극대륙보다는 더 따뜻하다. 바닷물은 짜서 온도가 영하 1도쯤 될 때까지는 얼지 않는다. 얼음이 얼 때에는 그 주위의 물은 더 짜고 밀도가 높아지면서 가라앉으며, 대신에 깊은 곳에 있던 물은 솟아오른다. 이 용승류에는 양분이 풍부하다. 그 결과 남극해는 생산성이 높으며, 수많은 조류, 즉 식물성 플랑크톤이 떠다닌다. 이들은 엄청나게 많은 크릴이라는 헤엄치는 새우류에게 먹히며, 크릴은 작은 물고기들과 함께 물범, 물개, 펭귄 같은 남극대륙의 더 큰 동물들에게 먹힌다. 그러나 이 먹이를 먹으려면 이들은 바다로 들어가야 하고, 물에서는 육상동물이 쓰는 것과 전혀 다른 방식으로 추위로부터 몸을 보호해야 한다. 물은 열을 더 많이 흡수하고, 공기보다 훨씬 더 효율적으로 전도하므로, 헤엄치는 동물은 땅에서 걷는 동물보다 몸이 훨씬 빨리 차가워진다. 게다가 털 사이에 갇힌 공기는 물속에서 단열재 역할을 하는 데에 한계가 있다.

물개는 진정한 물범이 아니라 바다사자의 일종이며, 육지에서 살던 조상인 네발동물의 털을 다소 온전히 간직하고 있다. 이 털은 물 밖에서는 아주 촘촘하고 따뜻하기 때문에 모피를 찾는 사람들에게 인기가 있었다. 속털은 유달리 부드럽고 빽빽하게 나 있어서 물속에 있을 때에도 공기층을 아주 잘 간직한다. 그러나 물개가 어느 정도 깊이 잠수하면 수압에 공기층이 짓눌리면서 거의 단열이 되지 않는 상태가 될 것이다. 그래서 물개는 먹이를 찾겠다고 깊이 잠수하는 일이 드물다.

반면에 진정한 물범은 추위에 더 잘 대처한다. 이들은 털이 아주 성기게 나 있다. 털은 피부가 마찰로 벗겨지는 것을 막아주며, 헤엄칠 때 물이 지속적으로 피부를 한 겹 감싸고 있도록 돕는다. 그래서 사람의 수영복처럼 열 손실을 어느 정도는 줄여준다. 또 이들은 피부 바로 밑에 두꺼운 단열 지방층도 가지고 있다. 물개의 몸에는 그런 층이 군데군데 있으면서 먹이 창고 역할을 한다. 반면에 물범은 지방층이 끊긴 부위가 전혀 없이 담요처럼 온몸을 감싸고 있어서, 깊은 바다에서도 효율적으로 추위를 막아준다.

웨델물범은 으레 15분간 물속을 돌아다니면서 300미터 깊이까지 잠수하는데, 45분을 잠수하며 600미터까지 내려간 기록도 있다. 이들은 컴컴한 깊은 물속에서 음파를 탐지하여 물고기와 오징어를 찾아다닌다. 고음의 깩깩 소리를 낸 뒤에 부딪쳐 돌아오는 메아리를 통해서 먹이의 위치를 알아낸다. 이들은 가장 남쪽에 사는 포유류이며, 겨울에 남극 대륙 주위의 바다가 얼어붙어도 개의치 않는다. 물속에서 얼음 밑에 갇힌 공기를 호흡하거나, 유빙 사이의 작은 구멍으로 고개를 내밀어 호흡을 하는데 구멍의 가장자리를 갉아서 구멍이 막히지 않도록 한다. 남극 대륙에서 수가 가장 많은 물범은 게잡이물범이다. 이들이 오로지 크릴만 먹는다는 사실을 감안하면, 이 이름은 잘못 붙여진 것이다. 이들의 어금니는 특이하게도 끝이 뾰족뾰족한데, 물을 입에서 뿜어낼 때 크릴을 걸러내는 그물 역할을 한다. 얼룩무늬물범은 몸길이가 3.5미터까지 자라며, 몸이 길쭉하고 유연하며, 온갖 동물을 잡아먹는다. 어류, 크릴, 다른 종의 물범 새끼, 때로 펭귄도 잡는다.

물범 중에서 가장 큰 것은 코끼리물범이다. 체중이 4톤까지 나가는 진정으로 괴물 같은 존재이다. 해변에서 수컷이 화가 나서 뒷발로 벌떡 일어설 때면, 우리 키의 2배를 넘는다. 코끼리물범이라는 이름은 몸집이 거대할 뿐 아니라, 콧등이 코끼리코를 연상시키며 부풀어오를 수 있어서이다. 공기를 불어넣어서 거대한 공기주머니처럼 불 수 있다. 코끼리물범은 아주 깊이 잠수해서 오징어를 잡아먹는다. 물범 중에서 지방층이 가장 두껍다. 피부는 얇은 털로 덮여 있는데, 해마다 털갈이를 한다. 새 털이 자라려면 피부 표면 가까이로 피가 충분히 공급되어야 하므로, 혈관이 지방층을 뚫고 뻗어야 한다. 이런 식으로 혈관이 지방층을 뚫고

퍼지면서 몸 표면 가까이까지 피가 돌면, 더 이상 효율적으로 단열을 할 수가 없다. 그래서 이 시기에 이들은 물 밖으로 나와서 지낸다. 이보다 몇 개월 앞선 번식기에는 수컷들이 해변에서 격렬하게 싸움을 벌였다. 지금은 서로 적대감을 억누른 채 온기를 유지하기 위해서 진창에서 서로 겹겹이 몸을 포개고 있다. 피부는 군데군데 벗겨지면서 지저분하게 얼룩이 져 있다.

모든 조류들처럼 남극대륙의 새들도 추위로부터 잘 보호되어 있다. 육지에서 깃털은 단열 효과가 최고이기 때문이다. 그러나 대부분의 새는 다리에 깃털이 없으며, 빙산 위에 아주 태연하게 앉아 있는 갈매기는 헐벗은 정강이와 발가락을 통해서 소중한 체온을 잃을 위험이 있어 보인다. 그러나 갈매기의 다리로 피를 운반하는 동맥은 발가락까지 곧바로 뻗어 있지 않고, 대신에 다리 아래쪽에서 갈라져서 모세혈관망을 이룬다. 이 망은 발에서 피를 모아서 심장으로 다시 보내는 정맥을 감싸고 있다. 동맥피의 열은 바깥 세계로 빠져나가기 전에 차가운 정맥피로 전달되어 몸으로 다시 보내져서 보존된다. 이제 식은 동맥피 자체는 계속 발로 내려간다. 따라서 다리는 사실상 독립된 저온 장치처럼 작동하며, 비교적 단순한 다리의 움직임은 추운 곳에서 기능하도록 적응된 생리적 과정들을 통해서 수행된다.

물론 남극대륙의 특징인 새, 이 꽁꽁 얼어붙은 남쪽을 상징하는 새는 펭귄이다. 사실 화석 증거는 펭귄이 원래 남반구에서 기원하기는 했지만, 더 따뜻한 지역에서 출현했음을 시사한다. 오늘날에도 남아프리카와 오스트레일리아 남부의 비교적 따뜻한 물에 사는 펭귄 종이 있다. 적도에 있는 갈라파고스 제도에도 1종이 산다. 펭귄은 헤엄치는 생활에 탁월하게 적응했다. 펭귄의 날개는 지느러미발로 변형되었으며, 이 날개로 물을 치면서 앞으로 빠르게 나아간다. 방향을 전환하는 데에 쓰이는 발은 그 목적에 걸맞게 몸의 맨 끝에 달려 있다. 그래서 물 밖으로 나온 펭귄은 독특한 곧추선 자세가 된다. 어디에서든 헤엄을 치려면 단열이 잘 되어야 하며, 펭귄은 깃털로 단열을 한다. 깃털은 아주 길고 가늘며, 끝이 몸 쪽으로 굽어 있다. 깃대를 따라 깃가지들이 섬유처럼 나 있을 뿐 아니라, 깃축 밑동에 보풀거리는 솜깃털이 달려 있어서 바람이나 물이 거의 뚫고 들어갈 수 없는 층을 이룬다. 펭귄은 다른 어떤 새보다도 더 많은 부위가 깃털로 덮여 있다. 다리의 아래쪽까지 대부분이 깃털로 덮여 있고, 남극대륙에 사는 2종의 펭귄 중 1종인 작은 아델리펭귄은 짤막한 부리에도 깃털이 자란다. 이 깃털 덮개 안쪽에는 지방층이 있다. 비쿠냐처럼 펭귄도 너무나 단열이 잘 되는 탓에, 사실상 과열될 위험을 안고 있다. 이들은 필요할 때 지느러미발을 옆으로 치켜들어서 열을 발산하는 표면을 넓힌 채 깃털을 물결치듯이 흔든다.

이런 효과적인 단열을 통해서 펭귄은 남극해의 대부분의 섬에 정착할 수 있었고, 곳곳에서 경이로운 개체 수를 자랑한다. 사우스샌드위치 제도에 속한 작은 화산섬 자보도프스키 섬은 폭이 6킬로미터에 불과하지만, 100만 마리가 넘는 턱끈펭귄이 산다. 이들은 키가 사람의 무릎 높이에 불과한 작은 동물이다. 남극대륙의 여름이 시작될 때 이들은 땅으로 올라오는데, 거대한 너울이 격렬하게 바위에 부딪치면서 이들을 사정없이 내동댕이칠 것만 같은 그런 곳이다. 그런데도 이들은 고무공 같은 탄력을 보이며, 파도가 빠져나가면 상처 하나 없이 태연하게 경쾌한 모습으로 뒤뚱거리며 섬 안쪽으로 걸어간다. 그들은 드러난 화산재를 그냥 퍼낸 뒤 조약돌을 그 둘레에 죽 쌓아서 표시를 하는데, 돌을 차지하기 위해서 귀가 먹을 만치 꺅꺅 소리를 질러대면서 사납게 다툰다. 암컷은 이런 밋밋한 둥지에 2개의 알을 낳는다. 알은 수컷이 품고 암컷은 먹이를 구하러 간다. 화산재 아래에 얼음이 있는 도랑에 둥지를 짓는 쌍도 종종 있다. 수컷이 알을 품고 있으면, 그 열에 얼음이 녹아서 흘러나간다. 그러면 조금 당혹스럽게도 수컷은 깊은 구멍 안에 알을 품고 앉아 있는 꼴이 된다. 새끼가 깨어나면, 부모는 교대로 먹이를 먹인다. 새끼는 성장 속도가 아주 빠르며 남극대륙의 짧은 여름이 끝날 즈음이면, 깃털이 다 자라서 스스로 헤엄치고 먹이를 구할 수 있다. 그러나 화산섬에서 살아가는 데에는 위험이 따른다. 2016년에 커리 산이 분출하면서 화산재와 증기가 펭귄들에게 쏟아졌다. 자보도프스키 섬이 워낙 외딴 곳에 있어서 그 분출이 펭귄들에게 어떤 영향을 미쳤는지는 지금도 불분명하다.

펭귄 중에서 가장 큰 종은 황제펭귄이다. 키가 성인의 허리 높이에 이르고 몸무게가 16킬로그램에 달해서 바닷새 중에서 가장 크고 가장 무거운 편에 속한다. 이 커다란 몸집은 아마 추위에 맞서기 위한 적응 형질일 것이다. 황제펭귄은 남극대륙에서 살고 번식하며, 겨울에 남극대륙의 극심한 추위를 견디며 살 수 있는 유일한 동물이기 때문이다. 그러나 큰 몸집이 열을 보존하는 데에 도움이 되는 것은 분명하지만, 그 때문에 생기는 어려움도 있다. 새끼는 다 자라서 헤엄치기 알맞은 깃털을 갖추기 전까지는 스스로 먹이를 구할 수 없다. 그런데 알도 크므로 부화하기까지 오랜 시간이 필요하고, 다 자라는 데에도 시간이 꽤 걸린다. 턱끈펭귄 같은 더 작은 펭귄들이 하듯이 남극대륙의 여름 몇 주일 사이에 다 자라기가 불가능하다. 황제펭귄은 대다수의 새들이 따르는 번식 일정표와 정반대되는 방식을 채택함으로써 이 난제에 대처했다. 봄에 알을 낳아서 먹이를 얻기 쉬운 더 따뜻한 여름 동안 새끼를 기르는 대신에, 황제펭귄은 겨울이 시작될 때 이 모든 과정에 돌입한다.

황제펭귄은 여름 동안 바다에서 양껏 먹이를 먹어서 여름이 끝날 무렵에는 지방이 많이 붙고 튼튼해진다. 겨울의 기나긴 어둠이 시작되기 몇 주일 전인 3월에 이들은 해빙이 얼어붙은 해안으로 온다. 이미 해변에서부터 해빙이 상당히 뻗어나와 있기 때문에, 펭귄들은 해변 가까이 있는 전통적인 번식지까지 가려면 남쪽으로 수 킬로미터를 걸어야 한다. 컴컴한 4-5월 내내 이들은 과시 행동을 하고 이윽고 짝짓기를 한다. 이들은 영역을 주장하지도 않고 둥지도 짓지 않는다. 이들은 해빙 위에 있으며, 경계를 표시할 식생도 돌도 전혀 없다. 암컷은 알을 1개만 낳는다. 크고 노른자가 많이 든 알이다. 암컷은 알을 낳자마자, 얼기 전에 재빨리 얼음 위에서 들어올려야 한다. 몸을 숙여서 부리로 알을 발가락 쪽으로 밀어서 발등에 올린다. 그리고 배에서 축 늘어진 깃털 난 피부 주름으로 알을 덮는다. 그 즉시 짝이 다가와서 번식 의례의 정점에 해당하는 몸짓을 하면서 알을 넘겨받아 자신의 발등에 올리고 피부 주름으로 덮는다. 암컷의 일은 거기에서 끝난다. 암컷은 수컷을 두고 깊어가는 어둠을 뚫고서 마침내 먹이를 찾을 수 있는 해빙 가장자리를 향해 떠난다. 겨울이 더 깊어진 탓에 얼음의 가장자리는 해변에서 훨씬 더 멀리까지 뻗어나간 상태이다. 그러니 물가에 다다르려면 150킬로미터를 가야 할 수도 있다.

한편 수컷은 소중한 알을 발등에 올리고 피부 주름으로 따뜻하게 덮은 채 계속 서 있다. 체온을 조금이라도 보존하기 위해서 함께 알을 품고 서 있는 수컷들끼리 옹기종기 모여 있고, 휘몰아치는 눈과 윙윙 불어대는 바람을 피해 몸을 돌리고 서로 자리를 바꾼다. 불필요한 움직임이나 쓸데없는 몸짓에 낭비할 에너지가 전혀 없다. 바다에서 처음 이곳에왔을 때에는 깃털 밑으로 지방층이 두껍게 쌓여 있어서 몸무게의 거의절반에 달했다. 이미 구애 활동에 많은 에너지를 썼다. 남은 에너지로 2개월간 알을 품으면서 버텨야 한다.

알을 낳은 지 60일 뒤, 비로소 새끼가 깨어난다. 새끼는 아직 스스로체열을 낼 수 없으므로 아비의 발 위에서 온기를 제공하는 피부 주름을덮은 채 웅크리고 있다. 거의 믿기지 않지만, 수컷은 알에서 갓 나온 새끼에게 줄 먹이를 위장에서 게워낼 수 있다. 그리고 암컷은 정확히 딱맞는 시점에 모습을 드러낸다. 암컷은 체중이 아주 많이 불은 상태이다. 기억해둔 둥지자리 같은 것은 전혀 없다. 어쨌든 수컷은 암컷이 떠난 뒤로 얼음 위에서 이리저리 꽤 많이 자리를 옮겼을 것이다. 암컷은 자신이내는 소리에 응답하는 소리를 알아듣고서 수컷을 찾아낸다. 서로 만나자마자, 암컷은 반쯤 소화된 물고기를 게워내어 새끼에게 먹인다. 이 재결합은 대단히 중요하다. 암컷이 얼룩무늬물범에게 잡아먹혀서 돌아오지 못한다면, 새끼는 며칠 사이에 굶어죽을 것이다. 암컷이 하루쯤 늦게나타나도, 절실히 필요한 먹이를 제때 주지 못하게 될 수도 있다. 암컷이 오기 직전에 새끼는 죽을 것이다.

몇 주일 동안 굶은 채 서 있던 수컷은 이제 먹이를 구하러 갈 수 있다. 새끼를 짝에게 맡긴 뒤, 바다를 향해 떠난다. 체중이 적어도 3분의 1은 빠졌기 때문에 딱할 만치 홀쭉해져 있지만, 얼음 가장자리까지 다다른다면 물로 뛰어들어서 게걸스럽게 먹기 시작한다. 수컷은 2주일 동안 휴가를 즐긴다. 그런 뒤 위장과 멀떠구니를 물고기로 가득 채운 채 멀리 새끼가 있는 곳으로 향한다.

새끼는 암컷이 게워내는 삭은 물고기와 위액 일부 외에는 아무것도 먹지 못한 상태이다. 그러니 수컷이 가져오는 먹이를 간절히 기다리고 있다. 새끼는 아직 보풀거리는 회색 깃털로 덮여 있다. 새끼들은 자기들끼리 한데 모여 있지만, 목소리로 부모를 알아볼 수 있다. 남은 몇 주일 동안, 부모는 번갈아 물고기를 잡아 돌아와서 새끼에게 먹인다. 오랜 기다림 끝에 드디어 수평선이 밝아오기 시작하고, 기온이 조금씩 올라가면서 해빙에 금이 가기 시작한다. 바닷물이 번식지를 향해 점점 다가온다. 이윽고 새끼들이 다가갈 수 있을 만큼 충분히 가까워진다. 새끼들은 앞다투어 물속으로 뛰어들고, 물에 닿는 순간부터 그들은 뛰어난 수영선수가 된다. 성체들도 합류해서 먹이 잔치를 벌인다. 몸에 지방이 다시 불어나는 데에는 2개월이면 충분하며, 그 뒤에 이 모든 과정을 다시 시작해야 한다.

번식 과정은 위험과 어려움으로 가득하다. 조금만 어긋나도 위험이 따른다. 날씨가 평소보다 아주 조금 안 좋거나 물고기를 잡는 데에 시간이 조금 더 걸리거나 부모가 겨우 하루쯤 늦게 온다고 해도, 새끼는 죽을 수 있다. 사실 새끼의 대다수는 죽는다. 10마리 중 4마리가 성체가 된다면, 황제펭귄에게는 꽤 괜찮은 해이다.

남극대륙이 늘 그렇게 황량한 땅은 아니었다. 그곳의 암석에서는 고사리와 나무, 작은 초기 포유류, 공룡과 유대류의 화석들이 발견된다. 약 1억4,000만 년 전 이 땅이 남아메리카, 오스트레일리아, 뉴질랜드와 함께 곤드와나라는 남쪽의 거대한 초대륙을 이루고 있던 시기에 번성하던 생물들이다. 곤드와나는 훨씬 더 따뜻한 기후인 적도에 가까이 있었다. 그러나 해양 지각판들이 움직이면서 약 1억8,000만 년 전에 이 초대륙을 쪼개기 시작했을 때, 남극대륙은 붙어 있던 오스트레일리아와 그곳에서 살던 생물들과 함께 남쪽으로 흘러갔다. 이 시기에 남극 지방은 바다로 덮여 있었다. 태양광선이 비스듬하게 내리쬐는 탓에 바닷물은 차가웠을 것이 틀림없지만, 더 따뜻한 지역의 바닷물과 순환이 이루어졌기 때문에 아마 얼지는 않았을 것이다. 남극대륙은 이제 오스트레일리아와 분리되어 계속 남쪽으로 나아갔고, 이윽고 남극 위에 자리를 잡았다. 그럼으로써 모든 것이 달라졌다. 설령 그때까지 살아남은 생물이 있었다고 해도, 이 땅은 곧 엄청나게 추워지면서 공룡을 비롯한 육상동물이 살 수 없는 곳이 되었다. 순환하는 바다가 있었을 때와 달리 다시 따뜻해질 수 없었기 때문이다. 겨울에 이 대륙에 눈이 내리면 그대로 남았고, 그 눈은 대륙을 더욱더 차갑게 만들었다. 새하얗게 덮인 눈이 가뜩이나 약한 태양광선의 열기를 90퍼센트 반사했기 때문이다. 그래서 해마다 눈은 점점 쌓였고, 자체 무게로 짓눌러서 얼음으로 변했다.

　오늘날 삐죽 튀어나온 산봉우리 몇 곳과 해안 한두 곳을 제외하고, 남극대륙은 전체가 얼음으로 뒤덮여 있다. 두께가 4.5킬로미터에 달하는 곳도 있다. 얼음은 서유럽만 한 면적을 뒤덮고 거대한 반구 모양으로 솟아 있으며, 가장 높은 곳은 해발 4,000미터에 달한다. 세계 얼음의 90퍼센트, 민물의 70퍼센트가 이곳에 있다. 이것들이 전부 녹는다면 세계의 해수면은 55미터가 높아질 것이다.

남극대륙이 남쪽으로 흘러갈 때, 북반구의 대륙들도 위치가 달라지고 있었다. 당시에는 북극도 자유롭게 순환하는 물로 덮여 있었지만, 그 주위로 유라시아, 북아메리카, 그린란드가 모여들면서 촘촘한 고리를 이루었다. 그 결과 해류의 자유로운 흐름이 막히고 물이 다시 따뜻해지는 과정이 방해를 받았을 것이다. 바다 자체가 얼어붙었고, 지금도 북극은 대륙이 아니라 해빙海氷으로 덮여 있다. 그런데 기후 변화의 영향으로 이제 상황이 변하고 있다.

대륙의 위치 변화로 나타난 냉각 효과는 태양 복사의 세기 변화를 통해서 더욱 강화되었을 것이다. 지구는 약 300만 년 전에 훨씬 더 추운 행성이 되었다. 빙하기가 시작되면서 빙하가 영국 중부에 이르기까지 유럽의 훨씬 더 남쪽까지 내려왔고, 몇 차례 극심한 추위에 휩싸였다.

대륙들이 북극권을 고리처럼 둘러싸자 북극 지방은 남극대륙과 전혀 다른 곳으로 변했고, 그곳에 사는 동물들도 큰 영향을 받았다. 동물들이 세계의 더 따뜻한 지역에서 얼음으로 덮인 곳으로 진출할 수 있는 통로 역할을 대륙들이 했기 때문이다. 그래서 남극 가까이에는 인간을 제외한 그 어떤 대형 동물도 살지 못하는 반면, 북극은 가장 큰 육식동물 중 하나인 북극곰의 사냥터이다.

이 거대한 하얀 동물은 유라시아와 북아메리카의 북극권보다 더 남쪽에서 사는 회색곰과 흑곰의 친척이다. 이들은 추위를 막는 가장 효과적인 보호 수단을 갖추고 있다. 북극곰은 추운 기후에 적응한 다른 많은 동물들처럼, 더 따뜻한 곳에서 사는 친척 종들보다 몸집이 상당히 더 크다. 털도 아주 길며, 특히 기름기가 많아서 얕은 물속에서는 물이 거의 침투하지 못한다. 발바닥도 거의 다 털로 덮여 있어서 피부가 차가운 얼음에 직접 닿지 않을 뿐 아니라, 얼음 위에서도 미끄러지지 않는다. 여름에 북극곰은 훨씬 남쪽까지 내려가서 열매를 먹고 레밍을 잡기도 하는데, 커다란 앞발로 탁 눌러서 잡는다. 그러나 북극곰의 주된 먹이는 물범이다. 하얀 몸을 눈에 바짝 가져다댄 채 거의 눈에 띄지 않게 몰래 다가간다. 유빙 위에서 햇볕을 쬐고 있는 물범을 발견하면 꽤 멀리서부터 잠수하여 헤엄쳐서 가장자리까지 다가간 다음, 물범이 달아날 길목으로 불쑥 솟아오른다. 때로는 물범이 호흡하는 얼음 구멍 옆에서 기다리다가 물범이 고개를 내미는 순간 앞발을 휘둘러서 얼음 구멍 가장자리에 물범을 패대기친다.

물범은 남극대륙에서처럼 북극해에서도 헤엄치며 살아간다. 하프물범은 번식기에 유빙에 수십만 마리가 모인다. 그러나 남극대륙에서 눈에 확 띄는 풍경의 구성요소인 펭귄은 이곳에는 없다. 대신에 펭귄과 매우 비슷한 다른 새들이 있다. 바다쇠오리, 레이저빌, 코뿔바다오리, 바다오리로 이루어진 바다오리류이다. 이들은 여러 모로 펭귄과 닮았다. 번식기에 엄청난 무리를 짓고, 몸 색깔도 대부분 흑백이다. 땅에서는 곧추선 자세를 취하고 대부분 물속에서 헤엄을 잘 치며, 펭귄과 거의 비슷하게 발로 방향을 잡고 날개를 쳐서 나아간다.

그러나 펭귄과 달리, 하늘을 나는 동물에서 헤엄을 치는 동물로 변모하는 과정이 아직 완결되지 않았다. 이들은 비행 능력을 완전히 잃지는 않았지만, 지금은 날개가 그다지 효율적이지 않아서 날아오르려면 마구 파닥거려야 한다. 그리고 1년 중에 모두가 아예 날지 못하는 시기도 짧게 나타난다. 대다수의 새들은 날개 깃털이 한 번에 몇 개씩 빠지고 새로 나는 식으로 깃털갈이를 하지만, 이들은 한꺼번에 다 빠지고 새로 나기 때문이다. 그 시기에는 바다로 나가서 물결이 치는 가운데 큰 무리를 지어서 수면에 앉아 있는데, 이때야말로 가장 펭귄에 가까운 모습이다.

바다오릿과에 속하는 종들 중에서 큰바다오리는 비행 능력을 완전히 잃었다. 바다오리류 중에서도 몸집이 가장 큰 이 새는 곧추선 키가 75센티미터에 달했다. 털 색깔도 흑백이어서 정말로 펭귄과 비슷했다. 사실 펭귄이라는 이름은 원래 이 새의 것이었다. 그 단어의 유래에 대해서는 논란이 있으며, "하얀 머리"를 뜻하는 웨일스 단어에서 나왔다는 이들도 있다. 이 새의 머리에 2개의 하얀 반점이 있다는 점은 맞지만, 이 새는 웨일스에서는 서식한 적이 없다. 그보다는 살쪘다는 뜻의 라틴어에서 유래했을 가능성이 더 높다. 큰바다오리는 피부 밑에 단열 지방층이 아주 잘 발달되어 있었고, 그래서 널리 사냥을 당했기 때문이다. 그래서 남반구로 향한 탐험가들은 아주 비슷한 날지 못하는 새를 보자, 마찬가지로 펭귄이라고 불렀다. 그 이름은 북쪽의 새가 아니라, 남쪽의 새를 가리키는 것으로 굳어졌다. 이윽고 큰바다오리는 이름뿐 아니라 존재 자체를 잃었다. 날지 못했기 때문에, 사람을 피해 달아나기가 쉽지 않았다. 1844년 아이슬란드 앞바다의 한 작은 섬에서 마지막 개체가 살해되었다.

바다오릿과의 다른 종들은 살아남았다. 아마 비행 능력을 완전히 잃지 않아서였을 것이다. 그들은 사람이 접근할 수 없는 벼랑과 외딴 바위섬에 모이지만, 펭귄처럼 해변이나 유빙 위에서 큰 무리를 짓는 일은 없다. 남쪽에서 오는 포유동물 사냥꾼들 때문임이 틀림없다.

그런 사냥꾼에는 북극곰과 북극여우뿐 아니라 사람도 포함된다. 이누이트의 조상들은 초기에 아시아 북부에서부터 북극권으로 올라왔다. 그들과 그들의 친족들은 신체적으로 다른 어떤 인류 집단보다도 극도의 추위에 더 잘 적응해 있다. 키는 작은 편이지만, 부피에 비해서 표면적이 작은 옹골찬 몸집이어서 체열 보존에 가장 적합한 신체 비율이다. 이들은 다른 인종들보다 콧구멍도 더 좁아서 호흡을 통해 빠져나가는 온기와 수분도 적다. 또 옷으로 꽁꽁 감싼 부위 이외에 뺨과 눈꺼풀처럼 추위에 노출되는 부위에는 보호를 위한 두꺼운 지방층이 있다.

이누이트도 동물의 따뜻한 털가죽이 없었다면 아마 북극권에서 살지 못했을 것이다. 그들은 물범 가죽으로 장갑과 신발, 북극곰 가죽으로 바지, 순록의 털가죽과 새의 가죽으로 윗도리를 짓는다. 물조차 새어들지 않을 만큼 꼼꼼하게 바느질을 하며, 윗도리와 바지는 안쪽 옷은 털이 안쪽, 바깥쪽 옷은 털이 바깥을 향하도록 두 벌씩 겹쳐 입는다.

전통적으로 이누이트는 거의 전적으로 물범 사냥으로 생계를 유지하며 얼음 위를 멀리까지 돌아다녔다. 이들은 야영을 할 때면 눈으로 오두막을 지었다. 뼈로 만든 긴 칼로 눈을 잘라서 차곡차곡 나선형으로 쌓아서 이글루를 지었는데, 눈 블록 하나를 투명한 얼음으로 대체하여 창문도 만들었다. 안에는 단단한 눈을 잘라서 벤치를 만들고 그 위를 가죽으로 덮었다. 실내는 기름 등불을 켜서 밝혔다. 기름에서 나오는 열과 체온으로 실내 온도를 15도까지도 높일 수 있었기 때문에, 무거운 가죽 옷을 벗고서 반쯤 벌거벗은 채 털 담요만 덮고 지낼 수 있을 정도였다.

이런 삶은 거의 상상도 할 수 없는 수준으로 사라져갔다. 서구 세계가 북극권으로 진출함에 따라서 새로운 물건과 연료, 발전기와 나일론 옷감, 조립식 건물과 인터넷, 석유를 쓰는 동력 썰매와 망원경이 달린 장총도 함께 들어왔다. 그러자 개 썰매와 손으로 던지는 작살, 이글루, 손으로 바느질한 털가죽 옷은 거의 다 사라졌다. 오늘날 북극권의 유빙으로 사냥 여행을 떠나는 이누이트는 거의 없다.

남극대륙에서 흘러내리는 빙하는 바다와 만나서 물 위에 떠 있는 거대한 빙붕을 이룬다. 이런 빙붕은 주기적으로 분리되어 거대한 탁상형 빙산을 이룬다. 지름이 100킬로미터를 넘는 것도 있으며, 그런 빙산은 수십 년 동안 남극해를 떠돌다가 이윽고 더 따뜻한 바다로 가서 서서히 녹아내린다. 한편 북극권에서는 빙원의 가장자리가 육지에 얹혀 있는 곳이 많다. 그린란드, 엘스미어, 스피츠베르겐에서는 얼음의 가장자리가 돌출부나 절벽 모양을 이루고 있고, 그런 곳에서 녹은 물이 개천이 되어 흘러나온다. 그 가장자리로부터 남쪽으로 수백 킬로미터에 걸쳐서 자갈과 바위로 뒤덮인 황량한 지형이 펼쳐진다. 더 추운 시기에 빙하가 늘어나면서 암석을 밀어내고 짓이기고 부순 후에 물러난 곳이다. 이곳이 바로 툰드라이다.

여름에는 약한 햇빛이 지표면을 녹일 수는 있지만, 아주 최근까지도 1미터쯤 들어간 땅속은 마지막 빙하기가 시작된 이래로 줄곧 단단히 얼어붙은 상태였다. 이 영구동토층 위의 토양은 계절에 따라 녹았다가 얼어붙기를 되풀이해왔다. 자갈밭에서 이루어지는 수축과 팽창은 기이한 형상을 빚어낸다. 땅에 서리가 내리면 그 안의 수분이 얼음으로 변하면서 군데군데 살짝 부풀어오른다. 그럴 때 자갈들은 옆으로 조금 밀려난다. 커다란 돌이 작은 돌보다 더 빨리 밀려나므로, 더 작은 자갈은 부풀어오른 땅의 중앙에 남아 있고, 그 주변을 밀려난 더 큰 돌들이 에워싼 모습이 된다. 한 지역 전체에서 이런 일이 벌어지면, 부푼 부위의 가장자리를 따라서 돌들이 모이게 된다. 그러면 제법 큰 돌들이 가장자리에 둘러진 지름이 몇 센티미터에 이르는 다각형들이 100미터까지 땅에 죽 늘어선 장관이 펼쳐지고는 한다. 작은 돌이 있는 중심이 식물이 자라기에 더 알맞으므로 이런 다각형의 중심은 녹색을 띤다. 따라서 툰드라는 구획을 잘 나눠서 가꾼 기이한 정원처럼 보인다. 비탈에서는 이런 과정을 통해서 다각형이 아니라 아주 멀리까지 돌들이 길게 죽 밀려나간 자국이 생긴다.

이렇게 규칙적으로 얼었다 녹았다 하는 과정을 통해서 지하수가 한곳에 모여들면서 높이 100미터에 이르는 피라미드가 솟아오르기도 한다. 이런 언덕을 핑고pingo라고 한다. 작은 화산처럼 생겼지만, 그 안에는 용암 대신에 새파란 얼음이 들어 있다.

이 세계는 기후 변화의 냉혹한 효과를 실감하면서 달라지고 있다. 그린란드에서는 툰드라의 곳곳이 계속 녹는 중이다. 주민들의 집이 있던 바위처럼 단단했던 영구동토층은 녹아서 흐물거리는 진흙이 되고 있다. 두꺼운 빙하 밑에서는 개울과 강이 세차게 흐르면서 얼음을 녹이는 데에 힘을 보태고 있다. 시베리아에서는 영구동토층이 녹으면서 매머드, 털코뿔소, 늑대 같은 선사시대 동물들의 사체가 발견되고 있다. 수천 년간 얼어붙어 있던 이런 완벽하게 보존된 사체들은 툰드라의 사라진 거주자들이 어떤 색깔을 띠고 있었는지를 알려주며, 뼈의 DNA도 아직 온전해서 과학자들이 이 멸종한 동물들의 생물학을 연구하는 데에 기여하고 있다. 더 위협적인 측면은 시베리아 곳곳에서 빙하기 이전의 식생이 썩어가면서 발생했던 메탄 가스가 툰드라의 얼음 속에 갇혀 있다가 이제 풀려나서 대기로 방출되고 있다는 사실이다. 메탄은 강력한 온실가스로 작용하여 지구 온난화를 가속시킬 수 있다.

예상했겠지만 지의류와 이끼는 툰드라 전역에서 자란다. 그뿐만 아니라 1,000종이 넘는 꽃식물들도 그럭저럭 살아가고 있다. 모두 자그마한 덤불만 하게 자랄 수 있을 뿐, 매서운 바람 때문에 더 크게 자라지 못한다. 나무들도 그렇다. 북극버들은 수직으로 자라는 대신에 땅을 기어가면서 자란다. 키는 몇 센티미터에 불과하지만, 길이는 5미터에 달하는 것도 있다. 추운 기후에서 자라는 식물들이 모두 그렇듯이, 이들도 극도로 느리게 자란다. 줄기의 지름이 2센티미터에 불과한데, 나이테를 재면 400-500년 된 나무임이 드러나기도 한다. 또 작은 히스, 사초, 황새풀도 군데군데 자란다. 툰드라의 식물들 중 상당수는 북아메리카와 유라시아 고산지대에도 산다. 사실 그런 곳에서 기원했을 수도 있다. 그 산들은 마지막 빙하기가 세계를 휩쓸고 툰드라가 형성되기 훨씬 전부터 있었기 때문이다.

겨울의 길고 어두운 몇 개월 동안, 툰드라의 상당 지역은 눈으로 뒤덮이며 동물도 거의 눈에 띄지 않는다. 기니피그의 절반만 한 몸집에 귀가 작고 꼬리도 가장 작으며 두꺼운 갈색 털로 뒤덮인 통통하고 땅딸막한 설치류인 레밍은 눈 위보다 훨씬 따뜻한 눈 속에서 지표면 가까이에 판 굴을 쪼르르 돌아다니면서 식물을 뜯어 먹는다. 하얀 북극여우는 눈을 깊이 파들어간 뒤 뻣뻣한 다리로 와락 덮쳐서 레밍을 굴에서 뛰쳐나오게 만들어 사냥한다. 하얀 육식동물인 북방족제비는 몸집이 충분히 작아서 레밍이 판 굴로 들어가서 레밍을 뒤쫓을 수 있다. 열매나 버들 잎이 있는 아늑한 골짜기에는 하얀 뇌조도 어쩌다가 보이고, 북극토끼는 아직 갉아 먹지 않은 잎을 찾으려고 필사적으로 눈을 파헤친다. 그러나 식물을 찾기는 쉽지 않으며, 가장 뛰어난 토끼만이 살아남을 것이다.

봄은 갑작스럽게 찾아온다. 하루하루 지날수록 해는 지평선 위로 점점 더 높이 떠오른다. 하늘은 점점 더 밝아지고, 공기도 조금씩 따뜻해진다. 눈이 녹기 시작한다. 영구동토층 때문에 녹은 물은 땅속으로 스며들지 못하고 지표면에 고여서 늪과 호수를 이룬다. 이 새로운 온화한 환경에 동식물들은 빠르게 반응한다. 혹한을 벗어난 이 기간은 겨우 약 8주일간 이어진다. 그러니 머뭇거릴 여유가 없다.

식물은 재빨리 꽃을 피운다. 오리나무류는 대개 꽃차례가 먼저 열리고 그 뒤에 잎이 피지만, 덤불오리나무는 서둘러서 둘 다 한꺼번에 피운다. 보호하던 눈 덮개가 녹아 사라진 지금 레밍은 땅 위로 모습을 드러낸다. 물웅덩이와 호수에는 겨우내 휴면 상태였던 곤충의 알들이 부화하기 시작하며, 곧 먹파리와 모기가 출현한다. 수백만 마리가 위협적으로 공중에 우글거리면서 피를 빨 대상을 찾아다닌다. 그들은 포유류나 조류를 선호하며, 얼마 뒤에는 알을 낳는다.

곤충과 레밍, 새싹과 물풀은 모두 이 짧은 기간에 벌어지는 풍족한 잔치를 즐기기 위해서 남쪽에서 올라오는 이런저런 굶주린 동물들에게 좋은 먹이가 된다. 고방오리, 검은머리흰죽지, 가창오리, 흰뺨오리 같은 오리들은 떼지어 몰려와서 얕은 호수에서 자라는 식물들을 게걸스럽게 먹어댄다. 흰매, 갈까마귀, 흰올빼미는 레밍을 잡아먹으러 온다. 지느러미발도요, 민물도요, 꼬까도요는 곤충과 애벌레를 잡아먹으러 날아온다. 여우는 그들을 따라와서 알과 새끼를 집어삼킨다. 그리고 엄청난 무리의 순록이 쿵쿵거리면서 잎과 지의류를 뜯어 먹으러 온다.

이곳에서 겨울을 보낸 하얀 동물들은 이제 털갈이를 해서 다른 색깔의 털을 두른다. 여우와 뇌조, 북방족제비와 북극토끼, 즉 사냥꾼과 먹이 모두 몸을 위장해야 하므로 눈이 사라진 툰드라에서 안전하게 눈에 잘 띄지 않도록 갈색으로 바뀐다. 북방족제비는 남쪽 사람들의 눈에 더 익숙한 모습이 된다.

이곳을 찾아온 새들은 번식을 시작하며, 풍족한 곤충들을 먹이면서 새끼를 기른다. 겨울이 올 무렵에 새끼가 남쪽으로 여행을 떠날 수 있을 만치 크고 튼튼하게 자랄 수 있도록 이 모든 과정은 아주 빠르게 진행되어야 한다. 지금은 거의 하루 24시간 내내 계속 해가 비치므로, 부모는 온종일 먹이를 구해서 새끼에게 먹일 수 있다.

이윽고 마찬가지로 갑작스럽게 여름이 끝난다. 해가 올라오는 높이가 매일 조금씩 더 낮아진다. 빛은 점점 약해지고 땅은 다시금 딱딱하게 얼어붙는다. 쏟아지던 빗줄기는 매서운 진눈깨비로 변한다. 지느러미발도요가 먼저 떠나고, 곧이어 다른 새들도 모두 새끼들을 데리고 떠나기 시작한다. 순록들도 길게 줄을 지어서 점점 하얗게 변해가는 땅을 밟으면서 남쪽으로 향한다. 툰드라의 많은 여름 방문자들처럼 그들도 훨씬 남쪽에 있는 드넓은 소나무, 전나무, 솔송나무 숲에서 겨울 눈보라를 피할 것이다.

# 3

# 북쪽 숲

9월에 알래스카의 툰드라를 지나서 남쪽으로 무리 지어 향하는 순록들
은 여름 내내 잘 먹어서 살지고 건강하다. 새끼들도 기운차게 부모와 보
조를 맞추어서 따라간다. 하지만 그들의 여행길은 아주 길며, 날씨도 점
점 나빠지고 있다. 나무 한 그루 없는 황량한 땅에는 벌써 눈이 내리고
있다. 태양은 아직 낮에는 눈을 녹일 만치 햇빛을 쏟아내고 있지만, 순
록에게는 도움보다는 해를 끼치고 있다. 녹은 눈이 밤에 다시 얼어붙어
서 땅 곳곳이 딱딱한 빙판으로 변하는 바람에 순록은 그 밑의 잎과 지의
류를 먹을 수 없게 된다. 피신처를 찾는 일이 더 시급해지므로, 그들은
하루에 60킬로미터까지 이동하기도 한다.

　일주일쯤 꾸준히 걸은 끝에, 무리는 드디어 나무가 있는 곳에 다다른
다. 작고 삐뚤빼뚤한 나무가 오목하게 들어간 곳에 홀로 또는 몇 그루
씩 서 있다. 순록들은 계속 남쪽으로 향한다. 서서히 나무들은 점점 커

지고 수도 더 많아진다. 이윽고 약 1,000킬로미터를 행군한 끝에, 그들은 키 큰 나무들을 지나서 진짜 숲으로 들어간다.

이곳에서는 지내기가 더 수월하다. 여전히 극도로 춥기는 하지만, 울창한 나무들은 열을 앗아가는 치명적인 바람으로부터 동물을 보호한다. 그리고 먹이도 있다. 거무스름한 나뭇가지 아래에 쌓인 눈은 녹았다가 다시 언 것이 아니므로, 부드러운 가루 상태인 눈을 순록은 발굽으로 몇 번 차거나 주둥이로 한두 번 밀어서 걷어내고 식생을 찾아 먹을 수 있다.

순록들이 들어간 숲은 세계에서 가장 넓은 삼림지대이다. 북반구에서 지구를 고리처럼 두르고 있으며, 폭이 약 2,000킬로미터에 달하는 지역도 군데군데 있다. 북아메리카에서는 알래스카의 태평양 연안에서부터 동쪽의 대서양 연안까지 뻗어 있다. 반대 방향으로는 좁은 베링 해협 너머로 시베리아와 스칸디나비아까지 죽 이어져 있다. 한쪽 끝에서 반대쪽 끝까지 약 1만 킬로미터에 달한다.

이곳과 더 북쪽 툰드라의 차이점, 즉 나무가 자랄 수 있게 만드는 차이점은 빛이 조금 늘어났다는 것이다. 극점으로 갈수록 여름이 아주 짧아지면서 생장기도 짧아져서 나무는 큰 줄기를 만들거나, 겨울이 오기 전에 극심한 추위를 견딜 수 있을 만치 튼튼한 잎을 피울 시간이 부족해진다. 그러나 이곳에서는 대개 적어도 연간 30일은 빛이 충분히 비치고 기온이 10도 남짓까지 올라간다. 나무가 자랄 수 있는 충분한 조건이다.

그러나 다른 측면들을 보면 여전히 몹시 혹독하다. 기온은 툰드라에서 기록된 최저 기온보다도 더 낮은 영하 40도까지 떨어질 수도 있다. 심한 눈보라로 눈이 한 곳에 몰려 몇 미터 높이로 쌓이면 반년 동안 남아 있기도 한다. 극도의 추위는 나무 조직 내의 액체를 얼릴 수 있을 뿐 아니라, 필수 성분 중 하나인 물을 흡수하지 못하게 만든다. 숲 전체가 눈과 얼음으로 덮여 있지만, 식물은 이 고체 형태의 물을 흡수할 수 없다. 따라서 북쪽 숲의 나무들은 뜨겁게 달구어진 사막에서 자라난 많은 식물들처럼 극도의 가뭄을 견뎌야 한다.

이런 혹독한 환경을 견딜 수 있는 잎의 종류는 소나무의 바늘잎이 대표적이다. 길고 가늘어서 눈이 잎 위에 쌓여 무겁게 짓누르는 일이 적다. 또 수액도 거의 들어 있지 않아서 얼어붙을 액체도 거의 없다. 색깔은 짙어서 약한 햇빛으로부터 최대한 열을 흡수한다. 모든 식물은 생장 과정에서 어쩔 수 없이 물을 일부 잃는다. 식물은 기공氣孔이라는 미세한 구멍을 통해 공기에서 이산화탄소를 흡수하고 노폐물인 산소를 배출해야 한다. 이 기체 교환 과정에서 일부 수증기가 어쩔 수 없이 흘러 나간다. 그러나 솔잎은 대부분의 잎보다 수분을 훨씬 덜 잃는다. 기공도 비교적 적을뿐더러 잎을 따라 죽 나 있는 홈의 바닥에 줄줄이 난 미세한 구멍들의 맨 안쪽에 놓여 있다. 이 홈 덕분에 기공 바로 위쪽에 고요한 공기층이 형성되어 수증기의 확산이 아주 천천히 일어난다. 게다가 잎 표면의 다른 곳은 두꺼운 왁스층으로 덮여 있어서 세포벽을 통한 수분 손실이 거의 일어나지 않는다. 게다가 추위가 극심해져서 땅이 깊은 곳까지 얼어 뿌리가 물을 전혀 흡수하지 못할 때 잎에서 수분 증발산이 일어난다면 심각한 피해가 발생할 수 있으므로, 그럴 때에는 기공 자체를 닫을 수 있다.

상황에 따라서는 이런 물 보존 장치들로도 부족할 수 있다. 낙엽송은 극도로 춥고 아주 건조한 지역에서 자라는데, 겨울에 수분을 잃으면 위험할 수 있으므로 아예 가을마다 잎을 모조리 떨구고 활동을 완전히 중단한다. 그러나 다른 지역에서는 바늘잎을 1년 내내 효율적이고 경제적으로 쓸 수 있어서 잎이 7년까지도 달려 있을 수 있고, 생장기에 한 번에 조금씩만 잎을 새로 교체하는 나무도 있다. 이런 식으로 잎을 보존한다면 상당히 유리하다. 계속 달려 있는 잎은 봄이 시작될 때 햇빛이 충분해지자마자 광합성을 시작할 수 있다. 해마다 모든 잎을 새로 틔우느라 소중한 에너지를 지출할 필요가 없다.

바늘잎이 달리는 상록수들은 구과에 씨를 맺는 집단에 속해 있다. 약 3억 년 전에 출현한, 다른 꽃식물들보다도 훨씬 오래된 집단이다. 소나무, 가문비나무, 솔송나무, 개잎갈나무, 전나무, 측백나무가 여기에 속한다. 혹독한 기후가 부여한 바늘잎의 특성이 그런 기후에 사는 숲 군집 전체의 특성을 상당한 수준까지 결정한다. 바늘잎은 왁스와 나뭇진 성분이 아주 많이 들어 있어서 잘 분해되지 않는다. 어쨌거나 춥기 때문에 세균의 활동도 아주 미약하다. 그래서 떨어진 바늘잎은 숲 바닥에 다년간 분해되지 않은 채 남아서 탄력 있는 두꺼운 깔개를 이룬다. 썩지 않으므로 잎에 든 영양분도 고스란히 남아 있어서 깔개 밑의 토양은 척박하고 산성을 띤다. 나무는 균류의 도움 덕분에 떨군 바늘잎에 든 영양소를 다시 회수할 수 있다. 침엽수의 뿌리는 지표면 가까이에서 줄기를 중심으로 그물처럼 넓게 펼쳐진다. 뿌리 주위에는 실 같은 팡이실이 그물처럼 뒤엉켜 있으며, 팡이실은 위쪽 낙엽을 향해 뻗어나가서 바늘잎을 나무가 재흡수할 수 있는 화학물질 성분으로 분해한다. 게다가 팡이실은 뿌리가 병에 걸리지 않게 보호하고, 미량 금속 같은 스트레스 요인들에 저항하도록 돕는다. 보답으로 균류는 나무 뿌리에서 당분을 비롯한 탄수화물을 빨아들인다. 엽록소가 없어서 스스로 합성할 수 없기 때문이다.

균류와 침엽수 사이의 이런 관계는 지의류를 만드는 조류와의 협력 관계보다는 덜 긴밀하다. 게다가 특이성을 띠지도 않는다. 지금까지 소나무 1종에서만 그런 관계를 맺는 균류가 수백 종 발견되었고, 한 나무의 뿌리에 6-7종이 동시에 붙어 있기도 한다. 게다가 이 협력 관계가 필수적인 것도 아니다. 그러나 균류의 도움이 없다면, 침엽수의 생장 속도는 훨씬 더 느려진다.

바늘잎의 특성은 침엽수림에서 살 수 있는 동물의 특성도 상당한 수준까지 결정한다. 숲이 연간 생산할 수 있는 잎이 많으면, 그만큼 더 많은 초식동물들에게 먹이를 제공한다고 생각할지도 모른다. 그러나 곤충을 제외한 대다수 동물들은 왁스질로 덮이고 나뭇진이 많이 든 바늘잎을 거의 먹을 수 없는 것으로 간주한다. 순록도 건드리지 않을 것이다. 작은 설치류도 마찬가지이다. 큰뇌조와 솔양진이처럼 조류 한두 종은 먹기도 하지만, 그들도 봄에 아직 부드럽고 즙이 있는 어린 싹을 주로 먹는다.

침엽수가 생산하는 먹이 중에서 동물들은 주로 잎이 아니라 씨를 먹는다. 몇몇 새는 구과에서 씨를 빼먹을 수 있다. 솔잣새는 되샛과에 속하는데, 구과의 씨를 빼먹기 알맞게 위아래 부리의 끝이 좌우로 어긋난 부리를 가지고 있다. 그래서 구과의 단단한 덮개를 벌리고 단백질이 풍부한 씨를 빼낼 수 있다. 이들은 아주 부지런하게 일하는데, 하루에 많으면 1,000개까지도 씨를 빼낼 수 있다. 잣까마귀는 몸길이가 30센티미터에 달하는 훨씬 더 큰 새이며, 부리가 크고 힘도 아주 세서 구과를 그냥 꽉 물어서 부술 수 있다. 흩어진 씨는 그 자리에서 먹기도 하지만, 나중을 위해서 나무 틈새에 숨겨두기도 한다.

다람쥐, 들쥐, 레밍 같은 몇몇 작은 포유동물도 씨를 먹으며, 눈에 굴을 파고 다니면서 찾는다. 겨울에 순록, 노루, 말코손바닥사슴 같은 더 큰 초식동물은 여름 동안 양껏 저장한 몸속의 지방에 주로 의지하지만, 나무껍질, 나무에 붙어서 자라는 이끼와 지의류, 숲의 더 트인 곳이나 강둑이나 호숫가에서 드문드문 자라는 덤불도 뜯어 먹는다.

이런 초식동물을 사냥하는 육식동물은 먹이를 충분히 얻으려면 숲의 아주 넓은 영역을 돌아다녀야 한다. 빽빽하게 털로 덮인 커다란 고양이인 스라소니는 200제곱킬로미터가 넘는 영역을 돌아다니기도 한다. 에너지를 보존하는 것이 대단히 중요한 이 추운 지역에서는 사냥의 이익과 손실의 균형을 정확히 평가해야 한다. 스라소니는 북극토끼를 뒤쫓을 때, 좌우로 계속 방향을 휙휙 바꾸면서 달아나는 토끼를 200미터까지 쫓고서도 잡지 못하면, 포기한다. 토끼 고기를 통해서 얻는 에너지보다 지출한 에너지가 더 많을 가능성이 높기 때문이다. 노루는 훨씬 더 크므로 더 멀리까지 뒤쫓을 가치가 있다. 더 오래 사냥해도 수지타산이 맞을 수 있으므로, 스라소니는 더 끈덕지게 노루를 뒤쫓는다. 바닥에 바짝 붙어 다니는 오소리만 한 육식동물인 울버린도 노루를 잡는다. 울버린은 얇게 쌓인 눈 위를 빠르게 달릴 수 있는 반면, 노루는 갑자기 달리다가 미끄러져서 허우적거리다가 붙잡히기도 하므로 뒤쫓기가 종종 더 쉬워지기도 한다.

눈 밑보다 훨씬 더 추운 곳인 눈 위에 사는 이런 동물들 중에서 자신의 친척들보다 몸집이 더 큰 종류가 많다는 것도 놀랄 일은 아니다. 큰

뇌조는 뇌조 중에서 가장 크고, 말코손바닥사슴은 사슴 중에서 가장 크며, 울버린은 족제빗과에서 가장 크다. 산에 사는 커다란 동물들처럼, 이들도 큰 몸집 덕분에 에너지를 더 잘 보존한다. 그러나 수와 다양성 양쪽으로 이 고요한 얼어붙은 숲에는 동물이 아주 적으며, 눈 덮인 곳을 멀리까지 훑어도 발자국 하나 보이지 않을 때가 많다.

이 한정된 동물과 나무의 군집은 침엽수림 전체에 걸쳐서 거의 동일한 특징을 가진다. 만약 여러분이 아주 뛰어난 자연사학자가 아니라면, 한겨울에 낙하산을 타고 이 숲의 어딘가에 내렸을 때 자신이 어느 대륙에 와 있는지 알아차리기가 어렵다. 길게 늘어진 윗입술 위로 우리를 바라보는 커다란 뿔을 지닌 거대한 사슴은 아메리카에서는 무스moose, 유럽에서는 엘크elk라고 부르지만, 이름은 달라도 같은 종이다. 겨울에 이 숲으로 피신하는 더 작은 사슴은 북아메리카에서는 카리부caribou, 유럽에서는 레인디어reindeer라고 부르지만, 두 동물은 거의 똑같다. 울버린은 스칸디나비아와 시베리아뿐 아니라 북아메리카에서도 사냥을 한다. 새 둥지를 습격하는 길고 반질거리는 털을 지닌 작은 족제비처럼 생긴 동물은 유럽소나무담비 또는 아메리카담비이다. 후자가 좀더 옹골차면서 작기는 하지만, 그 차이는 미미하다. 가장 장관을 이루는 새인 큰회색올빼미는 발까지 따뜻한 깃털로 덮여 있는데, 양쪽 대륙의 숲에서 날아다닌다.

다른 새들은 조금 도움이 될 수도 있다. 이 숲의 동쪽 끝에서 서쪽 끝까지 퍼져 있는 솔잣새 1종과 잣까마귀 몇 종이 그렇다. 아메리카에 사는 잣까마귀 1종은 몸통은 회색이고 날개는 하얀 반점이 있는 검은색인 반면, 유럽 종은 온통 얼룩덜룩하다. 나뭇가지에서 솔잎을 뜯어 먹고 있는 검은뇌조처럼 보이는 새도 도움이 될 수 있다. 칠면조만 하면 큰뇌조일 것이고, 그렇다면 여러분은 유라시아의 스칸디나비아에서 시베리아 사이의 어딘가에 낙하한 것이다. 그 새가 닭만 하고 눈썹 부위에 붉은 띠가 있다면 가문비뇌조이고, 여러분이 떨어진 곳은 북아메리카이다.

그러나 봄이 오면, 북쪽의 숲은 극적인 변화를 일으킨다. 낮이 길어짐에 따라서 침엽수들은 더 많은 빛을 받아 생장에 힘쓴다. 싹이 될 눈은 겨울 내내 추위를 막기 위해서 꽉꽉 밀봉되어 있었다. 또 수분 손실을 방지하기 위해서 나뭇진으로 꽁꽁 감싸여 있었다. 바깥쪽 세포는 일종의 동결 방지제를 갖추고 있어서 영하 20도에도 얼지 않는다. 게다가 그 바깥에는 죽은 조직이 감싸고 있다. 이제 눈은 겨울 덮개를 밀어내고 가르면서 싹이 튼다. 앞선 여름에 부지런한 어미가 바늘잎 안이나 나무껍질에 구멍을 파고 깊이 낳아놓았던 곤충의 알은 겨우내 휴면 상태를 유지하다가 이제 부화하며, 깨어난 애벌레들은 어린 솔잎을 게걸스럽게 먹어치운다.

이 애벌레는 다른 동물의 먹이가 된다. 애벌레마다 서로 전혀 다른 방식으로 자신을 보호한다. 주로 새에게 먹히는 소나무붉은밤나방 모충은 짙은 녹색이어서, 솔잎 사이에 숨어 있으면 거의 들키지 않는다. 부화하면 이들은 나뭇가지를 따라 널리 흩어짐으로써, 같은 줄기에서 여러 마리가 잡아먹힐 확률을 줄인다. 반면에 누런솔잎벌 모충은 큰 무리를 지어 수천 마리가 한 가지에 달라붙고는 한다. 이들의 주된 포식자는 개미이며, 개미는 기회가 생기면 즙이 많은 모충을 잡아서 나무줄기를 따라 내려가서 집으로 끌고간다. 이 모충을 찾기 위해서 개미는 척후병을 보낸다. 척후병은 무리를 찾아내면 냄새 흔적을 남기면서 집으로 돌아간다. 그러면 많은 일개미들이 냄새를 따라가서 모충들을 잡아온다.

누런솔잎벌 모충은 개미 척후병을 공격할 커다란 턱도 독침도 없지만, 자신들이 있다는 사실이 퍼지지 않도록 막을 방법은 가지고 있다. 이들은 잘린 솔잎에서 분비되는 나뭇진을 먹어서 창자의 특수한 주머니에 저장한다. 척후병에게 발견되면, 이들은 개미의 머리와 더듬이에 이 끈끈이를 바른다. 그러면 개미는 방향 감각을 상실해서 집을 찾아가는 데에 상당한 어려움을 겪는다. 게다가 모충은 이 끈끈이에 개미 자신이 위험 신호로 방출하는 물질과 매우 흡사한 화합물도 섞는다. 그래서 일개미들은 돌아오는 척후병의 자취와 마주쳤을 때, 그 냄새를 따라가는 대신에 멀리 떨어지라는 경고로 받아들일 수도 있다. 딱한 척후병이 마침내 집으로 돌아가는 데에 성공한다고 해도, 이 위험 신호가 너무나 강력해서 일개미들은 척후병을 적으로 여기고 죽일 수도 있다. 그렇게 해서 누런솔잎벌 모충 무리는 들키지 않은 채 계속 잎을 뜯어 먹는다.

이제 나무들은 꽃을 피운다. 암꽃은 그다지 눈에 띄지 않는 작은 술 모양이고, 종종 불그스름한 색깔을 띠며, 종종 가지 끝에 달린다. 수꽃은 따로 피며 엄청난 양의 꽃가루를 생산하기 때문에 숲이 온통 떠다니는 노란 먼지로 뒤덮인다. 그렇게 공기를 통해서 꽃가루받이가 이루어진다. 그러나 여름이 워낙 짧아서 많은 종은 씨앗을 발달시킬 시간이 부족할 것이다. 그래서 다음해까지 기다려야 할 것이다. 지난해에 꽃가루받이가 이루어진 꽃에서는 이제야 씨앗이 발달하기 시작한다. 올해 새로 자란 가지보다 조금 더 아래쪽에서 녹색 구과가 맺히기 시작한다. 더 아래쪽에는 3년 된 갈색 구과에서 목질의 비늘 사이가 벌어지면서 씨앗이 떨어진다.

숲 바닥에서는 겨우내 눈 속에서 지냈던 레밍과 들쥐가 바늘잎 깔개 위를 돌아다니면서 떨어진 씨앗을 주워 먹느라 바쁘다. 그리고 번식하느라 바쁘다. 레밍 암컷은 한배에 12마리까지 새끼를 낳는다. 번식기에 세 번까지도 새끼를 배며, 첫 번째와 심지어 두 번째 배에 태어난 새끼들도 겨울이 되기 전에 스스로 번식할 수 있을 만치 자란다. 태어난 지 겨우 19일 만에 짝짓기를 하고 20일 뒤에 새끼를 낳는다. 그래서 곧 숲 바닥은 이들로 우글거린다.

새끼가 얼마나 빨리 성숙해서 얼마나 많은 새끼를 낳을지는 먹이가 얼마나 많은지에 달려 있다. 먹이의 양이 해마다 똑같지는 않다. 예를 들면, 나무는 3-4년마다 씨를 유달리 많이 맺을 것이다. 여름의 기온 변화 때문일 수도 있고, 나무가 씨를 많이 맺으려면 몇 계절 동안 양분을 축적해야 하기 때문일 수도 있다. 또는 씨의 생존을 도모하기 위해서 적응한 양상일 수도 있다. 평범한 해에는 레밍 같은 동물들이 먹어치우는 씨앗이 워낙 많아서 싹을 틔울 씨앗이 거의 남지 않는다. 유달리 씨를 많이 맺는 해에는 씨가 아주 많아지므로 레밍 집단도 불어나지만, 미처 불어나기 전에 많은 씨가 살아남아서 싹을 틔운다. 그 다음해에 레밍들은 먹을 것이 부족해지므로 새끼를 더 적게 낳고 따라서 개체 수도 다시 줄어들 것이다. 레밍들이 절벽에서 뛰어내려 집단 자살하는 일은 일어나지 않는다. 할리우드가 만들어낸 괴담일 뿐이다.

새로 돋는 바늘잎, 우글거리는 모충, 레밍과 들쥐 무리는 모두 먹잇감이며, 봄에서 여름으로 넘어갈 즈음에 남쪽에서 많은 새들이 무리를 지어 날아온다. 올빼미도 날아와서 레밍을 잡아먹는 포식자 무리에 합류한다. 붉은날개지빠귀, 회색머리지빠귀 같은 지빠귀들도 모충을 포식하러 온다. 개개비와 박새는 성체 곤충을 잡아먹는다. 이제 낙하산으로 내려온 사람도 자신이 어느 대륙에 있는지를 별 어려움 없이 알아차릴 것이다. 유럽, 아시아, 아메리카의 상록수림마다 남쪽의 더 따뜻한 지역에서 날아온 독특한 새들이 있기 때문이다. 스칸디나비아에는 되새와 붉은날개지빠귀가 있다. 북아메리카에서는 노란 무늬가 있는 솔새 10여 종이 날아온다.

이 방문객들은 이곳에서 여름을 나면서 짧지만 풍족한 시기를 이용하여 둥지를 짓고 새끼를 기른다. 해마다 먹이의 양이 크게 달라지므로, 이런 방문이 얼마나 성공적인지는 그 계절이 얼마나 풍족한지에 따라 달라진다. 생산성이 크게 달라지는 생물이 소나무만은 아니다. 레밍과 들쥐의 수도 해마다 달라지는데, 5-6년에 걸쳐서 서서히 증가하다가 갑작스럽게 붕괴한다. 그 결과 그들을 먹는 올빼미의 개체 수도 달라진다. 들쥐의 수가 비교적 적은 해에는 거의 오로지 그들을 먹는 큰회색올빼미는 알을 1-2개만 낳을 것이다. 그러나 다음해에 들쥐의 수가 늘어나면, 올빼미도 더 잘 먹고 그 먹이 자원을 더욱더 많은 알을 낳는 데에 쓴다. 이윽고 올빼미는 한 해에 알을 7개나 8개, 심지어 9개까지도 낳아서 품는다. 그러다가 들쥐 개체군이 붕괴한다. 불어난 올빼미들은 기아에 직면하고, 그들은 필사적으로 먹이를 찾아 북쪽 숲에서 갑작스럽게 날아올라 남쪽으로 대규모 이주를 한다.

마찬가지로 구과가 풍부한 해에 갑작스럽게 수가 불어난 솔잣새도 다음해에는 구과가 줄어들어서 어쩔 수 없이 남쪽으로 날아가야 할 것이다. 하지만 그곳에는 그들이 원하는 종류의 먹이가 적기 때문에 그들 중 상당수는 살아남지 못할 것이다.

여름에 북쪽으로 날아오는 개개비와 박새와 지빠귀는 대륙에 사는 그 종 전체 가운데 일부에 불과하다. 다른 개체들은 더 남쪽의 더 온화한 숲에 그대로 머물러서 새끼를 기른다.

이런 남쪽 숲의 침엽수는 더 이상 겨울 휴면 상태에 들어가지 않는다. 기후가 더 온화한 곳으로 향할수록 침엽수 사이에서 먼저 자작나무가 출현하고, 이어서 참나무와 너도밤나무, 밤나무, 물푸레나무, 느릅나무 같은 점점 더 다양한 나무들이 모습을 드러낸다. 잎은 모여서 나는 거무스름한 바늘잎이 아니라, 햇빛을 잘 받도록 넓게 펼쳐진 얇은 형태이다. 이런 잎의 표면은 기공으로 빽빽하게 덮여 있는데 많게는 1제곱센티미터에 2만 개까지도 들어 있다. 나무는 이 많은 기공들로 이산화탄소를 대량으로 흡수하여 줄기를 불리고 가지를 뻗는 데에 필요한 양분을 만든다. 이 과정에서 열린 기공을 통해서 엄청난 양의 수분이 증발산한다. 다 자란 참나무가 여름날에 잎 표면으로 잃는 물의 양은 하루에 톤 단위에 달한다. 그래도 활엽수에는 전혀 문제가 되지 않는다. 이 온대에는 여름 내내 비가 간간이 내리는 지역이 많으며, 지하에도 물이 부족하지 않기 때문이다.

이런 즙이 많은 연녹색 넓은 잎은 바늘잎보다 훨씬 맛이 좋으며, 아주 다양한 동물들이 먹는다. 온갖 모충들이 기어다니면서 뜯어 먹으며, 종마다 특히 좋아하는 나무 종이 있다. 굶주린 새들에게 들킬 염려가 없는 밤에 돌아다니는 종류도 많다. 반면에 새에게 지독한 맛을 선사하는 독을 지닌 뻣뻣한 털로 몸을 뒤덮어서 자신을 보호하고, 헛되이 잡아먹히지 않도록 선명한 색깔로 독이 있음을 광고하면서 낮에 돌아다니는 종류도 있다. 또 자신이 뜯어 먹는 잎이나 매달려 있는 잔가지와 같은 색깔을 띰으로써 들키지 않게 위장하는 방법을 쓰는 종류도 있다. 너무나 완벽하게 들어맞아서, 곤충 자체가 아니라 그들이 먹은 잎을 살펴보는 것이 그들을 찾는 가장 좋은 방법이다. 사냥하는 새도 그 방법으로 곤충을 찾는 듯하다. 그래서인지 많은 모충들은 흔적을 없애는 데에도 꽤 신경을 쓴다. 손상된 잎자루나 뜯어 먹힌 잎을 끊어서 땅에 떨군다. 먹은 뒤에 가까운 곳에서 쉬지 않고 멀리 떨어진 잔가지까지 기어가서 쉬는 종류도 있다.

나무들이 이런 맹습에 완전히 무력한 것은 아니다. 나무는 잎에서 탄닌 같은 화학물질을 만들 수 있다. 이런 물질들은 너무나 맛이 없어서 많은 모충들이 아예 먹으려고 하지 않을 정도이다. 모든 방어 체계들이 그렇듯이, 이 방어 수단도 비용이 많이 들 수 있다. 즉 잔가지와 잎을 만드는 등의 건설적인 목적에 쓸 수 있는 에너지의 상당량을 소비한다. 따라서 이런 기피 물질은 꼭 필요할 때가 아니면 만들지 않는다. 즉 곤충의 공격이 소규모로 일어날 때에는 굳이 필요하지 않다. 하지만 침략이 대규모로 일어날 때면, 참나무 같은 나무는 공격 받는 잎 주변에서 빠르게 탄닌을 생산할 수도 있다. 탄닌은 모충을 직접 죽이지는 않지만 더 맛이 있는 잎을 찾아서 나무의 다른 곳으로 떠나게 만든다. 그 과정에서 모충은 먹이를 찾는 새들에게 노출되며, 그 결과 나무를 공격하는 모충의 수는 상당히 줄어든다. 모충들의 집단 공격이 너무나 심각하면, 나무는 특수한 전령 화학물질을 방출함으로써 이웃 나무들에게 위험을 경고할 수 있다. 사람의 코는 감지할 수 없지만, 나무는 감지하고서 아직 모충이 오지 않았음에도 잎에서 탄닌을 만들기 시작한다.

딱따구리는 숲 생활에 유달리 잘 적응해 있다. 딱따구리는 뒤쪽을 향한 첫 번째와 네 번째 발가락, 앞쪽을 향한 두 번째와 세 번째 발가락으로 수직으로 서 있는 나무줄기에 착 달라붙는다. 꼬리깃털은 짧고 두껍고 빳빳해서 버팀대 역할을 한다. 그리고 부리는 곡괭이처럼 뾰족하다. 이들은 나무줄기에 선 자세로 매달려서 껍질 속의 굴에서 곤충이 움직이면서 내는 소리에 귀를 기울인다. 그런 소리가 들리면 부리로 따다다닥 쪼아서 굴을 파헤친 뒤 혀를 들이밀어서 곤충을 꺼내 먹는다. 혀는 거의 믿어지지 않을 만큼 길며, 끝에는 미늘이 달려 있다. 혀가 거의 자기 몸길이만큼 긴 종도 있다. 이 혀는 머리뼈 속 눈구멍을 감싸고 있고, 끝은 부리의 위턱 천장에 붙어 있다.

또 딱따구리는 강한 부리를 이용해서 나무줄기에 둥지 구멍을 뚫는다. 먼저 수평으로 산뜻하게 구멍을 판 뒤, 아래쪽으로 30센티미터쯤 파들어가서 방을 만든다. 이들은 죽은 나무를 고를 때가 많은데, 아마 썩어가는 나무가 살아 있는 나무보다 파내기가 더 부드러워서일 것이다. 또 그런 나무에는 대개 나무좀이 우글거리므로, 가까이에서 손쉽게 먹이도 풍족하게 구할 수 있다.

딱따구리의 부리가 나무줄기를 빠르게 두드려대는 따다다닥 소리는 이 숲의 가장 특징적인 소리 중 하나이다. 딱따구리는 먹이를 잡거나 둥지를 파낼 때에만 그 소리를 내는 것이 아니다. 다른 새들이 노래를 함으로써 자신의 영역임을 선언하고 짝을 꾀는 것과 같은 이유로 나무를 두드려서 울려퍼지는 소리를 낸다. 두드렸다가 쉬었다 하는 간격을 비롯하여, 두드리는 시간은 종마다 다르다.

딱따구리 종마다 먹이도 다르다. 청딱따구리는 나무껍질에 구멍을 뚫는 딱정벌레를 먹지만, 종종 땅으로 내려와서 개미도 잡아먹는다. 개미잡이는 더욱더 개미에 의존한다. 다른 딱따구리들과 달리 나무를 잘 타지도 않고 뻣뻣한 버팀대용 꼬리도 없지만, 끈적거리는 긴 혀를 개미집에 집어넣어서 한 번에 150마리까지 꺼낸다. 도토리딱따구리는 나무줄기에 구멍을 뚫는 기술을 이용하여 지름이 도토리가 딱 들어갈 만한 크기의 구멍을 뚫는다. 좋아하는 나무에 그런 구멍을 수백 개 뚫어서 각각에 도토리를 몇 개씩 저장한다. 겨울을 대비한 거대한 식량창고인 셈이다. 더욱 특수하게 분화한 유형인 즙빨기딱따구리는 전혀 다른 목적으로 나무줄기에 구멍을 뚫는다. 이들은 수액이 많이 흐르는 나무 종을 골라서 작고 네모난 구멍을 여기저기에 뚫는다. 나무의 종류에 따라서 끈적거리거나 달콤한 수액이 흘러나오면 이를 먹으려고 곤충들이 모여드는데, 이 딱따구리는 곤충과 수액을 함께 먹는다. 달콤하게 양념을 친 단백질과 당분이 풍부한 먹이이다.

따뜻한 날이 이어지자 활엽수는 꽃을 피운다. 숲이 그다지 조밀하지도 않고 나무들이 아주 크지도 않아서 모든 바람이 숲을 관통해 지나가며, 그래서 대부분의 나무는 바람을 이용해 꽃가루를 옮긴다. 꽃가루를 옮겨달라고 곤충을 꾈 필요가 없기 때문에 꽃은 대개 작고 눈에 잘 띄지 않는다. 먼 북쪽의 여름과 달리, 이곳의 여름은 충분히 길어서 한 계절에 꽃에서 씨까지 다 발달할 수 있다. 그래서 그 계절에 밤도 도토리도 익는다. 단풍나무도 날개 달린 씨 덩어리를 만들고, 개암나무도 껍데기가 단단한 견과를 맺는다.

이제 여름은 막바지이다. 낮이 짧아지면서 추위가 다가온다는 경보를 보낸다. 이제 나무도 겨울을 준비한다. 아주 얇고 수액으로 가득한 잎이 나뭇가지에 그대로 붙어 있다면, 추위에 손상될 것이 거의 확실하다. 겨울에 돌풍이 아주 세차게 불면, 바람에 휩쓸려서 나뭇가지가 통째로 부러질 수도 있다. 게다가 더 짧고 더 빛이 약한 겨울의 낮에는 광합성을 그다지 효과적으로 할 수 없을 뿐만 아니라, 기공에서 증발산을 통해 소중한 수분도 잃을 수 있다. 그래서 나무들은 잎을 떨군다. 먼저 잎 안에 든 엽록소를 화학적으로 분해해서 회수한다. 그러면 광합성의 노폐물이 드러나면서 잎은 갈색, 노란색, 심지어 빨간색으로도 변한다. 이어서 잎사귀로 수액이 오가는 통로가 잎자루 밑동에서 막히고, 그 부위에 코르크 같은 세포층도 형성된다. 곧 마른 잎은 가장 가벼운 바람에도 가지에서 떨어져 나간다. 그렇게 가을이 오고 낙엽이 떨어지기 시작한다.

땃쥐와 들쥐, 생쥐와 다람쥐, 족제비와 오소리 등 활엽수림에 사는 많은 포유동물은 겨울에 훨씬 줄어든 먹이로 버티며 살아가야 할 것이다. 또 이들은 몸에 저장한 지방을 분해해서 에너지를 얻는다. 그리고 에너지의 불필요한 지출을 막고 구멍이나 굴 안에서 주로 시간을 보내면서 활동을 최소한으로 줄인다. 한편 나무의 방침을 따라서 활동 정지 상태에 들어가는 종들도 있다. 겨울잠을 얼마나 깊이 자는지는 종마다 다르다. 흑곰은 얕은 잠을 자는 동물에 속한다. 초가을에 바위 틈새, 바위 밑 잔뜩 쌓인 낙엽 안에 숨겨진 구멍, 동굴을 찾는다. 겨울마다 같은 굴을 찾는 곰도 있다. 흑곰은 홀로 겨울잠을 청한다. 암컷은 약 한 달 동안 꾸벅꾸벅 졸다가 대개 두세 마리의 새끼를 낳는다. 암컷은 새끼를 출산하고도 거의 알아차리지 못하는 듯하다. 새끼가 너무나 작아서 생 쥐만 하기 때문이다. 새끼는 자고 있는 어미의 털 속으로 파고들어서 젖 꼭지를 찾아간다. 어미는 먹지도 않고 배변 활동도 하지 않으며, 봄까지 계속 그럴 것이다.

겨울이 지나는 동안 새끼는 빠르게 자란다. 새끼는 아무것도 보이지 않는 컴컴한 굴 속에서 돌아다니면서 으르렁대고 칭얼대며, 때로 몇 미 터 떨어진 곳에서도 들릴 만치 시끄러운 소리도 낸다. 사방에 아무것도 없어 보이는 온통 얼어붙은 세상에서 기이하게 웅얼거리는 소리가 들리 는 듯하다. 어미와 새끼가 굴에 머무는 기간은 겨울이 얼마나 길고 심하 게 추운지에 따라서 달라진다. 아메리카 숲의 남쪽 끝에서는 4개월 남 짓 머물지만, 북쪽 끝에서는 6개월이나 심지어 7개월까지도 굴에 틀어 박혀 있기도 한다. 그러니 한 평생 잠을 자면서 보내는 시간이 더 많은 셈이다.

겨울잠을 잘 때 곰은 심장 박동이 느려지고 체온도 몇 도 떨어진다. 유 용한 에너지를 절약하는 한편으로, 방해를 받으면 금방 깨어날 수 있다.

반면에 겨울잠쥐, 고슴도치, 우드척다람쥐 같은 작은 동물들은 아주 깊이 잠들기 때문에, 살아 있는지조차 불분명해 보일 수도 있다. 이들은 몸을 웅크려서 머리를 배에 가져다대고 뒷발을 코 가까이에 붙이고 주 먹을 꽉 쥐고 눈을 꽉 감은 채 잔다. 체온은 영상 약 1도까지 떨어지고 근육도 빳빳이 굳어서, 만지면 돌처럼 차가울 뿐 아니라 실제로 털가죽

안까지 딱딱하다. 이런 상태에서 저장된 지방의 이용량을 최소한으로 줄이기 위해서 신체 활동은 아주 느리게 진행된다. 여름에 우드척다람쥐의 심장은 1분에 약 80번을 뛰는데 겨울에는 약 4번까지 떨어지며, 호흡도 1분에 28번 하는 대신에 겨우 1번 한다.

그러나 이 죽은 것처럼 보이는 겨울잠 상태가 반드시 겨울 내내 지속되는 것은 아니다. 날씨가 따뜻해지면 깨어날 수도 있다. 더 놀라운 점은 정반대의 자극에도 깨어날 수 있다는 사실이다. 은신처까지 추위가 들이닥쳐서 체온이 1도 더 떨어진다면, 얼어죽을 테니 말이다. 따라서 갑자기 추위가 들이닥치면 동물은 깨어나며, 비록 저장된 지방을 쓰는 것이 매우 아깝기는 하지만 목숨을 구하려면 그 에너지를 써서라도 대처해야 한다. 겨울잠쥐와 마멋은 이런 사태에 대비해서 빨리 먹을 수 있도록 잠자는 곳이나 주변에 견과 같은 먹이를 저장해둔다. 갑자기 찾아온 극한의 한파가 조금 가시자마자, 이들은 다시 은신처로 돌아가서 겨울잠에 빠진다.

나무는 이제 헐벗은 상태이다. 숲 바닥에 수북이 덮인 낙엽은 빠르게 썩어간다. 춥기는 하지만 숲 바닥이 얼어붙는 기간은 짧으며, 세균과 균류는 기회가 생기면 언제든 분해 작업을 할 수 있다. 딱정벌레와 노래기, 톡토기, 특히 지렁이 같은 작은 동물들은 낙엽을 들쑤시며 돌아다니면서 흙과 뒤섞어서 유기물이 풍부한 부식토를 형성한다. 넓은잎은 떨어진 지 2년 안에 거의 완전히 분해될 것이다. 그러나 솔잎은 이런 온화한 조건에서도 분해되는 데에 2배 이상의 시간이 걸릴 가능성이 높다.

더 남쪽으로 가면, 겨울 추위가 활동을 멈춰야 할 만치 극심하지가 않다. 나뭇잎이 얼어붙을 정도로 추위가 심해지지 않기 때문에, 목련, 올리브, 딸기나무 등 상록수인 활엽수 종이 많다. 참나뭇과의 종들은 더 북쪽에서는 겨울에 잎을 떨구지만, 이곳에서는 일 년 내내 잎을 달고 산다. 이 지역의 나무들에게 가장 힘겨운 시기는 겨울이 아니라 여름이다. 기온이 너무 올라서 수분을 잃을 위험에 처하기 때문이다. 그래서 이런 상록 활엽수 중 상당수는 잎이 대개 왁스질로 치밀하게 방수가 되어 있고 기공의 수도 상대적으로 적고 주로 밑면에만 나 있다. 더 뜨거운 낮에 태양의 열기를 덜 받기 위해서 나뭇가지에서 아래쪽을 향해 달려 있는 잎도 많다. 그 밑에 앉아 있으면 그늘이 놀라울 만치 적다는 점을 알아차릴 것이다.

그리고 침엽수도 다시 나타난다. 극심한 추위로 인한 물 부족 상황에서도 생존할 수 있도록 해주는 바로 그 특징들 덕분에 남쪽의 뜨거운 여름에도 잘 버틸 수 있기 때문이다. 그러나 나무의 모양이 다르다. 북쪽에서는 눈이 쌓여서 그 무게로 가지가 부러지는 일을 방지하기 위해서 가지들이 아래로 비스듬하게 처진 형태로 줄기에 달려 있고 위쪽으로 갈수록 짧아져서 나무가 전체적으로 피라미드 모양을 이룬다. 그러나 이곳에서는 그럴 위험이 적기 때문에 나무는 햇빛을 최대한 많이 받기 위해서 바늘잎이 가득한 가지들을 위쪽과 바깥쪽으로 쭉 뻗고 있다. 그래서 남쪽의 전형적인 침엽수는 위쪽에 가지들이 넓게 퍼져 있는 우산소나무이다.

침엽수는 물 보존 기술이 대단히 뛰어나서 모래가 너무 많고 물이 아주 잘 빠져서 금방 바짝 마르는 바람에 활엽수는 살 수가 없는 흙에서도 자랄 수 있다. 그러나 남쪽의 일부 지역에서는 활엽수의 영역이라고 여겨질 만큼 물이 충분하고 기름진 땅에서도 소나무가 자란다. 또다른 놀라운 재능, 바로 불에 견디는 능력 덕분이다.

미국 남부 플로리다와 조지아에서는 뜨거운 긴 여름에 천둥을 동반한 극심한 폭풍우가 으레 몰려온다. 높이가 몇 킬로미터에 달하는 거대한 비구름이 폭우를 쏟아붓고 쉴 새 없이 내리치는 번갯불이 키 큰 나무들에 떨어져서 줄기를 타고 땅까지 내려오면서 그을린 흔적을 남길 뿐 아니라, 나무를 쪼개버리기도 한다. 이런 번갯불은 바닥에 쌓인 낙엽에 떨어져서 불을 일으키며, 이런 불은 삽시간에 숲 전체로 퍼진다. 소나무의 펄프 같은 껍질은 불에 그을리기는 하지만 타지는 않으므로 그 안쪽의 민감한 조직은 열기의 피해를 거의 입지 않는다. 어린 소나무의 줄기 끝에 있는 눈도 불길에 휩싸이기 마련이지만, 그 주위를 긴 바늘잎들이 촘촘하고 두껍게 감싸고 있다. 이 잎들은 불에 타지만 그 안쪽은 비교적 온도가 낮게 유지되기 때문에 눈은 별 피해를 입지 않는다. 주변의 잎이 모조리 탈 무렵이면 큰 불길은 지나간 상태이다. 하지만 어린 참나무에는 이런 보호 수단들이 없다. 낙엽이 불쏘시개가 되어 활활 타오르는 화염은 어린 줄기를 뒤덮어서 얇은 껍질 바로 밑에서 생장하는 세포를 사실상 구워버리고, 보호를 받지 못하는 눈도 집어삼켜서, 나무는 몇 분 안에 죽는다. 따라서 어린 활엽수는 죽고 어린 침엽수는 살아남는다.

침엽수는 이런 조건들을 견뎌낼 뿐만이 아니라 그 조건들을 조성하는 데에도 상당한 기여를 한다. 나뭇진이 많이 든 바늘잎은 바닥에 떨어져도 잘 썩지 않으므로, 침엽수림은 활엽수림보다 번갯불이 떨어졌을 때, 불이 붙기 쉬운 부싯깃과 불쏘시개가 훨씬 더 많이 쌓여 있는 곳이 된다. 침엽수는 불이 났을 때 혜택을 본다. 불은 경쟁하는 식물들을 없앨 뿐 아니라, 바늘잎에 든 영양소를 방출시킴으로써 토양을 기름지게 한다. 또한 연기는 나무를 죽일 수도 있는 균류를 없앤다. 일부 소나무의 구과는 역청 같은 나뭇진으로 덮여 있다. 이 구과는 강한 열기에 노출된 뒤에야 비로소 벌어지면서 씨를 방출한다. 그런 숲을 산불로부터 보호하고, 소방대를 동원하여 불이 붙자마자 모조리 끄는 것은 자연의 흐름을 방해하는 것이며, 장기적으로는 침엽수 위주의 숲을 활엽수림으로 바꾸는 식으로 숲의 성격까지 변모시킬 가능성이 높다. 그런데 그렇게 하다가는 더 큰 위험으로 이어질 수 있다.

정기적으로 불이 나지 않는다면, 떨어진 낙엽과 가지와 죽은 줄기는 땅에 서서히 쌓인다. 산불 발생을 여러 해 동안 계속 막는다면, 마침내 불이 났을 때 이 잔해들이 모두 불길에 휩싸이면서 걷잡을 수 없이 타오른다. 이런 불은 한 지역에서 몇 시간 동안이고 계속 타오를 수도 있다. 이렇게 불이 격렬하게 타오를 때면 불폭풍이 일어나면서 불이 나무줄기를 타고 올라가고, 우듬지가 폭발하면서 불덩어리가 흩날리기도 한다. 그런 산불에는 어떤 나무도 살아남지 못하며 숲은 완전히 파괴된다.

정상적인 상황에서는 빠르게 지나가는 잦은 산불은 동물에게 거의 피해를 입히지 않는다. 새들은 날아서 피할 수 있다. 방울뱀과 고퍼거북 같은 동물은 한낮의 찌는 열기를 피해서 몸을 숨기는 구멍으로 들어가서 몇 분만 버티면 된다. 쥐와 토끼는 산불이 밀려드는 광경을 지켜보고 있다가 비교적 불길이 약한 곳을 골라서 그 약한 열기를 뚫고 새까맣게 탄 곳으로 달려가서 안전을 꾀하는 모습이 종종 목격된다.

그러나 남쪽 숲의 딱따구리는 진정으로 위험에 처한다. 그들이 북쪽 숲의 사촌들처럼 죽은 나무의 줄기에 둥지 구멍을 판다면, 불길은 쉽게 그 구멍으로 파고들어 새끼를 질식시키거나 태울 수 있다. 이 숲의 대표적인 새인 붉은벼슬딱따구리는 죽은 소나무가 아니라 살아 있는 소나무에 구멍을 팜으로써 이 위험을 피한다.

그러나 이로 인해서 이들은 새로운 문제에 처한다. 침엽수는 줄기와 가지에 상처가 나면 나뭇진을 분비하여 자신을 보호한다. 돌풍에 가지가 찢기거나 곤충이 굴을 뚫거나 나무꾼의 도끼에 베이면, 침엽수는 곧 강한 냄새를 풍기는 액체를 분비하며, 이 액체는 공기와 만나면 굳어서 상처를 덮는 딱지를 형성한다. 그럼으로써 소중한 수액을 보호하고 감염을 막는다. 이 나뭇진은 줄기의 바깥층으로 뻗어 있는 관다발을 통해서 운반된다. 딱따구리가 살아 있는 줄기의 부위를 뚫어서 둥지 구멍을 만든다면, 다량의 나뭇진이 둥지로 흘러들어 냄새와 끈적임 때문에 살 수 없는 곳이 될 것이다. 그래서 딱따구리는 줄기의 이 부위 너머 심재까지 구멍을 뚫는다. 심재가 딱따구리의 둥지가 들어갈 만큼 넓으려면 줄기가 아주 굵어야 한다. 그래서 대개 붉은벼슬딱따구리는 줄기의 비교적 아래쪽에 둥지를 짓는데, 이로 인해서 둥지가 다른 동물들에게 약탈당할 위험이 커진다. 특히 구렁이류는 으레 나무를 기어올라서 이들의 둥지에서 새끼를 잡아먹는다. 딱따구리는 그런 습격자에게 맞서는 방어 수단을 갖추고 있다. 둥지 입구의 위아래에 즙빨기딱따구리가 뚫는 구멍과 매우 흡사한 구멍들을 줄줄 뚫어놓는다. 그러면 다량의 나뭇진이 흘러나오면서 그 주변의 줄기가 온통 끈적거린다. 뱀이 기어오르다가 이런 곳에 다다르면 나뭇진에 든 화학물질이 뱀의 배를 견딜 수 없이 자극한다. 뱀은 갑작스럽게 몸을 비틀고 꿈틀거리면서 나무에서 몸을 떼어내는 바람에 땅에 떨어지고 만다.

딱따구리는 일단 구멍을 파놓으면 해마다 계속 이용한다. 둥지로 이용하는 곳도 있고, 잠자는 보금자리로 이용하는 곳도 있다. 죽은 줄기의 부드러운 목재보다 살아 있는 나무의 줄기에는 구멍을 뚫기가 훨씬 더 힘들다. 그래서 그런 구멍은 아주 가치 있는 자산이며, 구멍 파는 재주가 없는 올빼미 같은 조류와 다람쥐 같은 포유류를 비롯한 많은 동물들은 기회가 생기면 그런 구멍을 차지할 것이다. 그러니 딱따구리는 늘 구멍을 지켜야 한다. 붉은벼슬딱따구리는 이 문제의 해결책도 개발했다. 이들은 가까운 친척끼리 8-10마리가 대가족을 이루어 산다. 그러나 둥지를 트는 것은 한 쌍뿐이다. 다른 새들은 대개 더 젊으며, 교대로 둥지 구멍을 지킨다. 새끼를 먹이는 일을 돕기도 하며, 번갈아 새로운 둥지 구멍을 뚫는 일도 한다.

아메리카의 이런 소나무 숲은 예전에 북반구 대륙들 전체에 걸쳐서 띠처럼 드넓게 펼쳐져 있던 숲의 남쪽 가장자리에 해당한다. 지금은 우리가 많이 베어서 없앤 숲이다. 이 드넓은 영역 전체에서 동식물들은 한 해에 계절마다 크게 달라지는 조건에 대처해야 하며, 때로는 매우 혹독한 상황이 닥칠 수도 있다. 북쪽 숲에 사는 동식물들은 거의 온종일 낮만 이어지는 시기와 거의 완전히 어둠만 이어지는 시기에 대처할 수 있어야 한다. 남쪽 숲에 사는 동식물들은 비가 하염없이 쏟아지는 추운 시기와 뜨거운 햇빛에 바짝 말라붙는 시기를 견뎌야 한다. 이런 다양한 조건들에 대처하기 위해서 동식물은 각자 특수한 전략과 구조를 개발해야 했다. 그것들이 일 년 내내 최대 효율로 작동할 수는 없다.

적도를 향해 1,000킬로미터에 못 미치는 거리를 더 내려가면 북회귀선이 나온다. 이 가상의 선을 넘으면 태양은 한낮에 거의 언제나 머리 위에서 내리쬔다. 거의 매일 태양이 환하게 빛나고, 얼어붙는 추위는 결코 찾아오지 않으며, 생명을 안겨주는 비가 거의 매일 내리는 곳이다. 그곳이 활엽수의 원래 고향이며, 지금도 활엽수들이 우점하면서 가장 크게 발달해 있는 곳이다. 사실 온갖 종류의 생물들이 세계의 다른 어느 곳보다도 더 풍요롭게 번성하는 곳이다.

# 4
# 밀림

생명의 두 가지 필수 요소인 햇빛과 수분은 서아프리카, 동남아시아, 서태평양의 섬들, 남아메리카의 파나마에서 아마존 분지를 거쳐서 브라질 남부에 이르는 지역에 가장 풍부하다. 그 결과 이 지역들은 세계에서 가장 다양한 식물들이 빽빽하게 우거져 있다. 학술용어로는 상록수 우림이지만, 밀림이라는 이름으로 더 널리 알려져 있다.

북쪽의 숲에 비하면 이곳은 기후 조건에 거의 변화가 없다. 적도에 가깝기 때문에, 햇빛의 양과 낮의 길이가 일 년 내내 거의 같다. 우림에서 유일하게 달라지는 것은 사소한 측면이다. 바로 습한 상태에서 더 습한 상태를 오가는 것이다. 대양을 제외한 다른 모든 환경이 그저 일시적인 단계에 불과한 듯이 여겨질 정도로 우림은 아주 오랫동안 이 상태를 유지해온 듯하다. 호수는 바닥에 진흙이 깔리면서 수십 년 사이에 늪으로 변한다. 평원은 수백 년에 걸쳐서 사막으로 변한다. 산도 수천 년 사이에 빙하에 깎여 나간다. 그러나 무더운 밀림은 수천만 년 동안 적도 주변의 땅에 계속 존재해왔다.

이 안정성 자체가 바로 오늘날 이곳에 거의 믿어지지 않을 만치 다양한 생물이 사는 이유 중의 하나일 수 있다. 이 드넓은 숲의 나무들은 겉보기에 줄기도 똑같이 매끄럽고 잎도 거의 똑같이 작살 모양이지만, 실제로는 훨씬 더 다양하다. 꽃을 피울 때에야 비로소 얼마나 많은 종들이 있는지가 명백히 드러난다. 경이로울 만치 많다. 밀림 1헥타르에 대개 키 큰 나무가 100종 넘게 산다. 식물만 풍부한 것이 아니다. 아마존 밀림에는 약 1,600종에 달하는 조류가 살며, 곤충의 종수는 거의 셀 수조차 없다. 파나마의 곤충학자들은 한 나무 종에서만 950종이 넘는 딱정벌레를 채집했다. 곤충 전체, 거미와 노래기 같은 다른 작은 무척추동물들까지 따져서 과학자들은 남아메리카 숲 1헥타르에 4만 종이 있을 수 있다고 추정한다. 이 안정적인 환경에서 수백만 년간 중단없이 진행된 진화 과정을 통해서 모든 아주 작은 생태적 지위들마저도 빠짐없이 종들이 차지하게 되었다.

그러나 이런 생물들 대다수는 아주 최근까지도 대체로 우리의 손이 닿지 않음으로써 거의 탐사된 적이 없는 밀림의 한 부분, 바로 임관에서 산다. 지상에서 40-50미터 높이에 있는 나무 꼭대기이다. 나무 꼭대기에 많은 동물들이 살고 있다는 생각은 누구나 할 것이다. 낮에 그리고 특히 밤에 나뭇가지들에서 쨱쨱, 찌르르, 까악까악, 부엉부엉, 지지배

배, 쿠쿠쿠 등 온갖 별난 소리들이 울려나오니까. 그러나 정확히 어느 동물이 어떤 소리를 내는지는 대체로 추측의 영역이다. 조류학자들은 쌍안경을 눈에 대고 목을 길게 빼고서 위를 올려다보는데, 나뭇가지 사이로 언뜻 무엇인가가 휙 지나가는 윤곽만 보아도 운이 좋다고 할 수 있다. 식물학자들은 나무줄기들이 똑같은 거대한 기둥처럼 보이고 그 위에 어떤 꽃이 피는지 살펴볼 수가 없어서, 총으로 나뭇가지를 쏘아 떨어뜨려 어떤 나무인지 파악하는 방법까지 동원했다. 한 연구자는 보르네오의 밀림에서 가능한 한 나무들의 목록을 완벽하게 작성하기로 마음먹고서, 원숭이에게 나무에 올라가서 꽃이 달린 가지를 꺾어 땅으로 던지도록 훈련시켰다.

그러다가 수십 년 전에 누군가가 산악인들이 개발한 밧줄을 이용한 등반 기술을 밀림 탐사에 적용했다. 그럼으로써 마침내 처음으로 우림의 임관을 체계적으로 직접 탐사하는 길이 열렸다.

방법은 단순하다. 먼저, 던지든지 아니면 화살에 묶어서 쏘아올리든지 간에 높은 나뭇가지 위로 가느다란 줄을 걸쳐서 넘겨야 한다. 그런 다음 그 줄에 손가락만큼 굵고 사람 체중의 몇 배까지도 견딜 수 있는 등반 밧줄을 묶는다. 줄을 잡아당겨서 등반 밧줄을 끌어올려서 나뭇가지를 넘겨서 바닥까지 끌어내린다. 그 밧줄을 단단히 묶은 뒤, 두 금속 손잡이를 거기에 결합시킨다. 손잡이는 위로 쭉 밀어올릴 수 있으며, 고정시키면 아래로 미끄러지지 않는다. 각 손잡이에 연결한 발걸이에 발을 끼운 뒤, 한쪽 발로 몸무게를 지탱하면서 다른 쪽 손잡이를 위로 쭉 밀어올린다. 그런 방법으로 힘을 쓰면서 천천히 높은 나뭇가지에 오르면, 다시 더 위쪽의 나뭇가지에 밧줄을 걸친 다음 같은 방법으로 올라간다. 이윽고 맨 꼭대기에 있는 가지 중 하나에까지 길게 밧줄을 걸칠 수 있다. 그러면 마침내 임관층까지 올라갈 수 있다.

임관층에 오르는 것은 공기도 부족하고 조명도 흐릿한 고층건물의 계단을 올라서 지붕 위로 나가는 것과 비슷하다. 축축하면서 어둑하던 주위가 갑작스럽게 신선한 공기와 환한 햇빛이 가득한 곳으로 바뀐다. 나뭇잎들이 콜리플라워 표면을 거대하게 확대한 것 같은 올록볼록한 풍경을 이루면서 끝없이 펼쳐져 있다. 드론 기술이 발달하면서 지금은 임관층을 돌아다니면서 어떤 생물들이 사는지를 더 안전하고 쉽게 살펴볼 수 있지만, 그러면 연구자가 이 숨겨진 세계를 직접 접하면서 표본을 채집하는 마법 같은 경험을 할 기회를 빼앗긴다. 그러니 이 세계를 탐사할 밧줄은 언제나 계속 필요할 것이다. 여기저기에 홀로 동떨어져서 다른 나무들보다 10미터 이상 더 높이 솟아 있는 거대한 나무들도 보인다. 이런 돌출목은 밀림의 다른 나무들과 다른 기후에 산다. 바람이 거침없이 수관층을 통과하기 때문이다. 돌출목은 이 점을 이용하여 바람에 꽃가루와 씨를 날려 보낸다. 남아메리카의 거대한 케이폭나무는 솜털이 달린 씨를 엄청나게 많이 만들며, 이 씨는 엉겅퀴 씨처럼 수 킬로미터를 떠다니면서 숲 전체로 퍼진다. 동남아시아와 아프리카에서 자라는 돌출목들은 날개가 달린 씨를 만든다. 이 씨는 팽이처럼 돌면서 떨어지기 때문에, 바람을 충분히 받아서 멀리까지 날아간 뒤에 임관 아래로 사라진다.

그러나 바람 때문에 불리한 점도 있다. 잎에서 수분이 너무 빨리 증발산됨으로써 나무의 핵심 성분을 빼앗아간다. 돌출목은 임관층 나무들의 잎이나 더 아래쪽 그늘 속에서 뻗은 가지에 달린 자신의 잎보다도 표면적이 훨씬 더 작은 좁은 잎을 만들어서 이 위험에 대처한다.

북인도 아삼 지방의 열대 초원에서 풀을 뜯는 인도코뿔소 암컷과 수컷.

히말라야 산맥 해발 6,000미터까지 오르내리면서 야생 양과 염소를 사냥하는 눈표범.

**위** 약 1억5,000만 년 전 쥐라기의 바다에서 헤엄쳤던 암모나이트의 화석. 네팔의 해발 3,000미터 자갈밭에 놓여 있다.

**아래** 해발 8,600미터인 카첸중가 산. 고도가 높아서 어떤 동물도 영구 정착할 수 없다.

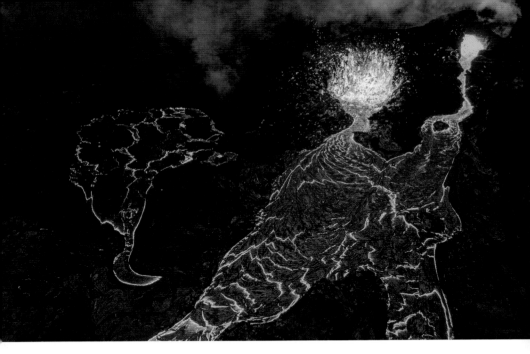

**맞은편** 아이슬란드 에이야퍄틀라요쿨 산에서 솟아오르는 화산 구름에서 번개가 치는 모습.

**위** 아이슬란드 파그라다스퍄틀 화산의 두 곳에서 흘러나오는 새빨간 용암을 찍은 항공 사진.

**아래** 격렬한 분출이 일어난 지 4년 뒤인 1984년 세인트헬렌스 산의 분화구 주변의 화산재 밭에 이미 분홍바늘꽃이 자리를 잡은 모습.

**위** 갈라파고스 제도 인근 수심 3킬로미터 해저에서 자라는 관벌레. 해저의 화산 분출구에서 솟구치는 화학물질이 풍부한 뜨거운 물에 사는 세균을 먹는다.

**아래** 대서양 중앙해령의 수심 2,980미터 해저에서 솟아오르는 황화물을 함유한 뜨거운 물이 만드는 검은 연기기둥.

**위**  갈라파고스 제도의 새로 생긴 용암 벌판에서 자라고 있는 선인장.

**아래**  뜨거운 화산 온천에서 자라는 남세균. 미국 옐로스톤 국립공원.

**위** 남극반도의 빙원을 뒤덮고 있는 붉은 녹조류. 사람이 햇빛의 해로운 자외선을 막기 위해서 선글라스를 끼듯이 색소를 이용해서 자신을 보호하는 것일 수도 있다.

**아래** 네팔의 에베레스트 산 고지대에서 자라는 지의류. 조류와 균류가 긴밀한 협력관계를 맺고 있다.

**맞은편** 케냐 산 위쪽 비탈에서 자라는 왕솜방망이와 그 뒤쪽의 왕숫잔대. 둘 다 이곳에서만 자란다.

**위** 낙타의 친척인 남아메리카의 야생동물 비쿠냐 한 쌍. 고위도의 추위를 막기 위해서 아주 고운 털로 빽빽하게 덮여 있다.

**아래** 캐나다 북극권의 얀마옌 섬에서 영하 기온에도 꽃을 피운 자주범의귀.

**맞은편** 남극대륙의 매서운 바람을 피하기 위해 옹기종기 모여 있는 황제펭귄.

**위** 남극대륙의 유빙 옆에서 헤엄치고 있는 아델리펭귄.

**아래** 얼룩무늬물범. 수컷은 3미터 넘게 자라며, 물고기와 크릴뿐 아니라 다른 물범과 펭귄도 사냥한다.

북극곰 암컷과 새끼들. 어미가 겨울에 눈 속에 판 굴에서 반쯤 잠이 든 상태에서 낳은 새끼들이며, 첫 여름을 어미 곁에서 사냥하는 법을 배우면서 지낸다.

생애의 대부분을 바다 위를 날면서 사냥하는 바다오리를 비롯한 바닷새들은 봄에 육상
포식자들이 거의 다가오지 못하는 스발바르의 이런 절벽 같은 곳에 모여서 번식을 한다.

**위** 겨울이 다가옴에 따라서 식생이 죽어 갈색으로 변하고 있는 알래스카 데날리 국립공원의 툰드라.

**아래** 어린 북극여우가 레밍을 골리면서 사냥하는 방법을 배우는 모습. 러시아 동부 우랑겔 섬.

**위** 북극권과 북부림의 한계선에 가까운 라플란드의 가을. 눈에 덮인 나무들은 겨울에 생장을 멈춘다.

**아래** 유럽의 순록은 겨울에 남쪽의 상록 침엽수림으로 떠나기 전에 툰드라에서 마지막으로 잎을 뜯어 먹는다.

이런 거대한 나무의 수관은 밀림에서 가장 사나운 새인 거대한 독수리가 둥지터로 선호하는 곳이다. 숲마다 독수리의 종이 다른데, 동남아시아에는 필리핀독수리가 살고, 남아메리카에는 하피수리, 아프리카에는 관뿔매가 산다. 이들은 놀라울 만치 서로 비슷하다. 모두 커다란 볏이 있고, 날개는 비교적 넓적하고 폭이 짧고, 꼬리는 길다. 비행할 때 기동성을 발휘하기 좋은 형태이다. 이들은 잔가지들을 모아서 거대한 받침대 같은 둥지를 지으며, 해가 바뀌어도 같은 둥지에서 살아간다. 둥지에서는 대개 새끼를 한 마리만 기르며, 새끼는 거의 1년 동안 부모에게 먹이를 받아 먹으면서 자란다. 그런 뒤 임관층에서 빠르게 날면서 사냥에 나선다. 하피수리는 근소한 차이이기는 하지만, 모든 독수리 중에서 가장 크며, 원숭이를 사냥한다. 나뭇가지 사이로 빠르게 방향을 틀고 내리꽂히듯이 원숭이 무리를 향해 날아가면, 원숭이들은 공황 상태에 빠져서 흩어진다. 그때 한 마리를 덮쳐서 잡은 뒤, 몸부림치는 원숭이를 꽉 움켜쥐고서 둥지로 올라간다. 독수리 가족은 며칠에 걸쳐서 사체를 조각조각 뜯어 먹는다.

밀림의 천장인 임관층 자체는 녹색으로 빽빽하게 들어찬 두께가 약 6-7미터에 달하는 층이다. 각 잎은 빛을 최대한 받을 수 있도록 정확한 각도로 달려 있다. 잎자루 밑동에 매일 해가 동쪽에서 서쪽으로 나아가는 속도에 맞추어 비틀리면서 따라갈 수 있도록 해주는 특수한 마디가 달린 잎도 많다. 맨 위층을 제외한 그 아래쪽으로는 대체로 바람이 들어오지 못하기 때문에, 공기가 덥고 습하다. 식물이 살기에 아주 좋은 조건이며, 이곳에는 이끼와 조류가 무성하게 자란다. 이들은 나뭇가지의 껍질을 뒤덮고 잔가지에 매달려 늘어진다. 잎에서 자란다면, 잎이 필요한 햇빛을 가리고 호흡하는 기공을 막을 것이다. 그러나 잎은 표면을 반질반질한 왁스층으로 덮어서 이 위험을 막는다. 그러면 뿌리나 팡이 실이 달라붙기가 쉽지 않을 것이다. 게다가 잎들은 거의 다 물이 잘 빠지도록 끝이 작은 홈통 모양을 이루면서 뾰족하게 튀어나와 있다. 그래서 쏟아진 빗물이 고이지 않고 표면을 흘러서 빠르게 떨어진다. 덕분에 잎 윗면은 잘 씻긴 마른 상태를 유지한다.

밀림에는 계절이 뚜렷하지 않으므로 다른 위도에서와 달리 모든 나무에게 한꺼번에 잎을 떨구라고 알리는 뚜렷한 기후 단서가 전혀 없다. 그렇다고 해서 모든 나무가 일 년 내내 꾸준히 잎을 떨구고 다시 낸다는 의미는 아니다. 종마다 나름의 시간표가 있다. 어떤 종은 6개월마다 잎을 떨군다. 12개월이나 21일마다 떨구는 식으로, 그 어떤 논리적인 근거도 찾을 수 없을 만치 그냥 제멋대로 정한 시간표를 따르는 듯한 종도 있다. 또 연간 일정한 간격으로 한 번에 가지 하나씩 떨구는 식으로 조금씩 잎갈이를 하는 종도 있다.

　꽃이 피는 시기도 제각각이며, 그렇기 때문에 더욱 극적이고 신비롭다. 10-14개월 주기가 흔하지만, 예외적으로 10년에 한 번만 꽃을 피우는 나무도 있다. 그런데 이 과정은 결코 아무렇게나 진행되는 것이 아니다. 교차 수분이 이루어질 수 있도록 밀림의 드넓은 면적에 걸쳐서 한 종의 모든 나무들이 동시에 꽃망울을 터뜨려야 하기 때문이다. 그런데 모든 나무에서 동시에 꽃이 피도록 하는 자극이 무엇인지는 아직 밝혀지지 않았다.

돌출목과 달리 임관층 안에는 바람이 불지 않기 때문에 임관층 나무들의 꽃은 꽃가루받이를 바람에 기댈 수가 없다. 따라서 이들은 꽃가루를 옮길 동물을 꾀어야 한다. 이들은 꿀로 유혹을 하며, 눈에 확 띄는 색깔의 꽃잎으로 꿀이 있다고 광고를 한다. 커다란 딱정벌레, 말벌, 힘차게 날갯짓을 하는 화려한 색깔의 나비 같은 곤충을 통해서 꽃가루를 옮기는 꽃이 많다. 남아메리카의 벌새, 아시아와 아프리카의 태양새처럼 꿀을 먹는 새에게 의존하는 꽃은 거의 언제나 빨간색인 반면, 대체로 박쥐에게 기대는 꽃은 색깔이 엷고 고약한 냄새를 풍긴다.

씨도 비슷한 운반 문제를 안고 있다. 씨는 꽃가루보다 크므로, 씨 운반에 동원될 동물은 몸집이 제법 되어야 한다. 그래서 많은 나무들이 원숭이, 코뿔새, 큰부리새, 과일박쥐를 끌어들이기 위해서 씨를 즙이 많은 달콤한 과육으로 감싼다. 몸집이 꽤 큰 이들은 그 안에 씨가 들어 있는지 모른 채 열매를 통째로 삼킬 수 있다. 무화과는 가지에 달린 상태에서 먹힌다. 아보카도, 두리안, 잭프루트 같은 더 큰 열매는 바닥에 떨어진 뒤에 땅에 사는 동물에게 먹힌다. 모든 열매의 씨는 단단하고 딱딱한 껍데기로 감싸여 있어서 동물의 소화관을 고스란히 지나서 배설물에 섞여 나올 수 있다. 운이 좋으면 먹힌 곳에서 제법 멀리 떨어진 곳에 배설될 수도 있다.

지상에서 높이 솟아 있는 임관층이라는 초록 세계에 풍부하면서 다양성이 높은 군집을 이루어 살아가는 동물들은 이 층을 떠나는 일 없이 뜯어 먹거나 사냥하고, 약탈하거나 사체를 찾아 먹고, 번식하고 죽는 한살이를 거친다. 다양한 나무 종들이 열매를 맺는 시기가 워낙 제각각이어서 대개 일 년 내내 어딘가에서는 열매를 찾을 수 있으므로, 동물이 오로지 열매만 먹고 다른 먹이는 거의 입에 대지 않는 쪽으로 분화하는 것도 가능하다. 이런 조류와 포유류는 무리를 지어서 이 나무 저 나무로 몰려다니면서 열매가 익자마자 마구 따 먹는다. 임관층의 생명을 관찰할 때 가장 흡족한 결과를 얻을 수 있는 방법들 중의 하나는 열매가 막 익기 시작한 나무를 찾은 뒤, 잠자코 기다리는 것이다. 보르네오의 무화과나무는 열매가 익고 향기를 풍기면 온갖 동물들로 들끓을 것이다. 원숭이들은 나뭇가지를 타고 바쁘게 돌아다니면서 무화과 하나하나의 냄새를 맡으며 익었는지 여부를 감별하며, 충분히 익었다는 판단이 들면 서로 앞다투어서 마구 입에 욱여넣는다. 붉은 털이 난 커다란 유인원인 오랑우탄은 천성적으로 홀로 생활한다. 수컷은 홀로, 암컷은 대개 새끼와 함께 나무 위를 돌아다닌다. 반면에 긴팔원숭이는 온 가족이 함께 몰려다닌다. 무거운 동물이 다가가지 못하는 맨 끝의 가장 가느다란 잔가지에는 열매를 먹는 새들이 우르르 모여들어서 시끄럽게 뜯어 먹는다. 앵무새는 한 발의 발톱으로 나뭇가지에 거꾸로 매달린 채, 다른 발톱으로 열매를 움켜쥐어 딴다. 코뿔새와 큰부리새는 긴 부리로 열매를 한 번에 하나씩 따서 공중으로 던져올린 뒤, 떨어지는 열매를 목구멍으로 받아 넘긴다. 잔치는 날이 저문다고 해서 끝나는 것이 아니다. 밤에는 새로운 손님들이 찾아온다. 옅은 색깔의 털에 눈이 큰 야행성 영장류인 로리스원숭이가 숨어 있던 곳에서 나오고, 커다란 과일박쥐도 가죽질 날개를 펄럭이면서 바스락 소리를 내며 나뭇가지에 내려앉는다.

　끊임없이 엄청난 양이 공급되는 잎을 먹는 쪽으로 진화한 동물들도 있다. 그러나 셀룰로스는 소화하기가 쉽지 않으며, 그래서 그런 동물은 소화가 될 때까지 먹은 잎을 계속 담고 있을 커다란 위장이 필요하다. 그 결과 잎을 먹는 동물들은 대부분 몸집이 아주 크다. 그러니 잎을 먹는 새는 거의 없다. 날 수 있으려면, 몸무게를 어느 수준 이하로 유지해야 하기 때문이다. 몇몇 원숭이는 먹이 중에서 잎이 큰 비중을 차지한다. 그래서 잎을 소화하는 일을 맡은 특수한 커다란 창자가 발달했다. 남아메리카의 짖는원숭이, 아시아의 은색잎원숭이, 아프리카의 콜로부스원숭이가 대표적이다. 임관층에서 잎을 먹는 동물들 중에서 가장 기이한 종류는 남아메리카에 사는 나무늘보이다. 이들은 나뭇가지에 매달려 산다. 굵은 나뭇가지에 발로 매달린 채 한 번에 한 발씩 움직이면서 느릿느릿 돌아다닌다. 이들의 발톱은 갈고리 모양이며, 다리는 관절로 이어진 유연한 형태에서 뼈로 뻣뻣하게 매달리는 형태로 바뀌었다. 털도 다른 동물들과 반대 방향으로 나 있다. 발목에서 어깨로, 배 한가운데에서 등으로 뻗어 있다. 매달린 자세에서 몸에 떨어진 빗물이 잘 흘러 나가도록 하기 위함이다. 나무늘보는 두 종류가 있다. 세발가락나무늘보는 더 낮은 나뭇가지에 살면서 거의 오로지 잎만 먹고, 두발가락나무늘보는 진정한 임관층 거주자로서 거의 우듬지까지 기어올라서 다양한 잎과 열매를 먹는다.

사냥꾼도 임관층까지 올라온다. 임관층을 뚫고 내려와서 원숭이나 새를 낚아채는 독수리 외에, 나무에 사는 고양이류도 있다. 남아메리카의 마게이, 아시아의 구름표범이 대표적이다. 둘 다 놀라울 만치 나무를 잘 타며, 원숭이, 다람쥐, 새에게 몰래 다가가서 잡을 수 있다. 이들은 나뭇가지 사이를 건너뛰고, 뒷다리로 가지에 매달리고, 줄기를 타고 달려 올라간다. 반사 신경이 워낙 뛰어나서 실수로 나뭇가지에서 떨어지더라도 지나가는 가지를 한쪽 발로 붙들고 살아남기도 한다. 임관층에는 뱀도 산다. 굵은 나뭇가지에서 늘어진 채 지나가는 사람을 잡으려고 기다리고 있는 소설 속의 괴물 같은 뱀이 아니라, 훨씬 더 작은 뱀이다. 굵기가 잔가지만 한 뱀도 있으며, 이들은 개구리와 둥지의 어린 새를 잡아먹는다.

임관층 거주자들 중에는 나뭇가지 사이에서 크든 작든 자기 영역을 주장하는 종이 많으며, 개체나 가족, 심지어 무리가 힘을 모아서 같은 종의 다른 개체들의 침입을 막는다. 잎들이 빽빽하게 나 있는 곳에서 시각적 과시 행동은 거의 눈에 띄지 않으며, 숲 바닥에서 아주 흔히 쓰이는 냄새 표지는 묻히거나 유지하기도 힘들뿐더러 나뭇가지들이 마구 뒤엉킨 곳에서는 별 효과가 없다. 그보다는 소리 신호가 보내기도 훨씬 쉽고 훨씬 더 멀리까지 퍼지며, 임관층 동물들이 내는 소리는 동물이 내는 소리 중에서 가장 큰 편에 속한다. 짖는원숭이는 아침저녁으로 몇 분 동안 높아졌다가 낮아졌다가 하면서 기이하게 울부짖는 합창을 한다. 긴팔원숭이 암수는 서로 화답하면서 오랫동안 이중창을 부르는데, 소리가 너무나 완벽하게 들어맞아서 한 마리가 부른다고 생각하기 쉽다. 아마존 우림에 사는 개똥지빠귀만 한 새하얀 새인 흰방울새는 온종일 나무 꼭대기에 앉아서 망치로 금간 모루를 꽝꽝 두드리는 듯한 소리를 낸다. 너무나 날카롭고 끈덕지게 내는 바람에 여행하는 사람들의 정신까지도 산만하게 만들 수 있다.

나무가 자신의 잎을 지탱하기 위해서 뻗은 육중한 큰 가지는 다른 식물도 이용한다. 공중에 떠다니는 양치류와 이끼의 미세한 홀씨는 나무껍질 틈새에 틀어박혀서 싹을 틔운다. 그들이 자라고 죽어 썩으면서 남긴 잔해는 일종의 퇴비가 되며, 그 퇴비는 더 큰 식물의 양분이 될 수 있다. 그래서 나무가 오래될수록 넓적한 큰 가지에는 커다란 고사리, 난초, 브로멜리아 등이 줄줄이 자란다. 그들은 나뭇가지에 쌓인 낙엽 더미에서 양분을 얻고 뿌리를 허공에 늘어뜨려서 습한 공기에서 수분을 얻는다.

브로멜리아에는 몇몇 동물들이 모여들어서 작은 공동체가 형성된다. 브로멜리아의 잎은 로제트 모양으로 자라는데, 원형으로 둘러싸면서 자라는 잎들이 매우 치밀하게 겹쳐지면서 그 한가운데에 물이 담긴 잔 같은 모양이 된다. 이 작은 연못에는 선명한 색깔의 작은 개구리가 찾아온다. 대개 이 개구리들은 연못이 아니라 잎에 알을 낳는다. 올챙이가 깨어나면, 암컷은 한 번에 한 마리씩 올챙이를 자기 등에 태운다. 그런 뒤 브로멜리아로 향한다. 도착하면 물을 가두고 있는 잎들 중 하나의 잎겨드랑이를 중심으로 꼼꼼히 살핀다. 거기에 다른 동물의 흔적이 전혀 없으면, 조심스럽게 몸을 돌려서 등이 물에 닿을 때까지 몸을 낮춘다. 그러면 올챙이는 꿈틀거리면서 자기만의 수족관으로 들어갈 수 있다. 이런 행동을 하는 작은 개구리가 몇 종 있다. 브로멜리아에는 모기 같은 곤충들도 알을 낳으러 오는데, 그런 알은 올챙이의 먹이가 된다. 더욱 정교한 방식으로 새끼를 돌보는 개구리 종도 있다. 암컷은 매주 한두 차례 각 올챙이를 찾아가서 미수정란을 하나씩 물에 낳는다. 올챙이는 재빨리 젤리를 물어뜯고서 노른자를 먹기 시작한다. 암컷이 6-8주일 동안 새끼에게 이런 식으로 먹이를 공급하면, 새끼는 마침내 다리가 자라서 독립생활을 시작한다.

나무의 큰 가지에 사는 식물들이 모두 브로멜리아처럼 그냥 얹혀사는 것만은 아니다. 더 사악한 행동을 하는 종류도 있다. 무화과의 씨도 나뭇가지에서 싹이 트곤 하는데, 브로멜리아의 뿌리와 달리 이 식물의 뿌리는 무해하게 공중에 매달린 상태로 머무르지 않는다. 이 뿌리는 계속 아래로 뻗다가 이윽고 바닥에 닿는다. 그런 뒤 토양 속으로 파고들어서 공중에서 구할 수 있는 것보다 더 많은 물과 양분을 흡수하기 시작한다. 그 결과 큰 가지에 붙어 있는 잎들은 더욱 왕성하게 자라기 시작한다. 곧 큰 가지를 따라서 다른 뿌리들도 자라며, 매달린 뿌리로부터 수평으로도 뿌리가 뻗으면서 이윽고 숙주 나무의 줄기를 얼기설기 휘감기 시작한다. 수관도 왕성하게 자라면서 빽빽하게 난 잎들이 숙주 나무의 햇빛을 가리기 시작한다. 서서히 주도권은 무화과에게로 넘어간다. 이윽고 무화과 씨가 싹이 튼 지 한 세기쯤 지나면, 숙주 나무는 햇빛을 전혀 받지 못해서 죽는다. 그 나무의 줄기는 썩지만, 줄기를 감싼 무화과 뿌리들은 이 무렵에는 매우 굵어져서 원통 모양의 튼튼한 격자 울타리를 이루고 있기 때문에, 스스로 서 있을 수 있다. 그렇게 교살무화과는 숙주를 대체함으로써 임관층에서 숙주가 차지하던 자리를 빼앗는다.

다른 덜 위험한 줄기인 리아나는 임관층 나무의 줄기를 감으면서 기어 올라간다. 리아나는 숲 바닥에서 작은 관목으로 시작하지만, 많은 덩굴손을 뻗어서 어린 나무를 찾는다. 찾아내면 그 나무에 달라붙으며, 나무가 자람에 따라서 리아나도 함께 올라간다. 이윽고 둘 다 함께 임관층까지 다다른다. 그러나 리아나는 계속 땅에 뿌리를 박고 있으며, 지지대로 삼는 것 외에는 나무로부터 아무것도 빼앗지 않는다.

따라서 리아나, 교살무화과, 브로멜리아와 양치류의 늘어뜨린 뿌리는 배의 돛대 주위에 걸친 밧줄들처럼 임관층 나무를 장식하고 있다. 직접 임관층으로 올라간다면, 우리의 밧줄은 그 장식물들 사이에서 덜렁거릴 것이다. 내려가는 일은 어렵지 않지만, 제대로 매듭을 묶을 수 있어야 한다. 밧줄을 8자 모양의 금속 고리에 끼우고 감고, 이것을 허리띠에 연결한다. 이제 발걸이를 딛고 선 자세로 밧줄을 따라 아래로 미끄러지면서 내려갈 수 있다. 한 번에 내려가는 길이, 즉 속도는 손으로 조절한다. 10미터쯤 내려가면 임관층의 가지들로부터 벗어나서 흔들거려도 주변에 거치적거리는 것이 없겠지만, 리아나와 공중 뿌리, 노르망디 대성당의 기둥처럼 매끄럽고 거대하게 솟아오른 가지를 뻗지 않은 굵은 줄기가 있다. 녹색의 천장과 저 아래 바닥 사이의 이 공간은 볼 만한 것이 거의 없는 텅 빈 곳처럼 보일 수도 있다. 그러나 동물들이 바닥과 임관을 오르내리기 때문에, 이 빈 공간에는 교통의 흐름이 상당하다. 여러분처럼 밧줄을 이용하는 동물도 있다. 다람쥐는 리아나를 타고 오른다. 오랑우탄 성체는 몸집이 너무 커서 한 가지에서 다른 나무의 가지로 건너가기 어려울 때, 땅으로 내려왔다가 두 손으로 번갈아 더 위쪽을 잡는 식으로 아주 쉽게 리아나를 타고 올라간다. 남아메리카에서 세발가락 나무늘보는 조금 놀랍게도 땅에서, 대개는 같은 장소에서 배설을 하는데, 화장실을 가기 위해서 천천히 아래로 기어 내려간다.

많은 새들은 위에서 순찰하고 있는 독수리에게 자신을 드러내기보다는

임관 아래쪽에서 여기저기로 옮겨다니는 쪽을 선호한다. 이곳에는 둥지도 많다. 마코앵무, 코뿔새, 큰부리새는 속이 빈 나무의 구멍을 둥지로 삼는다. 트로곤은 나무개미의 공모양의 집을 파서 둥지를 만든다. 뿔칼새는 수평으로 뻗은 가지의 옆에 나무껍질 조각과 깃털을 침으로 붙여서 작은 둥지를 짓는다. 깍지에 든 도토리처럼, 알 한 개가 딱 맞게 들어가면서 남는 공간이 거의 없는 둥지이다.

이곳에서 허공을 날아다니는 동물이 새만은 아니다. 날개를 칠 수 없어서 동력 비행을 하지는 못하지만, 그럼에도 아주 유능한 비행사인 동물들도 있다. 이들은 활공을 한다. 보르네오에는 이런 동물이 유달리 많다. 나무줄기를 기어올라서 나뭇가지를 따라 달려간 뒤, 바늘처럼 날카로운 발톱으로 나무껍질에 꽉 매달리는, 위아래가 다 풍성한 적갈색을 띠는 유달리 크고 멋진 다람쥐도 그중 하나이다. 이들은 나무의 구멍에서 나오는 늦은 오후에 눈에 띌 가능성이 가장 높다. 이들은 쌍쌍이 살기 때문에 대개 또 한 마리가 뒤따라 나올 것이다. 이들은 1–2분쯤 나무줄기를 맴돌다가 갑자기 예기치 않게 한 마리가 뛰어내릴 것이다. 뛰어내리면서 이들은 손목과 발목 사이에 늘어진 넓은 피부막을 양옆으로 쫙 펼친다. 복슬복슬한 긴 꼬리는 뒤쪽으로 늘어져서 방향타 역할을 하는 듯하다. 짝도 곧 뒤따라 뛰어내리며, 이들은 30–40미터를 날아서 다른 나무줄기로 향한다. 나무가 가까워지면 상체를 위로 치켜들어서 활공 속도를 늦추면서 머리를 위쪽으로 한 채 줄기에 내려앉는다. 그런 뒤 털로 덮인 비막을 지나치게 큰 외투처럼 펄럭거리면서 위로 달려 올라간다.

한 작은 도마뱀도 리아나에서 리아나로, 가지에서 가지로 활공한다.

이들의 비막은 날다람쥐처럼 몸 전체를 감싸는 형태가 아니라, 단지 양쪽 옆구리에서 튀어나온 피부판이다. 갈비뼈에서 길게 뻗어나온 뼈가 이 피부를 뻣뻣하게 유지한다. 이 피부판은 평소에는 옆구리에 접혀 있지만, 도마뱀이 갈비뼈를 앞으로 당기면 양옆으로 벌어지면서 피부판도 펼쳐진다. 이 작은 동물은 나뭇가지들로 이루어진 자기 영역을 극도로 격렬하게 지킨다. 누군가가 침입한다면, 도마뱀은 즉시 뛰어내려서 활공하여 상대방 가까이에 내려앉는다. 그런 뒤 턱 밑의 삼각형 피부판을 파닥거리면서 격렬하게 공격적인 과시 행동을 보인다. 침입자가 질려서 나뭇가지를 황급히 달려가서 활공하여 떠날 때까지 말이다.

몇몇 개구리 종도 활공을 한다. 이들은 보통 개구리가 헤엄칠 때 쓰는 장비의 일부인 발가락 사이의 물갈퀴를 이용해서 활공한다. 날개구리는 발가락이 아주 길며, 발가락들을 쫙 펼치면 각각 발이 사실상 작은 낙하산이 된다. 그래서 한 나무에서 다른 나무로 상당히 먼 거리까지 활공할 수 있다.

아마 가장 색다른 활공자이자 지나치게 흥분한 탐험가들의 환상일 뿐이라고 치부되던 동물은 바로 날뱀일 것이다. 동남아시아에 사는 이 작고 가느다란 뱀은 노란색과 빨간색 얼룩이 있는 청록색 비늘로 덮인 아주 멋진 모습이다. 평소의 모습에서는 이들이 하늘을 나는 능력이 있다는 사실이 전혀 드러나지 않는다. 이 뱀은 놀라울 만치 나무를 잘 타는데, 수직으로 뻗은 나무줄기를 빠르게 올라간다. 몸 밑에 가로로 넓게 펼쳐진 비늘의 가장자리로 나무껍질을 움켜쥐고 몸을 이리저리 구부려서 덩굴이나 껍질의 울퉁불퉁한 표면에 착 붙이면서 올라간다. 일단 나무에 오르면 한 나뭇가지를 따라서 빠르게 나아간 뒤 뛰어내림으로써 다른 나뭇가지로 옮겨간다. 공중에서는 원통 모양이었던 몸통을 납작하게 눌러서 넓은 리본 모양으로 만든다. 그와 동시에 몸을 좌우로 구부려서 S자가 죽 이어진 모양을 만든다. 그러면 그냥 떨어질 때보다 공기를 더 많이 받아서 훨씬 더 멀리까지 활공할 수 있다. 더 나아가 몸을 꿈틀거려서 공중에서 비스듬히 날거나 방향을 바꿈으로써 적어도 어느 정도까지는 자신이 어디에 내려앉을지를 정할 수 있는 듯하다.

밧줄을 타고 미끄러져 내려가다 보면, 다시 나뭇잎이 자라는 층이 나올 것이다. 임관층만큼 두껍고 울창하지는 않으며, 밀림 바닥의 흐릿한 빛에 잘 적응해 있는 야자나무를 비롯한 하층의 몇몇 키 작은 나무들과 임관층 나무들이 떨군 씨에서 싹튼 가느다란 어린 나무들로 이루어진 층이다. 그 층을 지나면 마침내 바닥으로 돌아온다. 발을 딛는 순간 숲 바닥이 눌리는 기미가 없이 단단하다는 느낌을 받을 것이다. 위에서 떨어진 잎을 비롯한 썩어가는 식물 잔해들로 덮여 있기는 하지만, 이 층은 놀라울 만치 얇기 때문이다. 아주 덥고 공기가 정체되어 있어서 습기로 가득하다. 이런 조건에서는 부패가 아주 잘 진행된다. 세균과 곰팡이는 끊임없이 활동한다. 균류는 쌓인 낙엽으로 팡이실을 뻗고, 우산과 공, 받침대와 레이스 치마를 두른 못 모양의 자실체를 만든다. 부패 속도는 유달리 빠르다. 북쪽의 추운 숲에서는 솔잎이 썩으려면 7년이 걸릴 수도 있다. 유럽 숲의 참나무 잎은 썩는 데에 약 1년이 걸린다. 반면에 밀림의 나뭇잎은 땅에 떨어진 지 6주일이면 완전히 썩는다.

그러나 이 과정에서 방출된 영양물질과 무기물은 오랫동안 그 자리에 머무르지 않는다. 매일 쏟아지는 비에 곧 개울과 강으로 씻겨나가므로, 나무는 이런 소중한 물질을 잃지 않으려면 빨리 회수해야 한다. 이들은 뿌리를 토양 표면 가까이에 이리저리 두꺼운 깔개처럼 뻗어서 이런 물질을 흡수한다. 그런데 뿌리가 이렇게 얕게 뻗어나가므로, 거대한 나무를 지탱하는 데에는 거의 보탬이 되지 않는다. 그래서 많은 나무들은 줄기 옆으로 거대한 판자 같은 버팀벽을 둘러서 지탱을 한다. 이런 버팀벽은 땅 위로 4-5미터까지 솟아 있고, 줄기 옆으로도 그 정도의 거리만큼 뻗어나간다.

흐릿하고 어슴푸레한 세계이다. 임관에 닿는 빛 중에서 이곳까지 내려오는 것은 5퍼센트도 되지 않는다. 여기에 토양의 양분 부족이 결합되므로 바닥 식물이 무성하게 자라기란 거의 불가능하다. 따라서 봄에 영국의 숲에서 바닥을 온통 뒤덮는 블루벨의 파란색 꽃밭 같은 것은 결코 볼 수 없다. 때로 저 앞에 꽃밭 같은 것이 보일 수도 있지만, 다가가서 보면 모두 임관의 가지들에서 떨어진 죽은 꽃들이다. 이 층에서도 드물기는 하지만 꽃이 피기는 한다. 바닥에서 몇 미터 높이에서 몇몇 나무의 줄기에 곧바로 꽃들이 한 무더기씩 피어 있는 광경은 온대의 숲에만 익숙한 사람의 눈에는 가장 이상하게 보일 것이다. 꽃이 이런 식으로 피는 것은 토양의 척박함과 간접적으로 관련이 있을 수 있다. 이곳에서 씨가 잘 자라려면, 부모 나무 자체가 양분을 제공해야 한다. 토양에는 추출할 양분이 거의 없기 때문이다. 그래서 많은 나무들은 생장의 첫 단계 동안 어린 나무에 계속 공급할 수 있는 양분까지 갖춘 견과를 맺는다. 그런 커다란 열매는 수관 가지의 끝에 달린 잔가지보다는 줄기에 맺히기가 더 쉽다. 이 층에서 꽃가루를 옮기는 동물은 그런 꽃을 더 쉽게 찾아낼 수 있다. 그런 꽃들은 상당수가 박쥐를 이용하기 때문에, 밤에 박쥐가 쉽게 찾을 있도록 창백한 색깔을 띤다. 대포알나무는 방문객들에게 더욱 편의를 제공한다. 꽃 위쪽으로 특수한 꽃대가 죽 자라나서 박쥐가 거기에 매달려서 꿀을 빨 수 있도록 한다.

숲 바닥에서 피는 꽃도 한두 종류 있다. 그러나 그런 식물은 필요한 양분을 토양이 아니라, 나무에서 빨아들인다. 이들은 기생생물이다. 그 중 하나인 라플레시아는 세상에서 가장 큰 꽃을 피운다. 이 식물 자체는 생애의 대부분을 한 덩굴 뿌리의 조직 내에서 보내며, 섬유들이 뒤엉킨 모습을 하고 있다. 땅속 뿌리를 따라서 부풀어오르기 시작해서 이윽고 줄줄이 심어진 양배추처럼 흙을 뚫고 튀어나올 때에야 비로소 눈에 보인다. 동남아시아에 몇 종이 살지만, 수마트라에서 자라는 종의 꽃이 가장 크다. 이 꽃은 지름이 1미터에 달하며 잎도 없이 그냥 땅에 붙어 있다. 정말로 괴물 같다. 밤색 꽃잎은 두껍고 가죽 같으며, 오돌토돌하다. 꽃잎은 커다란 잔같이 생긴 것을 둘러싸며 나고, 그 안쪽 바닥에 긴 못 같은 것들이 삐죽 튀어나와 있다. 이 꽃은 강한 악취를 풍긴다. 이 냄새에 사람은 코를 막지만, 파리는 썩어가는 고기에 모이듯이 우글거리며 모여든다. 꽃가루를 옮기는 것은 바로 이 파리들이다. 씨는 작고 단단한 껍데기로 감싸여 있다. 이들이 어떻게 운반되어 다른 덩굴에 침투하는지는 아직 확실히 알려져 있지 않지만, 밀림을 돌아다니는 커다란 동물의 발에 묻어서 운반될 가능성이 높다. 동물이 덩굴 줄기를 밟아서 상처가 날 때, 싹튼 라플레시아가 파고들 수 있다.

그러나 밀림 바닥에는 그런 동물이 그다지 많지 않다. 먹을 잎이 적기 때문이다. 수마트라의 숲에는 얼마 되지 않는 작은 코끼리들이 있으며, 그보다 더 적은 수의 코뿔소가 돌아다닌다. 이들은 하층의 변변찮은 잎을 뜯어 먹고, 주로 빛이 더 많이 닿는 강둑에 무성하게 자라는 식생을 주식으로 한다. 아프리카에서는 기린의 일종으로 대개 단독 생활을 하는 오카피, 남아메리카에서는 맥이 비슷한 방식으로 살아가지만, 이들은 모두 수가 적고 드문드문 흩어져 있다. 최근에 별도의 종임이 밝혀진 둥근귀코끼리도 수가 적으며, 몇 마리로 이루어진 작은 가족 집단을 이루어 살아간다. 밀림에서는 세계의 거의 모든 환경에 존재하는 대규모로 무리를 지어 돌아다니는 초식동물을 찾아볼 수 없다. 다가가면 놀라서 우르르 달아나는 영양 떼도, 풀을 뜯다가 퍼뜩 놀라서 고개를 치켜들었다가 굴 속으로 우르르 뛰어드는 토끼 떼도 없다. 밀림의 초식동물은 임관에서 살아 있는 잎을 뜯어 먹는 이들이 대부분이다. 숲 바닥에서 죽은 잎만 먹고 살 수 있는 대형 동물은 없다.

그러나 다양한 작은 동물들은 그럴 수 있다. 많은 딱정벌레들은 애벌레와 성체 양쪽 모두 썩어가는 가지와 줄기를 먹으면서 살아간다. 가장 수가 많고 널리 퍼져 있는 것은 흰개미인데, 이들은 끊임없이 부지런히 낙엽 조각들을 집으로 옮긴다. 대개 이들은 쓰러진 나무의 속이나 낙엽층 아래처럼 보이지 않는 곳에서 돌아다니지만, 털처럼 가느다란 다리들이 아주 작은 걸음으로 수백만 번 왕복하면서 매끄럽게 다져진 길을 따라서 20-30마리씩 나란히 줄지어서 행군하는 광경이 이따금 목격되기도 한다. 이들은 수백 미터를 죽 이어진 띠처럼 행군하다가 마침내 땅에 난 구멍이나 나무줄기의 틈새로 모습을 감춘다. 숨겨진 집으로 이어지는 통로이다.

식물의 세포벽을 이루는 물질인 셀룰로스는 소화하기가 무척 어렵다. 즙이 많은 세포 내용물과 수액을 모두 잃고서 거의 셀룰로스만 남은 죽은 식물 조직은 대다수의 동물들에게는 사실상 별로 얻을 것이 없는 물질이다. 그런데 몇몇 흰개미는 뒤쪽 창자에 편모충이라는 미생물 집단이 있어서 셀룰로스를 처리할 수 있다. 편모충은 셀룰로스를 당으로 분해하는 능력이 있다. 흰개미는 편모충이 살아가면서 생산하는 이 부산물을 흡수할 뿐 아니라, 상당히 많은 수의 편모충을 소화함으로써 단백질도 얻는다. 이런 종의 어린 흰개미는 알에서 나오자마자 성체의 꽁무니를 핥아서 이 아주 유용한 원생동물을 몸으로 받아들인다. 그러나 많은 흰개미 종은 곰팡이의 도움을 받아서 셀룰로스 문제를 해결한다. 일개미들은 밖에서 낙엽을 가지고 집으로 돌아와서 특수한 방에 쌓는다. 그런 뒤 잘게 씹어서 푹신푹신한 퇴비 더미로 만든다. 여기에서 곰팡이가 자라면서 퇴비 더미는 이리저리 뻗어나가는 팡이실로 뒤덮인다. 곰팡이는 이 퇴비에서 양분을 흡수하고, 꿀 색깔을 띤 잘 부서지는 물질을 남긴다. 흰개미가 먹는 것은 곰팡이가 아니라 바로 이 물질이다. 알을 낳을 수 있는 어린 암컷은 새로운 군체를 만들기 위해서 날아오를 때, 이 곰팡이 홀씨를 필수 지참금으로 가지고 간다.

흰개미는 썩어가는 식물을 살아 있는 조직으로 전환할 수 있는 몇 안 되는 동물에 속하므로, 생물 사이에 영양소를 흐르게 하는 중요한 연결 고리이다. 많은 동물들이 흰개미를 먹는다. 몇몇 개미 종은 흰개미집을 습격해서 애벌레와 성체를 잡아와서 먹고, 다른 먹이는 거의 먹지 않는다. 새와 개구리는 행군하는 흰개미들이 보일 때마다 그 옆에 앉아서 한 번에 한 마리씩 잡아먹는다. 나머지 개미들은 그러거나 말거나 행군을 계속한다. 뭉뚱그려서 개미를 먹는 동물이라고 이야기되는 아프리카와 아시아의 천산갑, 남아메리카의 작은개미핥기는 사실 거의 오로지 흰개미만 먹는다. 이들은 근육질 앞다리로 흰개미집을 부순 뒤, 긴 주둥이를 들이밀어서 채찍 같은 혀를 쭉 내밀어 휘젓는다. 그 끈적거리는 혀에 통로에 있던 흰개미들이 수백 마리씩 들러붙는다.

숲 바닥에는 낙엽 외에도 몇몇 식물성 먹이들도 있다. 위에서 떨어진 견과 같은 열매는 쉽게 찾을 수 있고, 덩이뿌리와 뿌리를 캐낼 수도 있다. 하층의 관목도 약간의 잎과 눈을 제공한다. 각 대륙의 밀림마다 이런 것들을 충분히 찾아서 먹을 수 있는 포유류가 적어도 한 종은 있다. 아시아의 아기사슴, 아프리카의 꼬마영양, 남아메리카의 아구티가 그렇다. 이 3종은 서로 전혀 다른 과에 속한다. 쥐사슴이라고도 불리는 아기사슴은 사실 생쥐도 사슴도 아니며, 돼지와 초기 반추동물의 친척이다. 꼬마영양은 진짜 영양이지만 유달리 작은 종류이다. 아구티는 설치류이다. 그러나 이들은 모두 생김새가 아주 비슷하다. 산토끼만 한 몸집에 연필처럼 가늘고 허약해 보이는 다리에 날카로운 발톱이나 발굽이 있어서, 마치 발끝으로 달리는 듯하다. 그리고 습성과 기질도 아주 비슷하다. 극도로 초조해지면 바짝 얼어붙었다가 숲 바닥을 미친 듯이 이쪽저쪽으로 방향을 바꾸면서 질주한다. 아기사슴과 아구티는 심지어 서로에게 신호를 보내는 방법도 같다. 동작을 작게 하면서 조급하게 발을 구른다. 그리고 모두 잎과 눈, 열매, 씨, 견과, 균류도 먹는다.

많은 새들은 땅에서 지내면서 거의 날아오르지도 않는다. 극도의 도발을 당했을 때에만 푸드덕거리며 나뭇가지 위로 날아오를 뿐이다. 닭의 조상인 붉은멧닭도 그런 동물이다. 지금도 말레이시아에 흔한 이 새는 이른 아침에 째지는 소리로 울어댄다. 우리에게 친숙한 수탉의 새벽 울음이 약간 목이 잠긴 것 같은 소리인데, 열대 밀림에는 들어맞지 않는 소리이다. 붉은멧닭의 남아메리카 판은 칠면조처럼 생긴 검은 새인 봉관조이다. 이 땅에 사는 새들 중 한두 종은 너무 무거워서 거의 날지 못한다. 동남아시아의 청란argus pheasant은 가장 장관을 펼치는 새들 중 하나이다. 이 종도 암컷은 모습이나 크기가 칠면조와 비슷하지만, 수컷은 전혀 다른 모습이다. 수컷에게는 약 1미터에 달하는 커다란 꼬리와 거대한 날개 깃털이 자란다. 각 깃털에는 눈과 똑같아 보이는 커다란 반점들이 줄줄이 나 있다. 그래서 영어 이름에 그리스 신화에 나오는 눈이 많이 달린 괴물인 아르고스Argus라는 단어가 들어갔다. 수컷은 숲 바닥에서 지름이 약 6미터에 달하는 공간을 정리한 뒤, 낙엽이나 잔가지 하나조차 없도록 깨끗이 유지한다. 심지어 어린 나무를 뽑아낼 수 없을 때에는 밑동을 돌아가면서 쪼아서 없앤다. 그런 뒤 매일 숲 속에 울려퍼지는 큰 소리를 내어 암컷을 유혹한다. 암컷이 오면 이 공간으로 안내한 다음, 춤을 추기 시작한다. 수컷은 춤을 추면서 점점 흥분에 휩싸인다. 그러다가 갑자기 거대한 꼬리를 치켜세우고 날개를 쫙 펼친다. 그러면 반짝거리는 눈알무늬가 줄줄이 이어진 거대한 깃털 천막으로 변신한다.

뉴기니의 몇몇 극락조들도 지상에 춤추는 무대를 마련해서 비슷한 방식으로 과시 행동을 펼친다. 여섯줄극락조는 검은 우단 치마 같은 깃털들을 펼치고 머리에 깃발처럼 달린 6개의 깃털을 끄덕거리면서 곧추선 자세로 춤을 춘다. 어깨걸이극락조는 낮은 가지에 앉아서 가슴에 초록색의 커다란 삼각형 판처럼 나 있는 깃털을 과시하면서 춤을 춘다. 이 깃털은 흐릿한 빛을 받아서 무지갯빛으로 반짝인다. 남아메리카에서 뛰어난 춤 실력을 자랑하는 새는 바위새이다. 이들은 따로 마련한 무대에서 홀로 공연을 펼치는 대신에 10여 마리가 한곳에 모여서 경연을 펼친다. 수컷은 멋진 주황색 몸에 검은 날개깃털을 지니고 있다. 머리에는 주황색 반원형 볏이 있는데, 거의 부리를 덮을 만치 머리 앞쪽까지 뻗어 있다. 번식기에 이들은 숲의 한곳에 모인다. 수컷들은 저마다 작은 공간을 차지해서 무대로 삼는다. 그런 뒤 무대 옆 어린 나무의 가지나 리아나에 앉아서 기다린다. 이윽고 칙칙한 갈색의 암컷이 나타나면, 모두 자신의 무대로 뛰어내려서 꽥꽥거리면서 과시 행동을 시작한다. 먼저 웅크리면서 볏이 수평으로 놓이도록 고개를 한쪽으로 기울인다. 그런 뒤 위아래로 폴짝폴짝 뛰면서 부리를 딱딱거리면서 소리를 낸다. 때때로 긴장한 채 꼼짝하지 않고 얼어붙은 자세도 취한다. 이윽고 나뭇가지에 앉아서 지켜보던 암컷은 무대 중 한 곳으로 파드득 내려와서 그 수컷의 꽁무니에 난 실 같은 깃털에 잘근잘근 입질을 한다. 그러면 수컷은 재빨리 암컷의 등에 폴짝 올라탄다. 교미는 몇 초면 끝난다. 그런 뒤 암컷은 숲의 어딘가로 날아가서 홀로 알을 낳고 새끼를 기를 것이다. 암컷은 갈색 깃털로 덮여 있어서 그다지 눈에 띄지 않는다. 한편 불꽃같은 화려한 깃털을 지닌 수컷은 숲 바닥에서 총총 뛰는 공연을 계속 펼칠 것이다.

물론 밀림 바닥에서 가장 널리 퍼져 있는 잡식성 거주자는 호모 사피엔스이다. 우리는 탁 트인 사바나에서 진화했지만, 인류 역사의 초창기부터 밀림으로 진출했을 가능성이 높다. 무엇보다도 지금도 자이레의 피그미족, 말레이시아의 오랑아슬리족, 아마존의 몇몇 부족들이 보여주듯이, 인류는 본래 떠돌이 사냥꾼이었다. 이들은 모두 키가 작다. 사실 자이르의 음부티족은 인류 중에서 가장 키가 작다. 평균 키가 남성은 150센티미터 이하이고, 여성은 더욱 작다. 식단이 상대적으로 부실하다는 점이 작은 키와 관련이 있을 수도 있지만, 작은 키가 밀림에서의 생활에 아주 적합하다는 것도 분명한 사실이다. 숲 속에서 빠르고 소리 없이 돌아다닐 수 있기 때문이다. 이들은 홀쭉하고 대체로 머리털이 없으며, 땀을 거의 흘리지 않는다. 땀은 세계의 다른 지역들에서는 체온을 식히는 효과적인 방법이지만, 밀림에서는 별 효과가 없다. 공기가 너무 습해서 피부의 땀이 증발하는 속도가 아주 느리기 때문이다. 더 추운 지역에서 온 여행자들은 그 사실을 실감한다. 온몸에서 땀이 계속 흘러서 옷이 다 축축하게 젖지만, 시원하다는 느낌은 전혀 없다. 반면에 안내인은 땀 한 방울 흘리지 않으면서 덥다는 기색도 전혀 보이지 않는다.

이런 떠돌이 부족들은 밀림을 아주 상세히 파악하고 있다. 이들은 밀림의 구석구석에서 먹이를 얻는 방법을 그 어떤 동물보다도 잘 안다. 이들은 바닥에서 덩이뿌리와 견과를 찾아 먹는다. 쓰러진 나무줄기를 파내어 굼벵이 같은 애벌레를 꺼내고, 나무를 기어올라서 과일을 따고, 야생 벌 둥지에서 꿀이 잔뜩 든 벌집을 꺼내고, 특정한 리아나를 잘라서 수도꼭지처럼 잠깐 뿜어지는 수액으로 목을 축인다. 이들은 노련하면서 용감한 사냥꾼이기도 하다. 음부티족은 꼬마영양과 오카피를 그물로 잡고, 둥근귀코끼리를 사냥하러 장시간 위험한 모험을 떠나기도 한다. 또 땅에 사는 조류와 포유류의 소리를 흉내 내어 이들을 꾀어 창과 화살로 잡는 법도 안다. 동물들의 대다수는 임관에서 살기 때문에, 이 부족들은 사정거리가 꽤 긴 무기를 개발해야 했다. 아마존 부족들은 입으로 부는 화살을 쓴다. 가느다란 대나무나 갈대의 속을 깨끗이 파낸 것을 나무로 만든 보강 틀 안에 끼운다. 화살은 끝에 독을 묻히고, 반대쪽은 공기가 새지 않을 정도로 보풀거리는 씨앗의 섬유를 붙여서 통에 끼운다. 이제 입으로 불면 30미터 위쪽에 있는 표적까지 화살이 쉽게 날아간다. 이 독은 아주 강력해서 제대로 맞은 동물은 약 1분 안에 힘을 잃고 쓰러질 것이다. 그리고 화살은 거의 소리 없이 날아가서 맞추기 때문에, 새 한 마리가 맞아서 떨어진다고 해도 다른 새들은 전혀 경계심을 느끼지 않으므로 사냥을 계속할 수 있다.

다른 지역의 사람들처럼 이 떠돌이 부족들도 살아가려면 여러 가지 필요한 것들이 있으며 숲은 식량 외에도 많은 것을 제공한다. 개구리를 꼬치에 꽂아서 불에 달구면 피부에서 화살에 바를 독이 분비된다. 덩굴의 섬유로는 그물을 만든다. 특정한 나무에서 분비되는 나뭇진은 좋은 횃불 연료가 된다. 야자잎은 집의 빗물을 막는 방수 지붕 역할을 한다. 축제나 행사가 열릴 때면 씨를 으깬 것으로 몸을 치장할 물감을 만들고, 앵무새 깃털과 벌새 가죽으로 가장 화려하게 머리장식을 꾸민다.

그렇지만 떠돌이 생활은 힘겨우며, 먹이를 구하는 데에 많은 시간과 노력이 필요하다. 많은 밀림 주민들은 숲을 베어서 텃밭을 만드는 쪽을 택한다. 원래는 작은 돌칼을 붙여 만든 도끼로 힘들게 나무를 베어서 개간을 했다. 도끼날을 금속으로 바꾸어도, 나무를 쓰러뜨리는 일은 힘들고 오래 걸린다. 이들은 나무를 베고 잎과 가지를 불태운 뒤, 그루터기들 사이사이에 카사바나 옥수수, 토란이나 벼를 심는다. 그러나 토양이 아주 척박해서 서너 번 수확을 하고 나면 더 이상 작물을 심을 수 없으므로, 이들은 자리를 옮겨서 다시 개간을 해야 한다.

사람이 베든 말든 간에, 숲의 나무들은 결국 쓰러진다. 많은 나무들이 수백 년간 서 있지만, 결국 거대한 줄기 끝까지 세차게 흐르던 수액의 힘이 약해진다. 늙은 나뭇가지는 균류에 잠식되고 곤충이 여기저기 굴을 뚫는 바람에 이윽고 잎과 엎혀사는 식물들의 무게를 더 이상 감당할 수 없게 된다. 큰 가지 하나가 부러지면, 나무는 치명적인 수준으로 균형을 잃을 수도 있다. 종말은 폭풍우와 함께 찾아올 가능성이 높다. 억수같이 퍼붓는 비는 이미 한쪽으로 치우친 수관의 무게에다가 몇 톤의 무게를 더한다. 여기에 떨어지는 번갯불은 마지막 타격을 가할 것이다. 서서히 거대한 나무가 한쪽으로 넘어간다. 그 나무를 이웃 나무들과 얽어매고 있던 리아나들은 팽팽하게 당겨진다. 그중 일부는 뚝 끊기고, 나머지는 주변의 가지들까지 끌어당기면서 버틴다. 이윽고 수관이 넘어가는 속도가 점점 빨라지고 우지끈 부러지는 굉음이 계속 들리면서 그 주변의 임관이 찢겨나간다. 가지들이 땅에 충돌하면서 총소리처럼 가지들이 부러지는 소리가 울려퍼진 뒤, 거대한 줄기가 땅에 충돌했다가 튀어올랐다가 다시 떨어지면서 땅이 흔들림과 동시에 두 차례 천둥 같은 굉음이 터져나온다. 그런 뒤 침묵이 찾아온다. 잔해 위에 쏟아지는 비와 휘몰아치는 공기에 가지들에서 나무들이 찢겨나가는 부드러운 소리만이 이어진다.

오래된 나무가 죽어 쓰러지면 새와 뱀, 원숭이와 개구리의 보금자리는 파괴되겠지만, 그때까지 그늘에 가려져 있던 작은 어린 나무들에게는 새로운 삶이 열린다. 많은 어린 나무들은 약 10년 동안 겨우 30센티미터 자란 상태로 머무르면서 이 순간을 기다려왔다. 이제 그들은 경주를 시작한다. 결승선이자 상금은 나무가 쓰러지면서 밀림의 임관에서 찢겨나간 틈새이다. 지금 그곳으로 햇빛이 들어오고 있다. 어린 나무들이 익숙하지 않은 강한 햇빛을 평생 처음으로 접하자, 생장이 촉발된다. 이제 빠르게 잎과 가지를 내밀면서 위로 뻗지만, 더 빨리 생장하는 식물들이 있다. 땅속에서 휴면 상태로 있던 씨들이 갑자기 싹이 튼다. 바나나와 생강, 헬리코니아와 케크로피아 등 햇빛이 드는 강둑이나 벌목지에서 사는 식물들이 빠르게 자라나서 넓은 잎을 펼쳐서 햇빛을 흠뻑 받으며, 빠르게 꽃을 피우고 열매를 맺는다. 그러나 몇 년 지나지 않아서 어린 나무들의 키가 더 커지면서 다시 판세가 뒤집힌다. 그중에 본래 더 왕성하게 생장하거나, 유리한 위치에서 출발하거나, 양분이 좀더 많은 토양에 있는 덕에 한두 그루가 앞서가게 된다. 그들은 가지를 넓게 뻗으면서 경쟁자들에게 갈 햇빛을 가린다. 햇빛을 빼앗기자 뒤처져 있던 나무들은 점점 쇠약해지다가 이윽고 경쟁에서 밀려나 죽는다. 수십 년이 흐른 뒤에는 한두 그루만이 임관까지 도달해서 꽃을 피울 수 있다. 밀림의 임관은 다시 닫히고 그 아래쪽의 삶도 안정을 되찾는다.

# 5

# 풀의 바다

열대 밀림이든 온대 숲이든 간에 숲을 지나서 드넓게 펼쳐진 물에서 멀리 떨어진 점점 더 건조한 지역으로 나아가면, 나무들의 수도 키도 서서히 줄어들기 시작할 것이다. 굵은 줄기와 가지와 잎이 유지되려면 최소한 어느 정도의 물이 있어야 한다. 따라서 강수량이 적거나 토양에 모래가 너무 많고 물이 잘 빠져서 조금 깊은 곳까지도 수분이 부족하다면, 나무는 자라지 못할 것이고 숲이 끝나면서 풀로 뒤덮인 탁 트인 초원이 출현할 것이다.

풀이라는 단어는 다양한 식물들을 뭉뚱그려서 가리킨다. 사실 풀의 많은 부분을 차지하는 볏과 식물은 식물계에서 가장 큰 과에 속하며, 전 세계에 약 1만 종이 살고 있다. 풀잎의 특징이 단순하므로 풀이 초기 식물과 비슷하다고 생각할지 모르지만, 사실 풀은 고도로 진화한 식물이다. 물론 풀의 꽃도 그렇게 보이지 않을 때가 많다. 풀은 거의 언제나 산들바람에 노출된 나무가 없는 탁 트인 지역에서 자라기 때문에, 바람을 통해서 꽃가루를 옮길 수 있다. 동물 꽃가루 매개자를 꾈 필요가 없으므로 풀꽃은 눈에 잘 띄거나 선명한 색깔을 띨 필요가 전혀 없다. 풀꽃은 작고 칙칙하며, 꽃잎 대신에 작은 비늘로 감싸여 있고, 바람을 잘 받을 수 있도록 높이 뻗은 꽃대에 옹기종기 모여서 달린다.

풀이 요구하는 한 가지 조건은 환한 햇빛이다. 풀은 숲의 깊은 그늘에서는 자랄 수 없다. 그러나 다른 식물들을 무력화하거나 죽일 여러 가지 역경은 견딜 수 있다. 풀은 적은 강수량도 타는 듯한 뜨거운 태양도 견딜 수 있다. 불에도 살아남을 수 있다. 화염에 휩쓸려서 잎이 타버린다고 해도, 지표면 가까이에 뻗어 있는 뿌리는 거의 손상되지 않기 때문이다. 정기적으로 습격하는 초식동물의 이빨도 잔디깎기의 칼날도 견딜 수 있다.

이 놀라운 인내력은 풀이 자라는 독특한 방식에서 비롯된다. 다른 식물들의 잎은 줄기에 달린 눈에서 나오고, 수액을 운반하는 잎맥들이 갈라지고 또 갈라지면서 발달하며, 금세 다 자라서 최종 형태에 다다른다. 그런 뒤 생장을 멈춘다. 손상을 입으면 잎은 수액 누출을 막기 위해서 망가진 잎맥을 밀봉할 수는 있지만, 그 이상의 수리나 복구는 할 수 없다. 풀잎은 다르다. 잎맥이 그물을 이루는 것이 아니라, 잎 끝까지 갈라지지 않고 나란히 뻗어간다. 생장점은 잎의 밑동에 있고, 식물의 평생 동안 계속 활동한다. 잎은 윗부분이 손상되거나 뜯겨도, 밑동에서 계속 자람으로써 원래 길이를 회복한다. 게다가 풀은 씨를 통해서만이 아니라, 지표면을 기어가는 줄기를 통해서도 번식한다. 기는 줄기 곳곳에서 잎과 뿌리가 날 수 있다.

풀의 뿌리는 실 같으며, 아주 무성하게 자라서 지면 아래로 몇 센티미터까지 뒤엉킨 깔개를 이룬다. 이 깔개는 가뭄이 지속될 때에도 흙을 꽉 움켜쥐고 있어서 흙이 바람에 쓸려나가는 것을 막고, 이윽고 비가 내리면 거의 하루 사이에 푸른 잎을 피운다.

이런 효율적이고 영속적인 식물은 비교적 최근에 진화했다. 공룡이 살던 시절에는 없었으므로, 공룡은 고사리, 석송, 침엽수 같은 더 거친 식물을 먹고 살아야 했다. 숲에 새로운 유형의 나무가 출현해서 최초로 꽃을 피우고, 호수에서는 나리류가 별처럼 빛나는 꽃을 피우기 시작했을 때, 숲 너머의 메마른 편평한 지역은 아직 헐벗은 땅이 그대로 드러나 있었다. 파충류의 시대가 끝난 지 한참 뒤인 약 2,500만 년 전, 포유류가 크게 불어나기 시작했을 때에야 비로소 풀도 평원에 자리를 잡기 시작했다. 우리는 조류를 제외한 공룡이 멸종한 뒤의 시대를 대체로 포유류의 시대라고 생각하지만, 풀이 놀라운 성공을 거두어왔다는 점을 보면 풀의 시대라고 부르는 편이 더 타당할 것이다.

오늘날 풀은 육지 표면의 약 4분의 1을 덮고 있다. 지역마다 초원을 서로 다른 이름으로 부른다. 남아메리카의 남부에서는 팜파스pampas와 캄포campo, 북부 오리노코 강 유역에서는 야노스llanos, 북아메리카에서는 프레리prairie, 중앙아시아에서는 스텝steppe, 아프리카 남부에서는 벨트veldt, 아프리카 동부에서는 사바나라고 한다. 이런 지역들은 아주 비옥하다. 풀은 몇 년 살다가 새로 싹튼 풀로 대체될 수도 있다. 죽은 풀잎은 깔려서 썩어가면서 그 아래의 흙과 섞이면서 흙을 가볍고 기름지게 한다. 잘 부서지고 공기가 잘 통하는 흙으로 만든다. 풀 사이에서는 풀에 어느 정도 가려지고 보호도 받으면서 많은 작은 꽃식물들이 자란다. 뿌리혹을 통해서 질소를 고정하는 갈퀴나물, 작은 꽃들이 한데 모여서 하나의 꽃처럼 피는 국화와 민들레, 구근과 덩이뿌리에 양분을 저장하는 식물들이 그렇다. 가뭄과 홍수에도, 뜯어 먹히고 불에 타도 살아남아서 계속 자라는 풀은 더 습한 지역에서는 무성하고 즙이 많아지고, 더 건조한 지역에서는 더 마르고 질기지만 그래도 먹을 수 있으므로, 다양한 동물들에게 쉽게 얻을 수 있는 풍족한 먹이를 제공한다. 사실 단위 면적당 초원은 다른 어떤 지역보다도 더 많은 무게의 동물을 지탱할 수 있다.

뒤엉킨 뿌리, 얼기설기 뻗은 줄기와 군데군데 모여 자라는 잎으로 이루어진 축소판 밀림에서는 나름의 작은 거주자들이 공동체를 이루어 살아가고 있다. 메뚜기는 살아 있는 입을 씹어 먹는다. 진딧물과 노린재는 바늘 모양의 구기로 잎맥을 찔러서 수액을 빨아 먹는다. 딱정벌레는 죽은 잎을 갉아 먹는다. 온대 지역에서는 지렁이가 꿈틀거리며 굴을 파면서 죽은 잎을 땅속으로 끌고 내려가서 먹어치운다. 그리고 열대 초원 전역에서는 흰개미가 부지런히 돌아다닌다.

흰개미는 피부가 부드럽고 얇아서 수분을 잘 간직하지 못한다. 습한 공기 덕분에 밀림에서는 일개미들이 줄지어 드러난 땅 위를 행군하면서 다녀도 아무런 문제가 없다. 그러나 탁 트인 평원에서는 그런 행동이 거의 치명적일 것이다. 태양에 노출된 작은 몸은 금방 바짝 말라 쪼그라들어 죽을 것이다. 한두 종은 기온이 떨어지는 밤에 땅 위로 나가서 돌아다니기도 하지만, 초원의 흰개미들은 대부분 지표면 밑에 판 굴이나 진흙을 짓이겨 천장을 덮은 길로 돌아다닌다. 이런 종은 작은 덤불을 공략할 때, 먼저 진흙 벽을 쌓아서 식물 전체를 에워싼 뒤에 컴컴하고 습해진 그 안에서 쉴 새 없이 식물을 뜯어낸다.

수분을 보존해야 할 필요성 때문에 흰개미 집단은 스스로 집도 지어야 한다. 일부 종은 땅속에 많은 방과 통로를 만들고, 거대한 진흙 요새를 짓는 종도 많다. 각 개체는 흙을 씹어서 턱 위쪽의 특수한 샘에서 나오는 액체 시멘트와 섞어서 작은 덩어리, 일종의 벽돌을 만든 다음, 세워지고 있는 벽의 적당한 자리에 올려놓고 머리를 흔들어서 잘 붙인다. 수백만 마리가 협력해서 거대한 집을 짓는다. 이 집은 지름이 3-4미터에 달할 수도 있다. 높이 7미터의 뾰족탑을 갖춘 것도 있다. 오래된 공기는 집의 가장자리를 둘러싸는 버팀벽 안에 나 있는 환기 굴뚝을 통해서 빠져나간다. 안쪽에는 습한 바닥까지 깊은 구멍이 나 있고, 그곳에서 일개미들이 물을 채취한다. 이들은 이 미시 기후의 습도가 치명적인 수준까지 떨어지는 것을 막기 위해서 통로 벽에 이 물을 바른다.

개미도 초원에서 산다. 개미는 흰개미를 닮았지만, 전혀 다른 곤충이다. 흰개미는 바퀴와 같은 집단에 속한 반면, 개미는 말벌의 친척이다. 개미는 허리가 말벌처럼 가느다란 반면, 흰개미는 그렇지 않아서 구별할 수 있다. 말벌을 닮고 흰개미를 닮지 않은 또 한 가지 특징은 개미의 피부가 단단하고 불투수성이라는 것이다. 그래서 개미는 해가 쨍쨍한 낮에도 몸이 바짝 말라붙을 위험이 거의 없이 땅을 행군할 수 있다. 수확개미는 풀밭을 돌아다니면서 지치지 않고 씨를 모아서 지하의 식량 창고로 운반한다. 그곳에서는 턱이 큰 특수한 계급에 속한 일개미들이 씨 껍데기를 으깨어 부순 뒤에 턱이 덜 발달한 다른 개체들이 먹을 수 있도록 한다. 한편 잎꾼개미는 가위 같은 턱으로 풀의 잎과 줄기를 적당한 크기로 잘라서 집으로 운반한다.

흰개미와 마찬가지로 개미도 셀룰로스를 소화하지 못한다. 그래서 개미도 균류의 도움을 받는다. 이 균류는 흰개미가 기르는 종과 다르며, 개미는 이 균류를 직접 먹는다. 잎꾼개미의 집은 땅속에 지어지기 때문에 흰개미 둔덕과 달리 눈에 잘 띄지 않는다. 그러나 규모는 더 크다. 통로는 깊이 6미터까지 내려가고, 면적이 200제곱미터에 달하며, 700만 마리까지 산다.

다른 종류의 개미들은 다른 균류가 아니라 진딧물을 매개체로 삼아서 풀의 영양소를 얻는다. 이런 곤충은 자신이 빨아 먹는 수액 중 일부만을 소화하고, 나머지는 달콤한 액체 형태로 꽁무니로 배출한다. 이 액체를 조금 그럴듯하게 단물이라고 부른다. 정원에서 진딧물이 다닥다닥 달라붙은 식물 아래에는 이런 단물이 떨어져서 끈적거리기도 한다. 일부 개미는 단물이 탁월한 먹이임을 알아차리고서, 사람이 젖소 떼를 기르면서 우유를 짜듯이 진딧물 무리를 몰고 다니면서 단물을 받는다. 이 개미들은 진딧물의 더듬이를 반복해서 건드림으로써, 진딧물이 단물을 정상적으로 분비하는 양보다 더 많이 분비하도록 자극한다. 그들은 개미산(폼산)을 뿜어서 진딧물의 텃밭에 다른 곤충이 침입하지 못하도록 막음으로써 진딧물을 보호한다. 특히 생산성이 높은 줄기나 뿌리 주위에는 흙으로 특수한 담장을 둘러서 마치 공장식 축사에서 키워지는 동물처럼, 진딧물들이 자유롭게 돌아다니지 못하게 막기도 한다. 여름이 끝날 무렵에 진딧물이 죽으면, 개미 농부들은 진딧물 알을 집으로 가져가서 안전하게 보관한다. 다음 봄에 짓딧물들이 부화할 때, 개미들은 어린 진딧물들을 밖으로 꺼내어 신선한 수액을 빨도록 풀어놓는다.

진딧물과 개미, 흰개미와 메뚜기, 노린재와 딱정벌레를 비롯한 이 모든 곤충들은 더 큰 동물의 먹잇감이다. 남아메리카 초원에는 현생 포유류 중에서 가장 특이한 모습의 동물들 중 하나가 돌아다닌다. 가장 요란한 문양에 쓰일 법한 동물이다. 몸집은 커다란 개만 하다. 머리는 길게 굽은 탐침 모양으로 길어져 있고, 그 끝에 눈과 작은 귀가 달려 있다. 그 긴 주둥이 아래쪽 끝에 콧구멍과 작고 좁은 입이 있다. 몸은 뻣뻣한 털로 덮여 있고, 몸길이의 절반을 이루는 긴 꼬리는 윗면과 아랫면 양쪽에 털이 수북한데, 마치 깃발처럼 뒤쪽으로 쭉 뻗어 있다.

바로 큰개미핥기이다. 이 동물은 시각이 형편없고 청각도 아주 나쁘지만, 후각이 몹시 뛰어나서 흰개미의 둔덕 벽에 섞인 마른 침 냄새를 통해서 흰개미의 위치를 찾아낼 수 있다. 흰개미 집을 찾아내면 큰개미핥기는 앞다리에 달린 길고 구부러진 발톱으로 주요 통로 중 하나의 입구를 넓힌 다음, 주둥이를 그 안에 쑤셔넣는다. 그런 다음 긴 채찍 같은 혀를 아주 빠르게 날름거리면서 통로를 마구 휘젓는다. 1분에 160번까지, 아주 빠르게 날름거릴 수 있다. 날름거릴 때마다 혀에 새로 침이 발라져서 흰개미들을 왕창 묻힐 수 있다. 혀에 달라붙은 흰개미들을 이빨 없는 입안으로 가져와서 통째로 삼킨다. 위장은 강한 근육으로 감싸여 있고, 안에 흰개미를 짓이기는 데에 도움을 주는 돌과 모래가 약간 들어 있다. 이렇게 짓이긴 뒤에 이윽고 소화시킨다. 그런 방법으로 큰개미핥기 성체는 하루에 흰개미 약 3만 마리를 먹어치울 수 있다.

흰개미만 먹는 종은 아니지만, 아르마딜로도 개미와 흰개미를 많이 먹어치운다. 이름이 시사하듯이 아르마딜로armadillo는 갑옷armor으로 덮여 있다. 각질의 유연한 방패가 어깨와 엉덩이를 덮고 있고, 가운데인 허리 부위에는 둘을 연결하는 갑옷 띠가 있다. 띠의 수는 종마다 다르다. 이들 중에서 흰개미가 거의 주식인 종은 왕아르마딜로이다. 몸집은 큰개미핥기와 비슷하지만, 훨씬 더 혈기왕성하게 먹이를 찾아 돌아다닌다. 우아한 주둥이를 통로 입구에 쑤셔넣고 열심히 혀를 놀리는 대신에, 왕아르마딜로는 등의 갑옷으로 흰개미 집의 지붕을 쿵쿵 들이받고 앞다리로 흙을 마구 파내서 흰개미 집의 한가운데까지 커다란 굴을 판다. 화난 흰개미 병정들이 수천 마리씩 달라붙어서 물어뜯어도 이들은 조금도 개의치 않는다.

몸집이 더 작은 친척 종들인 일곱띠아르마딜로, 긴털아르마딜로, 민꼬리아르마딜로는 식성이 덜 까다롭다. 개미와 흰개미뿐 아니라 어린 새, 메뚜기, 심지어 열매와 뿌리까지 먹는다. 세띠아르마딜로는 몸을 말아서 자신을 보호할 수 있는 유일한 종이다. 몸을 말면 꼬리 밑면의 삼각형 방패가 머리에 있는 삼각형 방패와 딱 맞물려서, 온몸이 그레이프프루트만 한 난공불락의 갑옷으로 덮인 공이 된다. 몸집이 더 큰 친척 종들도 여우나 매 같은 포식자를 거의 두려워하지 않는다. 왕아르마딜로는 큰개미핥기처럼 몸집이 클 뿐 아니라 흰개미 집을 파는 데에 쓰는 앞다리를 휘둘러서 무시무시한 타격을 가할 수 있다. 더 작은 종들도 갑옷으로 첫 공격을 충분히 막을 수 있으며, 땅을 파서 안전한 곳으로 들어감으로써 후속 공격을 피할 수 있다.

물론 곤충들만 풀을 뜯는 것은 아니다. 우리가 종종 기르는 기니피그의 야생 조상인 들창코에 꼬리가 없는 작은 갈색의 기니피그는 굴을 파서 풀밭을 이리저리 돌아다니면서 즙이 많은 줄기를 뜯어 먹는다. 살진 스패니얼만 한 크기의 설치류인 비스카차는 땅속 미로에서 지내다가 저녁에 굴 입구에서 가까운 곳까지 기어나와서 느긋하게 풀을 뜯는다. 위험의 기미가 보이면 재빨리 안전한 굴속으로 달려들 수 있도록 멀리 가지는 않는다. 기니피그의 일종이면서 몸집이 좀더 큰 마라는 낮에 돌아다니며, 식단이 더 다양하다. 굴에서 멀리까지 돌아다니므로, 날랜 움직임으로 안전을 도모한다. 다리가 길고 가늘며 유럽 산토끼처럼 매우 겁이 많으며, 갑자기 아주 높이 뛰어오르고는 한다.

이런 초식동물은 많은 포식자에게 사냥을 당한다. 카라카라는 풀 사이로 몰래 걸어가서 기니피그를 덮친다. 재칼과 비슷하게 생긴 팜파스 여우도 그렇다. 갯과의 좀더 큰 구성원인 갈기늑대도 팜파스를 돌아다닌다. 늑대보다는 여우처럼 생겼는데, 마치 놀이공원의 일그러진 거울에 비춘 모습 같다. 머리는 양치기 개보다 조금 더 큰데, 다리는 1미터에 달할 정도로 아주 길쭉하기 때문이다. 이 긴 다리 덕분에 아주 빠르게 달릴 수 있겠지만, 그렇게까지 길어진 이유는 불분명하다. 이곳에는 그들을 뒤쫓을 더 큰 동물이 전혀 없으며—사람을 제외하고—기니피그를 잡는 데에는 굳이 빠를 필요가 없기 때문이다. 게다가 사실 이들은 큰 먹이보다는 새끼 새, 도마뱀, 심지어 메뚜기와 달팽이 같은 더 작은 먹이를 주로 먹으며, 뿌리와 열매도 먹는다.

팜파스에서 가장 큰 동물은 사냥꾼이 아니라 초식동물이다. 갈기늑대보다 더 무겁고, 키는 거의 2배에 달한다. 포유류가 아닐까 추측할지도 모르겠지만, 사실은 조류인 레아이다. 레아는 타조처럼 덥수룩한 쓸모없는 날개와 긴 목, 빨리 달릴 수 있는 튼튼한 긴 다리를 지닌 새이다. 곤충과 작은 설치류를 비롯하여 다양한 먹이를 먹지만 주식은 풀이며, 1년 중에 특정 시기에는 영양 무리에 맞먹는 수준으로 대규모 무리를 짓기도 한다.

전혀 모르는 상태에서 레아의 둥지를 보면, 정말로 별나다는 생각이 절로 든다. 레아의 알은 달걀보다 10배는 더 크다. 몸집이 큰 새이므로 알도 클 것이라고 예상할 수는 있겠지만, 레아의 둥지에는 알이 적어도 20개 이상 들어 있으며, 80개가 넘는 알이 발견된 사례들도 있었다. 그러나 이 알들을 모두 한 암컷이 낳은 것은 아니다. 수컷은 일부다처형이다. 수컷은 조금 움푹 파인 땅을 청소하여 둥지를 짓는다. 대개 덤불이나 키가 큰 풀밭 안에 짓는데, 둥지 가장자리는 마른 풀로 장식한다. 수컷은 목을 휘젓고 깃털을 흔들며 춤을 추면서 각 암컷에게 구애를 한다. 춤이 절정에 이르는 동안 두 마리는 점점 흥분하며, 서로 목을 휘감기도 한다. 이윽고 암컷이 쪼그려 앉으면 수컷은 올라탄다. 그 직후에 암컷은 수컷을 찾아오고, 수컷은 둥지에 앉아 있다가 암컷이 알을 낳도록 자리를 비킨다. 암컷들은 잇달아 찾아와서 알을 낳는다. 둥지에 다른 암컷이 앉아 있을 때면, 나중에 온 암컷은 둥지 밖에 알을 낳고 떠나며 수컷은 부리로 그 알을 둥지 안으로 굴려 넣는다. 수컷이 알을 품기 시작할 즈음에는 너무 많은 암컷이 너무나 많은 알을 낳아놓아서 다 품을 수 없을 때도 종종 있다. 그럴 때 수컷은 남는 알을 둥지 밖으로 버리며, 그 알들은 식어서 썩는다.

알을 품고 있을 때 수컷은 가공할 수호자가 된다. 둥지 가까이 다가오는 모든 동물은 쫓겨날 가능성이 높다. 따라서 레아는 둥지를 접근하기 어려운 곳에 지을 필요가 전혀 없다. 그러나 팜파스의 다른 새들은 몸집도 힘도 레아에 훨씬 못 미치기 때문에, 안전한 둥지 자리를 찾는 것이 중요한 과제이다.

가마새는 전적으로 홀로 도둑의 침입을 거의 완전히 막을 수 있는 둥지를 짓는 얼마 되지 않는 새에 속한다. 이 새는 동떨어진 나무의 낮은 가지나 말뚝 위에 둥지를 짓는다. 재료는 단순히 진흙에다가 풀을 약간 섞은 것이지만, 이 재료를 이용해서 가마새는 입구 구멍 바로 안에 칸막이벽을 갖춘 바위처럼 단단한 돔 모양의 방을 짓는다. 다른 동물이 주둥이나 발로 알이나 새끼를 꺼내기가 거의 불가능하다.

이곳 평원에서 주로 개미를 먹는 딱따구리 종류인 쇠부리딱따구리는 흰개미 둔덕을 둥지 자리로 삼고는 한다. 이들은 조상의 습성을 아직 충분히 유지하고 있어서 흰개미의 단단한 집에 구멍을 낼 수 있다. 흰개미는 부서진 통로를 수리하면서 그쪽을 꽉 틀어막는다. 따라서 쇠부리딱따구리는 매끄러운 벽으로 둘러싸인 둥지를 얻게 된다.

작은 올빼미는 아르마딜로가 식물을 캐면서 뚫은 구멍이나 비스카차가 살던 땅속 구멍을 차지하기도 한다. 이런 올빼미들은 스스로 땅을 아주 잘 팔 수 있고 실제로도 파지만, 남이 판 구멍에 세 드는 쪽을 더 선호한다. 비스카차가 판 미로의 모든 구멍의 입구에 보초처럼 올빼미가 한 마리씩 서 있을 때도 많다. 다가가면 올빼미는 꿰뚫어보는 듯한 노란 눈으로 노려보면서 우스꽝스러운 몸짓으로 위아래로 몸을 흔들다가, 마지막 순간에 용기를 잃고서 빌린 굴의 안전한 곳으로 쏙 숨어든다.

카라카라는 찾을 수만 있다면 작은 나무를 선호하지만, 필요하다면 땅에도 둥지를 틀 것이다. 이들의 튼튼한 부리와 갈고리발톱은 대다수의 동물을 내쫓고 도마뱀과 뱀을 잡을 수 있을 만치 강력한 무기이다. 반면에 발톱깃물떼새는 훨씬 더 작고, 곤충을 비롯한 작은 무척추동물을 주로 먹기 때문에, 부리도 작고 커다란 발톱도 없다. 파충류나 돌아다니는 아르마딜로에게 먹히지 않게 알을 방어할 수단이 거의 없어 보이지만, 이 물떼새는 둥지를 아주 용감하게 지킨다. 우연히라도 가까이 다가가면 금방 알 수 있다. 째지는 소리를 지르면서 날개를 마구 쳐대며 하늘에서 갑자기 여러분을 향해 돌진할 것이다. 날개로 머리를 때리기까지 한다. 그럼에도 여러분이 물러나지 않는다면, 물떼새는 땅에 내려앉아서 마치 한쪽 날개가 부러진 양 날개를 펼친 채 계속 크게 비명을 질러댄다. 다친 척 꾸미는 것이라고 흔히들 이야기하지만, 이런 공연이 매우 별나 보이기 때문에 여러분뿐만 아니라 아마 다른 동물들도 자세히 살피러 다가갈 것이다. 그럼으로써 둥지로부터 멀어지게 된다. 이 새는 더욱 교활한 방법도 동원한다. 풀밭에 내려앉은 새는 날개를 반쯤 펼친 채 부리로 주변에서 작은 풀 조각들을 뜯어 모으기 시작한다. 둥지에 앉아 있을 때 하는 행동과 똑같다. 그 지점을 살펴보러 다가가면 새는 다시 날아갈 것이고, 여러분은 그곳에 아무것도 없으며 속았다는 사실을 알아차리게 된다. 이 모든 방법이 실패하더라도, 물떼새에게는 방어 수단이 하나 더 남아 있다. 알과 새끼의 위장이 너무나 완벽해서, 설령 몇 센티미터 가까이 다가간다고 해도 알아차리지 못할 수도 있다. 이 전략들의 조합은 대단히 효과적인 듯하다. 초원의 일부 지역에서는 발톱깃물떼새를 어디에서나 볼 수 있고, 팜파스에서 그들이 테로테로 하고 우는 소리가 가장 흔하게 들리기 때문이다.

온통 풀로 뒤덮여 있다는 공통점, 즉 밋밋함과 균일함 자체 때문에 밀림이나 숲에 비해 평원에는 동물의 종 수가 비교적 적고 그들 사이의 관계

도 단순한 군집이 들어서 있다. 곤충과 설치류는 풀을 뜯어 먹는다. 더 큰 초식동물은 똥을 싸고, 그 똥은 곤충에게 분해되거나 빗물에 씻겨서 땅속으로 들어간다. 곤충은 아르마딜로와 새에게 먹힌다. 설치류는 매와 육식성 포유류에게 먹힌다. 이 사냥꾼들이 죽으면, 그 사체는 청소동물이나 부패 과정을 통해서 토양으로 돌아간다. 따라서 풀이 합성한 영양소는 결국 토양으로 돌아감으로써, 계속 새싹이 나서 새로운 세대의 초식동물을 먹이게 된다.

이런 군집은 미미한 변화만 있을 뿐, 아르헨티나 남부의 선선한 팜파스에서 북쪽으로 플라테 강 주변의 캄포 3,000킬로미터를 지나 파라과이와 브라질 남부에까지 펼쳐져 있다. 그러나 아마존 분지의 남쪽 가장자리에서는 나무가 자랄 수 있을 만치 충분한 비가 내린다. 거기에서 초원은 끝나고 밀림이 시작된다.

북쪽으로 1,500킬로미터쯤 더 올라간 아마존 반대편, 오리노코 강 중류 지역에도 야노스라는 초원이 펼쳐져 있다. 12월에 그곳에 가면, 팜파스를 떠올리게 하는 풍경을 만날 것이다. 파란 하늘 높이 뜬 구름 아래로 드넓은 풀들이 바람에 물결치는 광경이다. 그러나 동물들은 놀라울 만치 다르다. 발톱깃물떼새와 카라카라처럼 생긴 새들도 몇 종류 있지만, 초원에 기니피그도, 비스카차 미로도 전혀 없다. 야노스에서 몇 개월을 지내다 보면 그들이 없는—그리고 나무도 없는—이유가 뚜렷이 드러난다. 폭풍 구름이 밀려든다. 하늘이 컴컴해지고 비가 억수같이 쏟아지기 시작한다. 서쪽으로 500킬로미터 떨어진 안데스 산맥 자락에 들이친 폭풍우에 강물이 무시무시한 속도로 불어나다가 이윽고 흘러넘친다. 이곳의 토양은 두꺼운 점토층이다. 물은 빠지는 대신에 야노스 곳곳을 얕게 뒤덮으면서 퍼진다. 이곳에서 자라는 나무의 뿌리는 으레 물에 잠기며, 굴을 파고 살아가는 동물은 익사할 수밖에 없다.

이제 야노스의 주요 초식동물이 제 능력을 발휘할 시간이다. 카피바라는 설치류 중에서 가장 몸집이 크다. 기르는 돼지만 하며, 오리노코멧돼지라고도 불린다. 털은 길고 갈색이며, 물갈퀴 달린 발로 헤엄을 친다. 눈, 귀, 콧구멍은 모두 머리 위쪽에 있어서 몸을 거의 완전히 물속에 담근 채로도 물 위에서 무슨 일이 벌어지는지 알 수 있다. 아르헨티나에서 콜롬비아에 이르기까지 강, 호수, 늪뿐 아니라 초원과 밀림에도 살며, 수생식물이나 풀, 강둑에서 자라는 갖가지 식물들을 뜯어 먹는다. 물이 범람해서 야노스를 뒤덮으면, 이들의 서식 범위는 강과 그 주변의 얇은 띠에서 갑자기 드넓은 습지로 확대된다. 카피바라는 이 새로운 자유를 마음껏 누린다. 20–30여 마리로 이루어진 가족 집단은 얕은 물을 첨벙첨벙 돌아다니면서 물에 잠긴 풀 위로 기어오르고, 더 깊은 곳까지 무리를 지어 헤엄친다. 포유류든 조류든 곤충이든 간에 이곳에 다른 초식동물은 전혀 없으므로 이들은 원하는 만큼 용감하게 돌아다닐 수 있으며, 몇 개월 동안 이 넓은 초원은 이들이 독차지한다.

야노스의 북쪽과 서쪽인 파나마, 과테말라, 멕시코 남부에서는 밀림이 돌아오지만, 미국 국경을 넘어 텍사스 남부의 프레리에서는 초원이 다시 출현한다. 아메리카의 프레리는 로키 산맥 동쪽 사면을 따라 오클라호마와 캔자스, 와이오밍과 몬태나 주를 거쳐서 캐나다 국경과 그 너머

에 있는 북쪽 숲의 가장자리에 이르기까지 길이 약 3,000킬로미터에 걸쳐 뻗어 있으며, 폭은 최대 1,000킬로미터에 달한다. 세계의 초원 중에서 가장 크고 가장 풍성한 곳이다.

이곳에는 흰개미가 거의 없고 개미를 먹는 쪽으로 분화한 동물도 없지만, 그밖에는 팜파스의 동물들에 상응하는 동물들이 대부분 존재한다. 풀에는 곤충들이 우글거린다. 그 곤충들은 여러 새들의 먹이가 된다. 굴을 파면서 무리 생활을 하는 프레리도그는 비스카차에 상응한다. 코요테는 팜파스여우, 붉은꼬리말똥가리는 카라카라에 상응한다. 그러나 프레리는 한 가지 측면에서는 가장 장엄한 방식으로 다르다. 이 평원을 돌아다니는 가장 큰 초식동물이 레아 같은 조류가 아니라, 들소라는 거대한 포유류라는 점이다.

들소는 야생 소이다. 영양, 사슴과 함께 풀을 소화하는 특수한 방법을 진화시킨 규모가 큰 포유류 과에 속한다. 이들은 되새김질을 한다.

되새김동물(반추동물)의 위장은 기능별로 나뉘어 있다. 첫 번째 위장은 맨 처음 입에서 풀을 반쯤 씹어서 목으로 넘겼을 때 들어가는 곳으로, 되새김위라고 한다. 이곳에는 일부 흰개미의 자그마한 창자에 있는 미생물들과 마찬가지로 잎의 셀룰로스를 분해하는 세균과 원생동물이 가득 들어 있다. 몇 시간 뒤 반쯤 소화된 잎은 되새김위 옆에 있는 근육질 주머니를 통해서 덩어리로 분리되어 한 번에 하나씩 다시 목으로 올라온다. 동물은 이 덩어리를 이빨로 오래 씹으면서 짓이긴다. 바로 이것이 되새김질이다. 되새김질을 마친 덩어리를 다시 삼키면, 이 덩어리는 이 두 위장을 지나 세 번째 위에서 좀더 잘게 조각난 뒤에 진정한 위장인 네 번째 위로 들어간다. 여기에서 소화액이 추가되어 더욱 분해된 뒤, 마침내 위벽을 통해서 영양소가 흡수된다.

되새김동물은 약 2,000만 년 전 북반구 대륙의 어딘가에서 출현하여, 서쪽의 유럽, 남쪽의 아프리카, 동쪽의 북아메리카로 널리 퍼졌다. 그러나 이들이 남아메리카에 정착하는 일은 순탄하지 않았다. 파나마 지협이라는 육교가 줄곧 존재했던 것은 아니기 때문이다. 오랫동안 남아메리카는 다른 대륙들과 분리된 섬이었다. 이곳에 잘 정착한 되새김동물은 사슴과 라마 몇 종뿐이다. 그러나 북아메리카에서는 되새김동물이 번성했으며, 처음 프레리에 온 유럽인들은 도저히 믿어지지 않을 만치, 그리고 형언하기도 어려울 만치 거대한 되새김동물들이 가득한 광경을 목격했다.

들소 수컷은 거대하다. 아메리카에 사는 동물들 중에서 가장 크고 가장 무겁다. 어깨 높이가 거의 2미터, 몸무게는 1톤에 달한다. 19세기 초에 프레리를 여행한 사람들은 그들을 버펄로(물소)라고 잘못 불렀고, 갈색의 등이 사방으로 지평선 끝까지 물결치며 뻗어 있을 만치 엄청난 무리를 이룬 광경을 묘사했다. 한 들소 떼가 다닥다닥 붙어서 눈앞에서 질주하는 광경을 지켜보았는데, 다 지나가기까지 한 시간이 걸렸다고 쓴 사람도 있다. 이 시기에 프레리에 들소가 얼마나 많았는지를 추정하려는 시도가 몇 차례 이루어진 바 있다. 가장 조심스럽게 추정한 값도 약 3,000만 마리였으며, 그 2배에 달했다고 보는 연구자들도 있다.

들소는 여름에는 서식지의 북쪽에 있는 초원에서 주로 지낸다. 가을이 되어 풀의 생장이 멈추면, 그들은 남쪽으로 약 500킬로미터를 이동한다. 오랜 세월 오가면서 깊이 잘 다져진 길이 나 있다. 이 지역으로 이주한 사람들도 그 길을 이용했다.

이 무리와 함께 살아가는 부족들이 있었는데, 나중에 유럽인들은 그들을 평원인디언이라고 불렀다. 그들은 활과 화살로 들소를 사냥했고, 필요한 거의 모든 것을 들소에게서 얻었다. 들소의 살은 식량이 되었고, 가죽은 의류가 되었다. 뿔은 깎아서 컵을 만들었고, 뼈로는 도구를 만들었다. 밧줄, 가방, 썰매, 천막도 들소에게서 얻었다. 또 부족들은 들소에게서 신의 모습과 정령도 떠올렸다. 이들만큼 한 동물 종과 긴밀한 관계를 맺은 인류는 없었다.

평원의 부족들에게 들소는 그렇게 버릴 것 하나 없는 중요한 동물이었지만, 그들은 당장 필요할 때에만 사냥을 했다. 최초로 정착한 백인들은 그렇지 않았다. 들소는 더 비싸게 팔 수 있는 살, 즉 쇠고기로 전환할 수 있는 풀을 먹어치웠다. 또 들소는 발굽으로 땅을 짓밟고 다니면서, 프레리의 토착 풀을 밀가루를 생산하는 길들인 풀, 즉 밀로 대체하는 것을 방해했다. 아무튼 들소 제거는 들소에게 의존하는 보기 싫은 원주민들을 없애는 간접적인 방식이기도 했다. 따라서 들소는 없애야 했다.

대량 학살은 1830년경에 시작되었다. 유럽 이주민들은 식량을 얻기 위해서 이들을 살육한 것이 아니었다. 그냥 그 동물들을 없애기 위해서 사냥했다. 1865년 북아메리카를 동서로 가로지르는 철도가 깔리면서 들소 무리는 두 집단으로 나뉘었다. 북쪽의 무리는 더 이상 자유롭게 남쪽으로 이주할 수가 없었다. 철도 회사는 건설 인부들이 먹을 고기를 구하기 위해서 유명한 사냥꾼 버펄로 빌 코디를 고용했다. 그는 혼자서 18개월 동안 4,000마리 넘는 들소를 잡았다. 철도 승객들에게도 오락 삼아서 움직이는 기차 안에서 이 거대한 짐승을 쏘라고 장려했다. 때로 죽은 들소의 혀를 자르기도 했다. 별미였기 때문이다. 얼마 동안은 들소 가죽으로 만든 사치스러운 여행용 외투가 유행하면서 동물의 가죽도 벗겼다. 그러나 그냥 산더미처럼 쌓인 채 썩어가는 들소들이 대부분이었다.

1870년대 초의 몇 년 동안은 해마다 적어도 250만 마리의 들소가 살해되었다. 그 10년이 끝날 무렵에 철도 남쪽의 들소는 전멸한 상태였다. 1883년에는 북부에서 들소 서식 범위 내에 알려진 모든 물웅덩이에 총잡이들을 배치하는 단순한 방법으로 며칠 사이에 1만 마리를 죽였다. 모든 들소는 물을 마셔야 했다. 그렇게 그들은 모두 죽었다.

그 세기가 끝날 무렵에 북아메리카 전역에는 야생 들소가 600마리도 채 남지 않았다. 바로 이 마지막 순간에 그들을 보호하는 조치가 취해졌다. 한 자연사학자 집단이 정부의 지원을 받아서 남은 야생 들소들과 동물원과 민간 공원에서 키우는 들소들을 모아서 보호했다. 그 뒤로 들소의 수는 서서히 늘어났다. 현재 국립공원으로 보전되고 있는 프레리에는 약 3만1,000마리의 들소들이 살고 있다. 그러나 앞으로 아무리 세심하게 보호를 하더라도, 그들의 수가 더 늘어날 확률은 낮다. 그들이 살아갈 땅이 더 늘어날 가능성이 적기 때문이다.

들소와 함께 프레리에 사는 되새김동물 중의 하나는 프롱혼이다. 영양처럼 생긴 이 동물은 짧은 뿔이 두 갈래로 갈라져 있어서 가지뿔영양이라고도 한다. 이들은 진짜 영양도 진짜 사슴도 아니고, 그 중간에 속한 집단이다. 예전에는 들소에 못지않게 수가 많았다. 19세기에 5,000만-1억 마리에 달했다고 추정된다. 들소에 비해 몸집도 작고 힘도 약하기 때문에, 이들은 늑대 같은 포식자에게 더 취약했고 주된 방어 수단은 속도였다. 이들은 북아메리카에서 가장 빠른 야생동물로, 시속 80킬로미터의 속도를 낼 수 있다. 그러나 아무리 빨리 달려도 인간 사냥꾼에게서는 벗어날 수 없었다. 이들도 무차별 학살되었고, 1908년에는 겨우 1만9,000마리만 남았다. 다행히 이들도 지금은 보호를 받고 있으며, 현재 약 75만 마리로 불어나 있다.

예전에 엄청난 수의 프롱혼과 들소를 먹여 살렸던 평원에서는 지금 수입된 품종의 소 떼들이 풀을 뜯고 있다. 확실히 사람들은 스스로 먹여 키운 동물의 고기를 원한다. 그런데 역설적이게도 프레리의 풀이 지탱할 수 있는 소의 무게는 원래 그 풀을 이용하는 쪽으로 진화한 동물들 무게의 3분의 1에 불과하다.

중앙아시아의 초원은 아메리카의 프레리와 거의 같은 위도에 있는데, 대체로 훨씬 더 비옥하다. 지구의 가장 큰 땅덩어리의 내륙 한가운데에 있어서 이곳에는 비가 거의 내리지 않는다. 드넓은 면적에 걸쳐서 토양은 여름에는 메마르고 먼지가 흩날리고, 겨울에는 상당 기간 동안 꽁꽁 얼어 있다. 그럼에도 이곳에는 엄청난 수의 되새김동물들이 산다. 사이가영양은 진정한 영양류에 속하지만, 아주 독특하다. 전반적인 모습이나 크기는 양과 비슷한데, 머리는 유별나기가 이를 데 없다. 눈은 아주 크고 불룩 튀어나와 있다. 뿔은 수컷만 나는데, 황갈색이고 못처럼 똑바로 위로 솟아 있다. 가장 기이한 점은 코끝이 뭉툭하고 살집이 있어서 코끼리코와 비슷한 모양이라는 것이다. 콧구멍은 넓고 원형이다. 그 안에 샘, 점액 통로와 주머니가 복잡하게 뒤얽히면서 많은 공간을 차지하고 있어서 앞쪽으로 불룩 튀어나온 것이다. 매부리코가 늘어나서 주둥이가 된 듯하다. 이 유별난 장치는 들이마시는 공기를 데우고 습하게 만들며, 먼지를 걸러내는 역할을 한다.

사이가영양은 빈약한 풀을 뜯어 먹으면서 끊임없이 스텝 지대를 이동한다. 이들은 임박한 날씨 변화를 감지할 수 있다. 느리게 걷다가 갑자기 속도를 내면서 며칠 동안 빠르게 총총 걷는데, 그럼으로써 다가오는 눈폭풍을 피한다.

19세기에 이들은 서쪽의 카스피 해 연안에서 동쪽의 고비 사막 가장자리까지 퍼져 있었고, 한 번 사냥할 때 수만 마리씩 잡힐 만큼 수가 많았다. 더 많은 인간들이 더 성능 좋은 총을 들고 스텝 지대로 들어오기 시작하면서 사이가영양은 점점 집중적으로 사냥당했다. 고기가 꽤 맛있었기 때문이다. 1829년경에는 우랄 산맥과 볼가 강 사이의 지역에서는 전멸된 상태였고, 20세기가 시작될 무렵에는 개체 수가 1,000마리 미만으로 줄어들었다. 이 동물은 멸종이 불가피해 보였다.

그때 누군가가 야생동물과 가축을 통틀어서 스텝 지대의 풀을 고기로 바꾸는 효율 면에서 사이가영양이 최고임을 깨달았다. 그들이 사라진다면, 스텝 지대의 드넓은 영역은 인류의 식량을 전혀 생산하지 못하는 곳으로 변할 것임을 알아차린 것이다. 그래서 사이가영양의 사냥이 금지되었고, 생존자들은 마치 순혈 소인 양 세심한 보호와 관리를 받게 되었다.

이들의 회복 속도는 경이로웠다. 마치 여름의 극심한 가뭄이나 겨울의 혹독한 추위 같은 자연재해로 개체 수가 급감하는 현상에 본래 유달리 잘 적응해 있는 듯하다. 암컷의 번식률이 경이로운 수준이기 때문이다. 이들은 아직 덜 자란 상태인 생후 4개월째부터 짝짓기를 한다. 어린 암컷은 임신한 동안에는 거의 자라지 않다가 새끼를 낳은 뒤에 다시 자라기 시작한다. 다음 번식기가 시작될 무렵에야 암컷은 다 자란 상태가 된다. 그 뒤로 암컷의 4분의 3은 쌍둥이를 낳을 것이다. 이런 엄청난 번식력 덕분에 사이가영양은 총을 든 인간들과의 만남이라는 자신들에게 닥친 가장 큰 재앙으로부터 빠르게 회복될 수 있었다. 그들은 50년 사이에 수백 마리에서 200만 마리 이상으로 불어났으며, 현재 카자흐스탄 사람들은 해마다 25만 마리를 추려서 식량으로 삼는다. 지난 15년 사이에 이들은 개체 수가 95퍼센트까지 줄어드는 바람에, 다시금 멸종 위기로 내몰려 있다. 현재 카자흐스탄은 이 별난 동물의 사냥을 금지하고 있지만, 중국인들은 전통 약재로 쓰이는 뿔을 얻기 위해서 이들을 사냥하고 있으며, 이 수요 때문에 세계 각지에서 계속 밀렵이 일어나고 있다. 가장 최근에 닥친 위협은 세균 감염으로 수십만 마리가 죽은 것이다. 기후 변화로 환경이 더 습해지면서 질병이 집단 전체로 폭발적으로 번진 듯하다.

남아프리카의 벨트에서도 마찬가지로 대규모 동물 무리를 대량 살육한 이야기가 되풀이되었다. 그러나 이곳에는 마지막에 구원을 받지 못한 동물이 적어도 1종 있다. 케이프에 정착한 유럽 이민자들은 19세기 초에 점점 북쪽으로 올라가기 시작했다. 그들은 풀들이 굽이치는 평원에 몇 종류의 영양들이 엄청난 무리를 지어 다니는 광경을 보았다. 스프링복, 블레스복, 사슴영양, 흰꼬리누였다. 스프링복은 수가 워낙 많아서 새로운 풀밭을 찾아 정기적으로 대규모 이주를 했다. 그럴 때마다 이들은 경관 전체가 이동하는 양 보일 정도로 대규모 무리를 이루었다. 북아메리카의 프롱혼과 들소보다 더 많았다. 1880년에 한 자연사학자는 그렇게 이주를 하는 스프링복 무리 하나만 해도 적어도 100만 마리가 넘는다고 믿었다.

또 풀을 뜯는 또다른 대형 동물도 수가 엄청 많았다. 인류 역사에서 중요한 역할을 한 동물, 바로 말이었다. 말은 원래 북아메리카 초원에서 진화했다. 그들도 위장에 잎의 소화를 돕는 세균과 원생동물이 있었지만, 되새김동물의 복잡한 위장은 가지고 있지 않았다. 오랫동안 말은 아주 성공한 동물이었으며, 당시 있던 베링 해협 육교를 건너서 아시아, 유럽을 거쳐서 아프리카까지 퍼졌다. 아메리카에서는 결국 초기 소와 영양에게 밀려나서 전멸했다. 유럽과 아시아에서 사람들은 처음에는 말과 그들의 가까운 친척인 야생 당나귀를 사냥했지만, 그 뒤에는 길들였다. 오늘날 중앙아시아에서 그들의 야생형은 거의 멸종하고 몇몇 소규모 무리만 남아 있다. 아프리카에서만 여전히 대규모 무리가 돌아다닌다. 그들은 멋진 흑백 줄무늬가 있는 당당한 동물이다. 말이 몇 종 더 살고 있다는 사실도 드러났다. 사하라 사막에 가까운 뜨거운 지역에 사는 더 좁은 줄무늬를 지닌 그레비얼룩말, 서부에 사는 산얼룩말 2종류, 벨트에 사는 초원얼룩말 5종류이다. 그중 콰가얼룩말은 몸의 일부에만 줄무늬가 있는데, 머리와 목까지는 있고, 몸은 밋밋한 갈색을 띠며 다리로 갈수록 옅어지다가 다리는 흰색을 띤다.

유럽 이주민들은 영양과 얼룩말을 사냥감이라고 분류했다. 즉 식량이나 오락용으로 사냥할 수 있는 동물이라는 뜻이었다. 1850년경에 사냥꾼들은 사냥감이 전보다 적어졌음을 알아차리기 시작했다. 그럼에도 사냥은 한결같이 계속되었다. 겨우 30년 뒤 엄청난 무리는 거의 사라지고 없었다. 그 세기가 끝날 즈음에 블레스복은 약 2,000마리밖에 남지 않았다. 스프링복은 고립된 작은 집단들만 남아 있었다. 산얼룩말은 100마리도 채 남지 않았다. 흰꼬리누는 야생에서는 전멸했고, 약 500마리만 농장에 붙잡힌 채 살아가고 있었다. 콰가얼룩말은 전멸했다. 고기맛이 유달리 좋아서가 아니었다. 고기보다는 가죽이 더 비싸게 팔렸다. 이들의 가죽은 신발과 가볍고 튼튼한 가방을 만드는 데에 쓰였다. 그런데 이들은 찾기도 쉽고 쏘아 잡기도 쉬웠다. 야생에서는 1878년에 사냥당한 개체가 마지막이었다. 그로부터 5년 뒤 동물원에 남아 있던 마지막 개체가 죽었다.

세계의 대초원 중에서 대형 초식동물 집단들이 아직까지 거의 온전히 남아 있는 곳은 동아프리카 사바나뿐이다. 그들이 살아남은 것은 주로 프레리, 벨트, 팜파스에 비해 물이 적어서 사람들의 가축이 살기에 적합하지 않거나 가축을 먹일 풀을 기르기가 어렵기 때문이다. 가축은 대부분 온대 종의 후손이다. 현재 이 땅에는 가장 많은 대형 야생 포유동물들이 모여 살고 있다.

사바나 지역은 넓이가 약 100만 제곱킬로미터에 달하는 서아프리카의 밀림 주변을 거대한 말굽 모양으로 감싸고 있다. 다른 대초원보다 특징이 훨씬 더 다양하다. 여러 지역에서는 키 작은 가시 덤불이 흔하다. 일부 지역에서는 거대한 바오밥나무가 서 있다. 이 부풀어오른 줄기는 드물게 비가 내릴 때면 물을 빨아들여서 저장한다. 낮은 바위 언덕들이 늘어선 곳도 있다. 많은 강은 강의 양쪽 토양으로 스며든 물 덕분에 나무가 자랄 수 있는 가장자리에만 숲이 길게 뻗어 있다. 그러나 나머지 지역들은 거의 다 풀밭이다. 풀이 사람 키보다 더 높이 자라는 곳들도 있다. 붉은 먼지가 이는 드넓은 지역에서 군데군데 키 작은 풀들이 모여 자라는 곳도 있다.

이렇게 다양한 경관에서는 살아가는 동물 집단도 다양하다. 다른 초원들과 마찬가지로 이곳에도 사냥하고 사냥당하는 생물들의 사슬이 존재하지만, 그 사슬을 이루는 거의 모든 생물들은 아프리카 고유종이다. 흰개미와 개미는 풀을 수확한다. 이들은 천산갑과 땅돼지 같은 개미를 먹는 쪽으로 분화한 종들과 몽구스와 다양한 새 등 더 일반적으로 곤충을 먹는 동물들에게 먹힌다. 족제비, 사향고양이, 재칼 같은 작은 사냥꾼은 아프리카주머니쥐, 날쥐, 땅다람쥐 같은 초식성 설치류를 먹는다. 사자, 들개, 치타, 하이에나 같은 큰 육식동물은 큰 초식동물을 잡아먹는다. 아프리카 평원에서 주로 보이는 동물은 바로 이 커다란 초식동물이며, 이들은 거의 다 되새김동물에 속한다.

톰슨가젤과 임팔라 같은 작은 종류도 있고, 일런드영양, 론영양, 토피영양처럼 큰 종류도 있다. 다른 초식동물이 먹지 못하는 높은 가지에 달린 잎을 가시에 찔리면서도 먹을 수 있는 기린이나 습지와 갈대밭에서 살면서 홍수가 날 때에만 평원까지 나가는 늪영양처럼 특수하게 적응한 종류도 있다. 그리고 코뿔소와 코끼리라는 되새김동물이 아닌 거대한 동물들도 있다. 이곳에서는 지금도 동물들이 이전 세기에 벨트와 프레리를 여행한 이들이 묘사한 내용을 떠올리게 할 만치 엄청난 무리를 짓고는 한다. 예전에 사이가영양과 스프링복, 들소가 그랬듯이 계절이 바뀔 때마다 더 좋은 풀밭을 찾아서 대규모 이주를 하는 종들도 있다.

이런 여행을 하는 동물들 중에서 누 떼가 가장 유명하다. 세렝게티에는 비가 균일하게 내리지 않는다. 남동부는 북서부보다 좀더 빨리 건조해진다. 5월쯤이면 이 지역의 풀은 거의 다 뜯긴 상태가 되기 때문에, 동물들은 이주해야 한다. 누 100만 마리에다가 얼룩말과 가젤까지 모여서 몇 킬로미터에 걸쳐 줄줄이 늘어서서 북서쪽으로 긴 여행을 시작한다. 우르르 밀려서 강도 건너며, 수가 워낙 많고 몰려 다니는 탓에 익사하는 개체도 많다. 뒤에서 계속 밀려드는 무리 때문에 어쩔 수 없이 강으로 뛰어드는 개체가 더 많다. 사자는 매복해 있다가 지친 여행자를 쉽게 잡는다. 무리는 매일 행군을 계속하여 200킬로미터쯤 여행한 뒤에 케냐 남부 마라의 무성한 풀밭에 다다른다. 그들은 그곳에서 머물면서 풀을 뜯는다. 그러나 11월이면 이 평원의 풀도 바닥나기 시작하며, 세렝게티 남동부에는 다시 비가 내리기 시작한다. 누 떼는 다시금 긴 여행에 나서야 한다.

덜 알려져 있기는 하지만, 수단 동쪽 끝에 사는 코브도 이주를 한다. 이들은 가뭄이 아니라 홍수 때문에 이주한다. 이 멋진 영양은 약 100만 마리가 살고 있으며, 수컷은 우아한 리라 모양의 뿔이 나 있다. 이들은 수단 남부의 풀로 뒤덮인 평원에 산다. 비가 오는 계절에 이들은 이곳에서 새끼를 낳는다. 비가 그치고 평원이 마르기 시작하면, 이들은 물이 빠지면서 그 자리에 새로 자라는 풀을 뜯어 먹으며 계속 북쪽으로 이주한다. 이들은 두 강 사이의 지역에 서식한다. 비가 내리면 이 강물은 불어 넘친다. 두 강은 에티오피아 국경에서 멀지 않은 곳에서 합쳐지며, 따라서 코브 떼는 갈수록 점점 더 서로 가까이 모이게 되고, 이윽고 밀려서 어쩔 수 없이 강을 건넌다. 해마다 물레족은 이곳에서 코브 떼를 기다린다. 며칠 사이에 5,000마리에 달하는 코브를 잡기도 한다. 이 사냥으로 이들은 가족과 함께 몇 달 동안 배불리 먹을 수 있다. 이 마지막 시련을 넘어서면 무리는 북부의 습지가 많은 초원과 풍족한 풀밭에 다다르며, 건기가 이어지는 몇 달 동안 이곳에서 지낸다.

오늘날 되새김동물은 풀을 먹는 대형 초식동물들 중에서 가장 성공한 부류이다. 인류 때문에 수가 크게 줄어든 지금도 종의 다양성과 개체 수 양쪽으로, 유일한 주요 경쟁자인 말보다 훨씬 더 많다. 이들의 체형은 대체로 먹는 풀의 특성에 따라서 정해진다. 풀이 자라는 평원은 탁 트여 있으므로, 그곳에 사는 동물은 포식자를 피하려면 빨리 달릴 수 있어야 한다. 되새김동물의 조상들은 여러 세대를 거치면서 이 능력을 획득했다. 그들은 발가락으로 섬으로써 다리가 더 길어졌다. 측면 발가락은 줄어들었고, 가운데 발가락은 튼튼해졌으며, 끝의 발톱은 두꺼워지면서 충격을 흡수하는 내구성 있는 발굽이 되었다. 아주 많은 평원에서 일어나는 현상인 불규칙한 강수 때문에 계절에 따라 풀의 생장 양상이 달라지는 데다가 풀밭을 찾아서 해마다 긴 이주를 해야 하는 상황이 겹쳐지면서, 이들은 생존하려면 충분히 큰 몸집을 갖추어야 했다. 풀을 효율적으로 소화할 수 있도록 위장은 여러 개의 커다란 방으로 나뉘었고, 이빨도 달라졌다. 풀은 땅에 붙어 자라기 때문에, 풀을 먹는 동물은 입에 흙과 모래가 어느 정도 들어가는 것을 피하기 어렵다. 게다가 풀잎이 본래 조금 질겨서 이빨이 심하게 닳을 수밖에 없다. 그래서 되새김동물은 평생토록 계속 자랄 수 있는 아주 커다란 짓이기는 어금니가 발달했다.

그러나 그 영향이 전적으로 한 방향으로만 일어난 것은 아니다. 되새김동물은 풀의 확산과 범위에도 영향을 미쳤다. 물이 많은 지역의 숲이 화재로 타버리거나 사람들이 숲을 베어버린다면, 그 지역은 곧 풀로 뒤덮일 것이다. 그러나 나무의 씨앗도 싹이 터서 자라기 시작하며, 1년쯤 지나면 풀에 그늘을 드리울 수 있고, 풀은 그런 조건에서는 자라지 못한다. 따라서 숲은 곧 풀을 대체하고, 자신의 영역을 되찾을 것이다. 그러나 되새김동물의 도움을 받으면, 침입한 풀은 그 지역을 영구 점령할 수 있다. 동물들이 풀을 뜯으러 다니면서 어린 나무들을 짓밟아 없앨 것이기 때문이다. 그렇게 짓눌려도 살아남는 것은 풀밖에 없다.

그러나 풀도 어느 정도의 비가 필요하다. 아프리카 사바나를 따라 계속 북쪽으로 나아가면, 강수량이 점점 줄어들고 땅이 메말라간다. 풀은 점점 줄어들면서 더 드문드문 흩어져 자라고, 가시덤불은 늘어난다. 큰 무리를 지어서 돌아다니는 영양도 찾아볼 수 없다. 모래에 동물의 흔적조차도 거의 보이지 않는다. 우리는 이제 또다른 세계인 사막으로 들어선다.

# 6
# 달궈지는 사막

사하라 사막은 지구에서 가장 큰 사막이다. 수단 북부와 말리의 관목 지대에서부터 지중해 연안까지 뻗어 있다. 지중해 연안의 로마 도시의 폐허를 모래바람이 휩쓸고 있다. 동쪽으로는 나일 강을 넘어 홍해의 바닷물과도 만난다. 서쪽으로는 5,000킬로미터 너머 대서양까지 닿는다. 이 사막에서는 어떤 강도 흐르지 않는다. 여러 해 동안 비 한 방울 내리지 않는 곳도 있다. 이곳은 그늘의 온도도 지구에서 가장 높은 58도를 기록했다. 모래로 덮인 지역도 있지만, 대부분은 바람에 깎인 자갈과 구르는 바위로 덮인 건조한 평원이다. 그리고 그 한가운데에는 기괴한 모습의 사암 산맥이 있다.

　이 산들은 고원인 타실리 나제르 꼭대기에 수직으로 서 있고, 그 주위로 깎아지른 낭떠러지, 위태위태한 첨탑, 굽은 아치 길이 마구 뒤엉켜 있다. 대부분은 산보다는 고층건물에 더 가까워 보인다. 많은 산들의 밑동에는 깊이 파이고 깎여서 생긴 얕은 동굴이 있다. 기울어진 버섯 모양으로 깎여나간 더 작은 기둥들도 있다. 이 모든 유별난 형상은 바람에 깎인 것이다. 자갈과 모래가 암석 표면에 충돌하고, 절벽 표면에 수평으로 홈을 파내고, 사암층 사이의 약한 부위를 더 깊이 파내면서 만들어졌다. 암석은 식생이나 토양의 보호를 받지 못하고 헐벗은 채 바짝 구워지는 바람에 계속 부서지면서 모래가 되고, 때때로 이 모래는 절벽을 할퀴는 돌풍에 휩쓸려 운반되어 마침내 다른 곳에 쌓인다.

그러나 이런 산의 모양이 모두 바람 때문에 생길 수는 없다. 첨탑들 사이의 골짜기는 다른 지역들에서 강줄기가 만드는 골짜기와 비슷한 경로를 따르며, 마치 예전에 더 작은 지류들이 모여서 큰 하천을 이루었던 것으로 보인다. 즉 이 땅에 한때 물이 풍부했음을 시사하며, 암석 자체에도 증거가 남아 있다. 돌출된 바위 아래 움푹 들어간 벽에는 빨간색과 노란색의 오커로 그린 동물의 그림들이 남아 있다. 가젤, 코뿔소, 하마, 세이블영양, 기린도 보인다. 기르는 동물의 모습도 보인다. 우아하게 굽은 뿔이 달린 얼룩소 무리도 있으며, 일부는 목걸이도 그려져 있다. 화가들은 자신의 모습도 그렸다. 소들 사이에 서 있거나, 오두막 옆에 앉아 있거나, 손에 든 활로 사냥을 하거나, 머리에 가면을 쓰고 춤을 추는 모습이다.

우리는 그들이 정확히 누구였는지 알지 못한다. 오늘날 사막 남쪽 가장자리 바로 너머의 가시덤불 사이를 돌아다니는 반쯤 야생인 뿔이 긴 얼룩소를 따라다니는 유목 민족의 조상이었을 수도 있다. 벽화가 정확히 언제 그려졌는지도 불분명하다. 구별되는 몇 가지 양식들로 볼 때, 상당히 오랜 기간에 걸쳐서 그려졌을 가능성이 높다. 가장 오래된 것은 약 1만 년 전에 그려졌을 수도 있다. 그러나 그림에 어떤 풍경이 그려졌든 간에 이 사막에서는 더 이상 찾아볼 수 없다는 점은 분명하다. 그토록 생생하게 그려진 이 동물들 중에서 오늘날 사하라 사막의 뜨겁게 달궈진 모래와 자갈에서 살 수 있는 것은 없다.

놀랍게도 그림이 그려진 시대부터 지금까지 살고 있는 생물도 1종류 있다. 깎아지른 암벽 사이에 난 좁은 골짜기에 서 있는 오래된 측백나무들이다. 줄기의 나이테로 판단할 때, 이들은 2,000–3,000년 된 나무들이다. 인근의 암벽에 마지막 그림이 그려졌을 당시에 이들은 어린 나무였다. 이리저리 비틀린 굵은 뿌리는 태양에 달궈진 암석 사이로 뻗으면서 틈새를 넓히고 바위를 기울이면서 지하의 수분을 찾아 깊이 파고든다. 먼지로 덮인 바늘잎은 그럭저럭 녹색을 유지하고 있으며, 갈색과 누렇게 뜬 녹슨 빛깔의 주변 암석 사이에서 유일하게 다른 색깔을 띠고 있다. 이들의 가지에서는 지금도 구과가 맺히며, 그 안의 씨는 여전히 싹을 틔울 수 있다. 그러나 땅이 너무나 메말라서 싹이 트는 씨는 전혀 없다.

오래 전에 타실리 고원뿐 아니라 사하라 전체가 기후 변화로 사막이 되었다. 사막화는 약 100만 년 전 지구를 얼렸던 대빙하기의 위세가 약해지면서 시작되었다. 북극권에서부터 확장되어 북해를 총빙으로 뒤덮었고 영국 남부와 독일까지 얼려버렸던 빙하가 물러나기 시작했다. 그때 타실리 고원을 비롯한 아프리카의 이 지역은 더 습해지면서 비교적 식생이 무성해졌지만, 약 5,000년 전부터 비구름이 남쪽으로 이동하면서 사하라는 점점 건조해졌다. 풀과 덤불은 점점 시들어 죽어갔다. 얕은 호수는 증발했다. 동식물 집단은 물과 풀을 찾아서 남쪽으로 향했다.

토양은 바람에 흩날려 사라졌다. 이윽고 넓은 호수가 군데군데 있던 드넓은 기름진 평원은 헐벗은 암석과 흩날리는 모래만이 가득한 곳으로 변했다.

이런 일이 처음 일어난 것은 아니었다. 북유럽을 뒤덮은 빙원이 몇 차례 확장과 수축을 반복함에 따라서, 사하라 평원도 비옥해지고 건조해지는 시기를 몇 차례 오락가락했다. 아무튼 전 세계에서 적도 남쪽과 북쪽 양쪽으로 이 위도에 있는 땅이 전부 그렇듯이, 아프리카의 이 넓은 지역도 늘 가뭄에 시달렸다.

비가 지구의 표면에 균일하게 내리지 않는 이유는 궁극적으로 태양이 지표면을 불균일하게 데우기 때문이다. 극지방은 약하게 덥히고, 적도는 뜨겁게 달군다. 그 결과 적도에서 뜨거운 공기가 상승했다가 남북의 더 차가운 위도로 흘러가서 하강한다. 따뜻한 공기는 차가운 공기보다 수분을 더 많이 머금을 수 있으므로, 적도에서 상승하는 공기는 처음에는 아주 습하다. 그러나 상승함에 따라서 공기는 차가워지고, 수분은 응축하여 구름이 되었다가 이윽고 비가 되어 내린다. 수분을 잃으면서 높은 고도까지 올라간 공기는 적도에서 남북으로 약 1,500킬로미터 떨어진 남회귀선과 북회귀선을 향해 흐른 뒤, 이윽고 하강하기 시작한다. 이때쯤에는 지녔던 수분을 모조리 잃은 뒤여서, 그 아래의 땅에는 비가 전혀 내리지 않는다. 게다가 지표면으로 내려가면서 다시 데워진 공기가 지표면 가까이에 있는 모든 수분을 빨아들인다. 이렇게 수분을 빨아들인 공기는 다시 적도로 돌아간다. 따라서 이 대기 순환은 북회귀선과 남회귀선 주변에 바짝 마른 지대를 조성한다. 기하학적으로 보면 이 지대는 균일하지 않다. 지구가 대기라는 덮개 안에서 자전을 하고 있기 때문에, 상층 대기에서 거대한 소용돌이가 생기며, 지표면에 육지와 바다, 산맥과 평원이 불규칙하게 분포해 있어서 더욱 일그러지고 뒤엉킨 양상이 나타난다. 그래도 큰 규모에서 벌어지는 패턴은 유지된다. 적도에 걸쳐 있는 대륙에서는 그 남북으로 사막이 펼쳐진다. 사하라 사막은 중앙아프리카에서 비에 흠뻑 젖는 숲의 남쪽에 놓여 있고, 그 숲의 북쪽에는 칼라하리 사막과 나미브 사막이 있다. 아메리카에서는 미국 남서부의 모하비 사막과 소노란 사막, 남아메리카의 아타카마 사막이 그에 상응한다. 아시아에서는 동남아시아의 밀림으로 뒤덮인 육지와 섬 북쪽으로 투르키스탄과 인도 중부에 드넓은 사막이 있고, 남쪽으로는 오스트레일리아 중앙의 드넓은 사막이 있다.

사막 상공에는 구름이 없는데, 이 때문에 이중의 효과가 생긴다. 구름이 없다는 것은 내릴 비가 전혀 없다는 의미인 동시에, 낮에 뜨거운 햇빛을 가려줄 그늘이 땅에 아예 생기지 않고 밤에 열기를 보존할 담요도 전혀 없다는 뜻이다. 사막은 낮에 지구의 그 어느 곳보다도 뜨거워지지만, 밤에는 기온이 영하까지 떨어질 수 있다. 24시간마다 조건이 이렇게 큰 폭으로 변한다는 사실 자체는 사막에 터를 잡고 살아가는 생물들에게 커다란 문제를 안겨준다.

대부분은 꽤 직접적인 방법으로 대처한다. 그들은 가능한 한 극단적인 온도를 접하지 않으려고 애쓴다. 작은 포유류는 낮에 바위 밑이나 굴속의 컴컴한 곳에 몸을 숨긴 채 머무른다. 그런 은신처는 태양이 뜨겁게 내리쬐는 곳보다 상당히 시원하며, 어느 정도는 그 동물 자체의 호흡 때문에 지상보다 습도도 몇 배 더 높게 유지되므로 수분도 훨씬 더 적게 잃는다. 그래서 낮 시간의 거의 대부분을 그 안에서 머물다가 해가 지평선을 넘어간 뒤에야 비로소 활동을 시작한다.

사하라 사막에 어둠이 깔리자마자 생쥐처럼 생긴 모래쥐와 뛰는쥐가 조심스럽게 밖으로 기어나온다. 이들은 초식동물이다. 풀은 거의 없지만 그래도 자라는 곳이 있고, 바람에 실려서 온 씨앗이나 죽은 식물의 잔해도 약간의 먹이를 제공할 수 있다. 도마뱀붙이는 빠르게 달리면서 식어가는 바위 사이를 돌아다니며 딱정벌레 같은 곤충을 찾는다. 포유류 사냥꾼들도 나타난다. 사막여우는 커다란 삼각형 귀를 쫑긋거리면서 모든 소리에 귀를 기울이며 바위 사이를 소리 없이 총총 돌아다니면서 땅에 코를 대고 누가 언제 지나갔는지 냄새 흔적을 찾는다. 따라가다가 작은 모래쥐를 찾아낼 수도 있다. 모래쥐를 빠르게 덮침으로써 사막여우는 오늘의 첫 식사를 하고 모래쥐는 생애를 마친다. 고양이의 일종인 카라칼과 줄무늬하이에나도 불쑥 모습을 드러내며, 중동 지역 사막의 곳곳에는 훨씬 북쪽에 사는 더 친숙한 친척들보다 몸집이 더 작고 털도 더 가늘고 색깔이 옅은 늑대도 출현한다. 신대륙의 사막에서도 비슷한 초식동물들과 그들을 잡는 사냥꾼들이 돌아다닌다. 이곳에서는 캥거루쥐가 씨를 찾아 총총 뛰어다니고, 스위프트키트여우와 코요테가 그들을 사냥한다.

처음의 허기를 어느 정도 달래고 나면, 활동은 더 느려진다. 기온은 계속 떨어진다. 도마뱀붙이는 온기를 잃어가자 바위 틈새로 다시 숨어든다. 자체적으로 열을 낼 수 있는 포유류는 몹시 추워지는 한밤중까지도 식물을 찾거나 사냥을 계속할 수 있지만, 그들도 대개 새벽이 오기 전에 굴과 은신처로 숨는다.

동쪽 지평선에서 해가 떠오를 즈음에는 새로운 동물들이 모습을 드러낸다. 아메리카 서부의 사막에서는 아메리카독도마뱀이 사냥에 나서는 시간이다. 멕시코에 사는 가까운 친척 종인 멕시코독도마뱀을 제외하면, 이들은 세계에서 유일하게 진정으로 독이 있는 도마뱀이다. 몸길이는 약 30센티미터이며, 뭉툭한 꼬리와 구슬처럼 반질거리는 비늘로 덮여 있으며, 비늘은 분홍색도 있고 검은색도 있어서 알록달록하다. 이들은 이른 새벽에는 행동이 아주 굼뜨다. 그러나 해가 떠서 몸이 데워지면 움직임이 점점 빨라진다. 이제 곤충, 새알, 어린 새를 덥석 잡으면서 돌아다닐 것이다. 더 나아가 대담하게 사막주머니생쥐의 소굴을 덮쳐서 새끼뿐 아니라 성체까지 잡아먹을 것이다. 오스트레일리아에서는 길이가 10센티미터쯤 되는 도깨비도마뱀이 나와서 개미를 잡아먹는다. 이들은 개미가 다니는 길 옆에 앉아서 혀를 날름거리면서 체계적으로 개미를 낚아채 먹는다. 개미들은 옆의 개미가 사라져도 개의치 않고 줄기차게 행군을 계속한다. 땅거북도 사막 곳곳의 틈새나 구멍 안에서 기어나온다.

이들의 부산한 활동도 오래 이어지지 않는다. 몇 시간 뒤 태양이 높이 떠오르면, 사막은 다시 뜨겁게 달궈진다. 파충류도 포유류처럼 과열에 시달릴 수 있으며, 해가 뜬 지 4-5시간이 지나면 이들도 너무 뜨거워서 다니지 못한다. 이제 돌 위로 아지랑이가 이글거린다. 바위는 사람의 몸이 닿으면 델 정도로 뜨겁다. 공기는 너무 건조하고 뜨거워서 땀이 난다는 사실을 알아차리기도 전에 증발될 것이다. 몸은 1시간 사이에 수분을 1리터나 잃을 수 있다. 물을 마시지 않은 채 낮에 계속 햇빛을 받고 있다면, 곧 목숨을 잃을 것이다. 가장 미미한 근육의 움직임도 열을 발생시킨다. 열을 내지 않은 채 몸을 움직인다는 것은 불가능하다. 게다가 쨍쨍한 하늘에서 태양이 줄곧 무자비하게 내리쬐고 있다.

열은 동물뿐 아니라 식물도 위협한다. 식물도 증발산을 통해서 물을 너무 많이 잃으면 갈증으로 죽을 것이다. 사막갯는쟁이는 그늘이라고는 전혀 없는 아메리카 사막의 탁 트인 곳에서 자란다. 호랑가시나무의 잎처럼 생긴 잎이 수직으로 70도 각도로 세워져 자람으로써 햇빛이 닿는 면적을 줄인다. 낮 동안 거의 내내 햇빛은 잎의 가장자리에만 닿는다. 해가 낮게 뜨고 아직 서늘한 아침에만 햇빛이 잎 표면에 계속 닿음으로써, 광합성에 필요한 에너지를 제공한다. 사막갯는쟁이의 잎은 염분도 분비한다. 땅에서 흡수하여 수액을 통해서 잎으로 운반된 이 염분은 잎 표면에 미세한 하얀 가루처럼 달라붙어서 운동선수의 흰옷처럼 열을 일부 반사한다.

몇몇 동물들도 한낮의 태양 아래에 돌아다닌다. 칼라하리땅다람쥐는 복슬복슬한 꼬리를 파라솔로 삼는다. 꼬리를 머리 위로 치켜세워 털을 쫙 펼친 뒤, 조금씩 자리를 옮기면서 몸에 그늘이 계속 드리워지도록 한다. 한편 피를 방열기로 사용하여 몸을 식히는 동물도 있다. 아메리카의 잭토끼, 고비사막의 고슴도치, 오스트레일리아의 반디쿠트는 사하라 사막의 사막여우와 같은 장치를 쓴다. 바로 커다란 귀이다. 이들의 커다란 귀는 분명히 사막에서 온갖 소리를 듣는 데에 유용하지만, 이들의 귀는 음향학적으로 필요한 수준을 넘어설 만치 크다. 이 귀에는 피부 가까이에 미세한 혈관들이 그물처럼 뻗어 있으며, 이들은 이 귀를 바람을 향하게 함으로써 피를 식힌다.

액체를 이용해서 바람의 냉각 효과를 높이는 동물도 있다. 액체가 기체로 변할 때 열을 흡수하는 물리적 과정이 일어난다. 따라서 물은 증발하면서 주변에서 열을 흡수한다. 포유류가 땀을 흘려서 몸을 식히는 것도 그 때문이다. 헐떡이는 것도 비슷한 효과를 일으킨다. 축축한 입 안으로 공기를 빠르게 들락거리게 해서 침이 증발되고 그 밑에 있는 피가 식는다. 땅거북은 기온이 40.5도를 넘을 만치 정말로 뜨거워지면, 침을 마구 흘려서 머리와 목을 적신다. 때로는 방광에 으레 모아두는 다량의 액체를 흘려보내서 뒷다리를 적시기도 한다. 오스트레일리아의 캥거루는 팔의 안쪽 피부 가까이에 특수한 모세혈관망을 갖추고 있다. 기온이 너무 올라가면, 그 바로 위에 있는 털을 혀로 계속 핥아서 침을 바른다. 침은 증발하면서 그 아래의 피에 든 열기를 흡수한다.

조류는 대부분의 동물들보다 열을 배출하는 능력이 더 뛰어나다. 물론 세계 대부분의 지역에서 조류의 깃털은 체온을 보존하는 역할을 한다. 그러나 단열재는 어느 방향으로든 간에 열이 통과하지 못하게 막으므로, 열이 몸에서 빠져나가지 못하게 하는 것만큼 열이 몸으로 들어오는 것도 막는다. 깃털의 보호를 받는 덕분에 많은 새들은 사막에서 태양이 쬐는 낮에도 멀쩡히 돌아다닐 수 있다. 하지만 때때로 몸을 식힐 필요가 있으므로 조류는 포유류가 헐떡이는 것보다 더 효율적인 방법을 이용한다. 그들은 목을 부풀리면서 씰룩거린다. 근육을 써서 가슴을 부풀릴 필요 없이 축축한 입 안으로 공기가 흐르게 하는 방법이다.

땀흘리기, 헐떡거리기, 목 부풀리기, 핥기—몸에 저장한 소변을 배설하는 것은 말할 필요도 없이—는 모두 몸을 식히는 효과적인 방법일 수 있지만, 사막의 동물들이 그런 방법을 쓴다면 혹독한 대가를 치르게 된다. 바로 가장 가치 있는 물품인 물을 잃게 된다. 동물과 식물 할 것 없이 모든 사막 생물은 몸속의 액체를 보존하기 위해서 많은 노력을 기울인다. 그들의 똥은 대개 극도로 말라 있다. 낙타의 똥은 거의 싸자마자 연료로 태울 수 있을 정도이다. 또 많은 파충류의 똥은 마른 가루를 뭉친 것이나 다름없다. 요산 같은 수용성 노폐물을 제거하는 수단으로 물을 쓸 때에도 아주 경제적으로 사용한다. 사람의 소변은 92퍼센트가 물인 반면, 캥거루쥐의 소변은 물이 70퍼센트에 불과하다. 사하라 사막의 한 도마뱀은 콧구멍의 분비샘을 통해 과다 염분을 배출하기까지 한다.

많은 사막 생물들에게는 물을 찾는 것이 삶의 최우선 과제이다. 필요한 물의 양을 극도로 줄인 극소수의 종들은 먹이로부터 추출하는 양만으로도 충분해서 물을 아예 마시지 않고도 살아갈 수 있다. 사막여우와 재칼은 잡은 동물의 체액, 도르카스가젤은 나뭇잎의 수액, 캥거루쥐는 씨에서 물을 얻는다. 한두 종은 몹시 긴급한 상황에서는 저장된 지방을 몸속에서 분해하여 물을 생성할 수 있다. 그러나 오릭스와 캥거루 같은 많은 대형 포유류들은 풀을 뜯는 곳에서 몇 군데 흩어져 있는 샘까지 매일 오가야 한다.

사막에 사는 새들도 마찬가지로 물이 있는 곳까지 매일 오갈 때가 많다. 번식기에는 더욱 그렇다. 새끼는 성체만큼 많은 물을 필요로 하며, 먹이를 통해서 물을 충분히 얻지 못한다면 다른 방법으로 물을 공급받아야 한다. 아프리카의 사막꿩은 고여 있는 물에서 40킬로미터 떨어진 곳에 둥지를 틀고는 한다. 수컷은 이 거리를 오가면서 독특한 방식으로 새끼에게 줄 물을 운반한다. 처음 웅덩이에 오면 먼저 자신의 목을 축인다. 그런 뒤 웅덩이 가장자리로 들어가서 선 자세로 배의 깃털을 물에 적신다. 수컷의 배에는 다른 모든 새의 깃털에는 없는 독특한 구조가 있어서, 마치 스펀지처럼 물을 빨아들인다. 물이 잔뜩 흡수되면, 수컷은 둥지로 날아간다. 수컷이 내려앉으면 새끼들이 몰려들어서 목을 위로 쭉 빼고서 마치 강아지가 어미의 젖꼭지를 빨 듯이 깃털을 빤다.

미국 애리조나와 멕시코의 사막에서는 경쾌하게 돌아다니면서 뱀을 사냥하는 새인 길달리기새가 긴 다리로 질주하는 모습을 종종 볼 수 있다. 이들은 다른 방법으로 새끼에게 물을 준다. 부부는 선인장이나 가시 덤불에 둥지를 짓고 새끼를 두세 마리 기른다. 새끼는 놀라울 만치 일찍부터 도마뱀과 곤충을 소화할 수 있다. 부모는 죽은 도마뱀을 부리로 물고 오면, 곧장 넘기지 않는다. 새끼가 부리를 쩍쩍 벌리면서 달라고 하면 부모는 도마뱀을 새끼의 입에 밀어넣는다. 그러나 도마뱀을 놓치는 않는다. 둘이 먹이를 놓고 다투는 양 서로 먹이를 꽉 문 채로 있을 때, 부모의 목 안쪽에서 액체가 흘러나와서 새끼의 입으로 똑똑 떨어진다. 몇 분 전에 부모가 삼켜서 멀떠구니에 저장했던 물이 아니다. 사실 근처에 물이라고는 전혀 없을 수도 있다. 이 물은 소화라는 생리 과정을 통해 부모의 위장에서 생긴 것이다. 새끼는 좋든 싫든 간에 적당한 양의 물을 마신 뒤에야 비로소 고기를 먹을 수 있다.

사막 식물도 물이 거의 없는 환경에서 물을 모으는 문제를 해결해야 한다. 미국 남서부의 사막에서 자라는 크레오소트덤불만큼 효율적으로 이 일을 해내는 식물은 거의 없다. 이 식물은 깊은 지하수에 의존하지 않는다. 사막에서는 지하수가 식물이 다다를 수 없는 깊이에 있는 경우가 많다. 그래서 식물은 이슬이 맺혀서 생기는 얇은 수분 막이나 아주 드물게 비가 내려 지표면에서 몇 센티미터까지 암석 입자를 적시는 빗물에 의지한다. 자갈 섞인 흙에 깊고 철두철미하게 파고든 작은 뿌리 망으로 흡수할 수 있는 모든 물 분자를 하나도 남김없이 빨아들이는 듯하다. 각 덤불은 수분을 충분히 빨아들이려면 넓은 면적이 필요하며, 아주 건조한 지역에서 일단 자리를 잡으면 너무나 효율적으로 물을 빨아들이는 탓에 주변 1미터쯤 이내에는 다른 식물이 아예 살 수가 없다. 다른 식물 종뿐 아니라, 자신의 씨에서 싹튼 어린 식물도 마찬가지이다. 따라서 각 덤불은 씨를 떨어뜨려서 새로운 개체를 근처에서 자라게 하는 방식이 아니라, 서서히 뻗어나가는 뿌리 망에서 새로운 줄기를 내밀어 모여 자라는 경향이 있다. 덤불이 밖으로 뻗어나갈 때 중앙의 줄기는 대개 죽기 때문에, 이윽고 덤불은 고리 모양으로 퍼져나간다. 경쟁할 상대가 전혀 없으므로 덤불은 밖으로 계속 뻗으면서 고리는 점점 더 커진다. 현재 지름이 25미터에 달하는 것도 있다. 이런 고리의 각 줄기 자체는 아주 오래된 것이 아니지만, 한 개체라고 여겨지는 이 식물은 한자리에서 1만−1만2,000년을 자랐을 수도 있다. 따라서 이 크레오소트덤불은 세계에서 가장 장수하는 생물에 속한다.

몇몇 사막 식물들은 다른 전략으로 물을 모은다. 그들은 소량의 물을 다소 끊임없이 계속 흡수하는 크레오소트덤불과 달리, 거의 해마다 한 차례 억수같이 비가 퍼붓는 시기에 가능한 한 많은 물을 재빨리 흡수하여 저장한다. 선인장은 이 기법의 전문가이다. 선인장은 약 2,000종

**위** 시베리아 남서부에서 겨울에 첫 눈이 내린 뒤의 낙엽송과 소나무로 이루어진 숲.

**아래** 특수하게 적응한 부리로 구과에서 씨를 빼먹는 흰죽지솔잣새 암컷.

**위** 깊이 쌓인 눈 위를 걸어가는 스라소니. 이런 조건에서는 사냥하기가 매우 힘들고 먹이도 거의 눈에 띄지 않는다.

**아래** 봄에 과시 행동을 하는 수컷. 수컷은 뇌조 중에서 가장 커서 다 자란 칠면조만 하며, 큰 소리를 지르며 과시 행동을 하면서 암컷을 유혹한다.

울버린은 얇게 얼어붙은 눈 위를 돌아다닐 수 있을 만치 작지만, 눈에 갇힌 자신보다 큰 먹이도 잡을 수 있을 만치 강하다.

**위** 도토리딱따구리가 참나무 껍질에 식량 창고를 만들고 있다. 미국 남서부.

**맞은편** 큰회색올빼미가 막 생쥐를 잡은 모습. 핀란드.

**맞은편** 코스타리카 우림의 수관에서 나뭇가지에 매달린 두발가락나무늘보 암컷과 새끼.

**위** 하피수리 새끼가 날 준비를 하고 있다. 브라질.

**아래** 검은머리거미원숭이 새끼가 두 발과 한쪽 손, 꼬리로 나뭇가지에 매달려 있다. 페루.

**위** 앞다리와 사타구니 사이의 피부막을 펼치고 갈비뼈의 튀어나온 부위로 지탱하면서 활공하는 날도마뱀. 인도네시아.

**아래** 그물무늬독화살개구리. 피부샘에서 강력한 독을 분비하며, 화려한 색깔로 포식자에게 독이 있음을 경고한다. 지역 주민들은 이 독을 추출해서 바람총의 화살촉에 바른다. 암컷은 올챙이를 등에 태우고 우림을 돌아다닌다. 프랑스령 기아나.

**위** 마다가스카르 북서부에서 버섯의 갓 위에서 헤엄치고 있는 마다가스카르맹꽁이.

**아래** 남아메리카에서 나무와 땅 양쪽에서 살아가는 작은개미핥기. 끈끈한 긴 혀로 매일 개미와 흰개미를 9,000마리까지 먹는다.

**위** 남아메리카의 이 나무처럼 열대우림의 나무는 100미터 이상 자랄 수 있다. 뿌리는 비교적 얕으며, 가장 큰 나무들은 밑동에서 4−5미터 높이까지 넓은 판자 같은 버팀대를 줄기 옆으로 뻗어서 지탱한다.

**맞은편** 라기아나극락조 수컷이 머리를 숙이고 날개를 쫙 펼치고 옆구리의 깃털들을 높이 치켜올린 채 과시 행동을 하고 있다. 파푸아뉴기니.

**위** 미국 몬태나의 초원에서 풀을 뜯고 있는 들소들.

**아래** 오스트레일리아 북부의 나침반흰개미. 그림자를 통해서 뚜렷이 드러나듯이 둔덕은 넓적한 끌 모양이다. 둔덕은 남북으로 향해 있어서, 이른 아침에는 햇빛에 동쪽 면이 따뜻해지고, 오후와 저녁에는 서쪽 면이 데워진다.

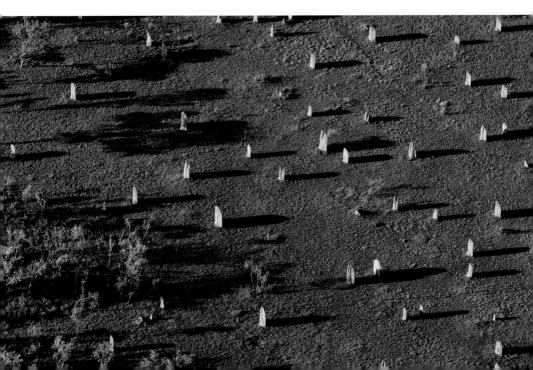

**위** 코스타리카에서 바나나 잎을 원반 모양으로 자르고 있는 잎꾼개미들. 이들은 자른 잎을 땅속의 집으로 운반해서 먹이인 곰팡이를 배양하는 데 쓴다.

**아래** 큰개미핥기는 길게 늘어난 머리 끝에서 덥수룩한 거대한 꼬리 끝까지 거의 4미터까지 자랄 수 있다. 사람의 방해가 없다면, 밤낮으로 돌아다니면서 24시간 내내 개미와 흰개미를 수천 마리씩 먹어치울 수도 있다.

**오른편** 남아메리카의 레아는 아프리카의 타조에 해당하지만, 훨씬 더 작고 발가락이 3개이다. 타조는 발가락이 2개이다.

**아래** 굴올빼미. 스스로 완벽하게 굴을 팔 수 있지만, 대개 프레리도그 같은 굴을 파는 포유동물이 판 굴을 빼앗는 쪽을 선호한다.

**위** 현생 설치류 중에서 가장 큰 동물인 카피바라. 눈, 귀, 콧구멍이 모두 머리 위쪽에 있어서, 몸을 거의 완전히 물에 담근 채 육상 포식자가 접근하는지 살필 수 있다.

**왼편** 북아메리카에서 가장 빠른 네발동물인 가지뿔영양은 시속 약 80킬로미터로 달릴 수 있다. 예전에 아프리카 사바나의 영양에 맞먹을 만치 초원에 엄청난 무리를 지어 살았다. 약 1억 마리에 달했던 개체 수는 무분별한 사냥으로 1만9,000마리까지 줄어들기도 했다. 지금은 엄격한 보호를 받으면서 약 50만 마리로 늘어났다.

**위** 케냐 마라 강을 건너는 누 떼. 세렝게티 평원에 비가 내리는 지역을 따라서 연간 이주를 한다.

**아래** 갈기늑대는 브라질과 파라과이의 초원에 살며, 아르마딜로와 작은 설치류 같은 동물뿐 아니라 과일도 많이 먹는다. 다리가 왜 이렇게 긴지는 수수께끼이다.

이 있으며, 자연 상태에서는 아메리카에서만 산다. 그중 사와로선인장은 가장 큰 편에 속한다. 키가 거의 15미터까지 자라며, 하나의 기둥 형태이거나 가지를 쳐서 손가락을 수직으로 세운 모양이다. 주름치마처럼 위아래로 길게 홈들이 나 있다. 폭풍우가 찾아오면, 사와로선인장은 젖은 땅에서 빗물을 빨아들인다. 많이 빨아들일수록 주름진 부위가 점점 부풀어오르면서 줄기의 둘레 자체가 상당히 늘어난다. 커다란 사와로선인장은 하루 사이에 물을 1톤까지 빨아들일 수 있다. 그 물은 간직해야 한다.

이제는 증발이 적이다. 수증기는 잎의 기공을 통해서 빠져나갈 수밖에 없으므로 북쪽 지방의 얼어붙은 기온 때문에 가뭄이 지속되는 곳과 마찬가지로, 이 바짝 말라서 구워지는 사막에서도 많은 식물들은 비교적 기공이 적은 아주 작은 잎을 달고 있다. 사와로선인장을 비롯한 선인장들은 거기에서 한 단계 더 나아갔다. 이들의 잎은 가시로 변했다. 대신에 기공은 불룩한 줄기에서 발달했다. 줄기는 녹색을 띠고 광합성도 넘겨 받았다. 가시는 초식동물로부터 식물을 보호하는 것 외에 다른 일들도 한다. 어쨌든 사막에는 초식동물이 거의 없다. 가시는 식물을 휘감을 수 있는 공기의 흐름을 전부 끊어놓는다. 그래서 사와로선인장은 사실상 고여 있는 공기로 된 보이지 않는 외투를 계속 입고 있는 셈이다. 기공은 소나무 바늘잎과 마찬가지로 홈의 바닥에 나 있어서 마르지 않도록 더욱 보호되어 있다. 게다가 선인장은 특수한 화학적 과정을 개발함으로써, 낮에는 거의 기공을 닫고 있다가 기온이 떨어진 밤에 열어서 이산화탄소와 산소를 교환하는 증산 작용을 할 수 있다. 이런 온갖 장치를 갖춘 덕분에, 사와로선인장은 증발산으로 생기는 물 손실을 최소한으로 줄여서 해가 지나도 물의 대부분을 간직하며, 새로운 조직을 점점 늘려서 다시 폭풍우가 찾아올 때 엄청난 물통을 채울 기회를 얻는다.

사와로 지역을 여행하는 이들은 갈증에 시달리다가 주변에 서 있는 이 엄청난 물통을 덮치고 싶은 유혹에 빠질 수도 있다. 이는 그다지 현명하지 못한 행동이다. 사와로선인장의 수액은 독성이 강해서 마시면 목숨을 잃을 수도 있다. 그러나 물을 저장하는 식물이 모두 그렇지는 않다. 사실 오스트레일리아 중부의 원주민과 칼라하리의 부시맨은 건기에 그런 식물들에서 물을 얻는다. 사막에 사는 부족들은 전문교육을 받은 식물학자를 부끄럽게 만들 만치 뛰어난 식물학자이다. 나는 오스트레일리아 중부의 붉은 사막에서 물을 찾는 원주민을 따라간 적이 있다. 그는 목을 빼고 좌우를 두리번거리는 나와 달리, 목을 움직이지도 심지어 시선을 돌리지도 않은 채 확신에 찬 모습으로 빠르게 걸었다. 마치 모래에 난 흐릿한 작은 발자국, 돌의 모양, 식물의 줄기와 잎의 특징 등을 한눈에 꿰으뚫면서 모든 주변 상황을 인식할 수 있는 듯했다. 그러다가 겨우 작은 잎 두 개가 달린 짧고 형클어진 줄기 옆에 망설임 없이 무릎을 대고 앉았다. 내 눈에는 앞서 지나친 다른 많은 줄기들과 똑같아 보였다. 그러나 그는 확실히 다른 중요한 특징이 있다고 보았다. 그는 막대기를 빠르고 힘차게 찔러넣으면서 식물 주위의 흙을 팠다. 이윽고 깊이 30센티미터의 구덩이가 파였다. 연필처럼 가는 줄기 아래에 축구공만 한 둥근 뿌리가 있었다. 손으로 뭉개어 쥐어짜자 수액이 똑똑 떨어졌다.

갈증을 달래기에 충분했다. 우리의 목숨을 구할 수도 있었을 것이다.

아프리카 남서부 칼라하리 사막의 부시맨도 비슷한 전문 지식을 갖추고 있다. 그렇게 물을 저장하는 뿌리가 있는 식물은 몇 종류가 있지만, 모두 마실 만한 물을 제공하는 것은 아니다. 일부 수액은 너무 써서 부시맨조차도 삼키지 못한다. 그렇다고 해서 버리지는 않는다. 그 수액으로는 얼굴과 몸을 닦는다. 따라서 피부를 적시고 시원하게 하는 역할을 한다.

부시맨만이 사막에서 살아가기에 알맞은 특수한 해부학적 적응 형질을 갖춘 것은 아닌 듯하다. 모든 사람은 섭취한 음식물을 지방으로 저장한다. 그러나 우리 대다수가 가지고 있는 배와 팔다리를 에워싼 지방층은 사막에서는 매우 불리하다. 피부를 통해 몸에서 체열이 빠져나가기 어렵게 만들기 때문에, 움직일 때마다 근육에서 열이 나는 여행자는 몸을 식히기가 매우 어렵다. 일부 부시맨, 특히 여성은 지방을 엉덩이에 축적함으로써 이 효과를 방지한다. 그래서 그들의 체형은 몸은 깡마른 반면에 엉덩이가 두드러지게 크다. 외부인에게는 조금 이상해 보일 수도 있다. 사실 부시맨의 사막에 오는 모험을 감행하는, 지방으로 덮이고 땀을 줄줄 흘리는 다른 종족의 여행자들로서는 부러워해야 마땅하다.

몸을 식히고 물을 보존하는 서로 얽힌 문제들은 모든 사막의 모든 동식물이 겪는 것이다. 그러나 사막은 균일하지 않다. 지역마다 처한 문제와 자원이 다르며, 각 생물은 나름의 독특한 방식으로 그런 문제를 해결하고 자원을 이용해야 한다.

칼라하리 북부의 나미브 사막에는 다른 사막에는 거의 없는 수분 공급원이 하나 있다. 바로 사막과 접하고 있는 해안이다. 밤이 되면 으레 바다에서 생긴 안개가 사막으로 밀려든다. 안개는 사막 위로 흐르면서 응축되어 물방울이 된다. 나미브 사막에는 이 물방울에 의존하는 생물이 몇 종 있다. 검고 다리가 긴 사막거저리는 그런 밤이면 모래언덕 위로 올라가서 등성이를 따라 나란히 늘어선다. 그들은 해안을 향해 고개를 숙이고 배를 높이 치켜드는데 시간이 지남에 따라서 조금씩 발을 옮긴다. 안개가 흘러갈 때 그들의 몸에는 수분이 응축되어 맺힌다. 다리를 들어올리면 맺힌 물방울은 배를 거쳐서 이윽고 입으로 흘러든다.

안개는 나미브 사막에서 가장 장관을 이루는 식물은 아니지만, 그곳의 독특한 식물인 웰위치아에도 수분을 공급한다. 이 식물은 거대한 순무와 비슷한 부풀어오른 커다란 뿌리가 있다. 오래된 개체는 뿌리 위쪽의 지름이 1미터에 달하고 땅 위로 수십 센티미터 높이까지 솟아 있기도 한다. 이 흉터 투성이에다가 비틀려 있는 윗부분에서 커다란 띠 같은 잎이 2개, 딱 2개만 자란다. 이 뿌리 위쪽의 생장점에서 뻗어나온 두 잎은 녹색을 띠고 매끄럽고 넓적하며, 서로 반대 방향으로 뻗어나간다. 커다란 대패에서 깎아낸 대팻밥처럼 위로 말렸다가 비틀리면서 끝이 갈라지기도 하면서 땅 위로 계속 뻗어나간다. 잎 끝은 바람에 이리저리 흔들리면서 돌 바닥에 긁혀서 너덜거리면서 시든다. 그렇게 끝이 닳아서 없어지지 않는다면, 웰위치아의 잎은 세계에서 가장 긴 잎이 될 것이다. 자라는 속도가 아주 느리기는 하지만, 이 식물은 1,000년 넘게 살 수 있다. 그렇게 오래된 개체의 잎이 닳지 않은 채 뻗어나간다면 길이가 수백

미터에 달할 것이다. 언뜻 생각하면 이렇게 잎이 아주 크다는 것이 비정상으로 여겨질 수도 있다. 대부분의 사막 식물은 물 손실을 최소화하기 위해서 잎이 아주 작아졌으니까. 그러나 웰위치아의 잎은 물을 잃기는커녕 물을 모으는 역할을 한다. 이 왁스질 표면 바로 안쪽에는 줄줄이 뻗어 있는 가느다란 섬유 다발이 있다. 이 섬유는 흡수력이 있다. 이슬이 맺힐 때 물 분자는 먼저 표면에서 흡수되었다가 섬유를 통해 잎 안쪽으로 더 깊숙이 빨려든다. 또 고인 이슬들은 잎을 타고 흘러서 너덜거리는 가장자리에서 땅으로 떨어져서 뿌리를 통해 흡수된다.

일부 사막에서는 해마다 꽤 일정한 시기에 억수같이 비를 퍼붓는 폭풍우가 찾아온다. 그래서 동물들은 물이 비교적 풍부한 이 짧은 기간에 가장 활발하게 활동을 벌인다. 한 해의 대부분의 시기에, 때로는 몇 년 동안 그들은 거의 활동을 중단한 채 숨어서 지낸다. 이런 시기에 사막을 돌아다니는 여행자는 주변에 생명이 풍부하다는 단서를 전혀 찾아내지 못할 것이다.

그러다가 빗방울이 떨어지기 시작하면 갑자기 활기가 돈다. 빗방울은 잎이 갈색으로 변하고 너덜거리면서 삭아내리고, 씨가 맺힌 이삭이 줄기에 달라붙은 채 마르고 부서지는 시들어 죽은 덤불에도 내린다. 그러면 갑자기 생명이 돌아오는 양 보인다. 씨를 덮고 있던 말라붙은 것들이 뒤로 젖혀지면서 그 안의 씨가 모습을 드러낸다. 몇몇 식물에서는 씨가 공중으로 1미터쯤 튀어오르기도 한다. 그러나 갑자기 생명이 돌아온 듯한 이같은 모습은 착각이다. 이런 행동은 전적으로 기계적으로 이루어진다. 죽은 조직의 부위마다 빗물이 흡수되는 양상이 다르기 때문이다. 어떤 부위는 말리고 어떤 부위는 퍼지면서 긴장이 생긴 끝에 아주 미세한 폭발이 일어나듯이 씨가 튀어나가는 것이다. 땅에 떨어진 그 씨는 활동을 시작한다. 씨를 덮고 있던 털이 물을 흡수하여 부풀고 뻣뻣해지면서 씨를 땅에서 들어올리고, 씨에서 나온 뿌리는 곧바로 그 아래의 땅으로 파고든다.

이 모든 과정에는 위험도 도사리고 있다. 이런 첫 빗방울이 짧게 지나가는 소나기에 불과하고, 진정한 폭풍우는 일주일쯤 뒤에나 올 수도 있다. 정말로 그렇다면, 지금 발아한 씨는 뒤이은 메마른 날씨에 죽을 것이다. 그러나 일부 식물은 그런 상황에도 대비한다. 씨 껍데기에 발아를 막는 화학물질이 들어 있어서 비가 충분히 많이 계속 내려서 땅이 물에 푹 잠겨야만 이 억제제가 씻겨나가고 발아가 시작될 수 있다.

애리조나 사막에서는 흙이 빗물에 잠기고 씨가 싹을 틔우기 시작할 때, 땅 자체도 약간 흔들리기 시작한다. 흙 표면이 갈라지면서 작은 두꺼비들이 꿈틀거리며 기어나온다. 쟁기발두꺼비이다. 이들은 지난 10개월 동안 약 30센티미터 땅속에 몸을 숨기고 있었다. 사막의 표면에 내린 빗물은 여기저기 고여서 얕은 물웅덩이를 이룬다. 쟁기발두꺼비 수컷은 재빨리 그런 물웅덩이를 향해 뛰어간다. 물웅덩이에 다다르면서 울어대기 시작한다. 몇 시간 지나지 않아서 그 절실한 울음에 끌려서 암컷이 찾아온다. 암수는 거의 만나자마자 짝을 이룬다.

이제 모든 일이 아주 빠르게 돌아간다. 마감 시한을 맞추지 못한 두꺼비들은 살아남지 못할 것이다. 밖으로 나온 첫날 밤에 물웅덩이를 찾아내고 짝을 짓지 못한다면, 그 두꺼비는 짝짓기를 할 기회가 아예 없을 것이다. 부부는 몇 시간 사이에 알을 낳고 수정시킨다. 알은 미지근한 물웅덩이에 뭉쳐져 있다. 부부가 다음 세대를 위해서 할 일은 끝났다.

이제 그들은 알을 외면한 채, 최대한 많이 먹는 일에 몰두한다. 물도 없고 굶주린 채로 여러 달을 버텨야 할 시기가 곧 닥칠 것이기 때문이다.

한편 알은 유달리 빠른 속도로 발달한다. 하루 뒤 물웅덩이에는 올챙이가 득실거린다. 이 미지근한 물에서 꿈틀거리는 동물들이 그들만은 아니다. 길이가 1센티미터가 되지 않는 작은 갑각류인 아르테미아도 우글거린다. 그들은 약 50년 동안 사막 먼지와 함께 흩날리면서 오래 전에 죽은 부모가 낳은 곳에서 수백 킬로미터 떨어진 이곳까지 온 알에서 부화했다. 그 먼지에는 미세한 홀씨도 섞여 있었고, 그 홀씨들도 물에서 싹이 터서 미세한 섬유 같은 조류로 자라고 있다.

올챙이는 열심히 먹는다. 조류만 먹어도 살 수 있지만, 웅덩이에 아르테미아도 있다면 일부 올챙이는 형제들과 조금 다른 식으로 자랄 것이다. 그들은 조류를 먹는 형제들보다 입이 훨씬 더 크고 머리가 커다랗게 자라면서 아르테미아를 먹기 시작한다. 게다가 조류를 먹는 형제들까지 잡아먹기도 한다. 그런 와중에 물웅덩이는 증발하면서 계속 줄어들어서, 헤엄칠 공간도 점점 좁아지고 산소를 빨아들일 물도 점점 적어진다. 또 물이 얕아지면서 수온도 점점 올라간다. 물이 따뜻할수록 녹아 있는 산소도 적기 때문에 산소는 더욱 부족해진다.

물웅덩이에서 두 종류의 올챙이가 함께 헤엄치는 셈인데, 이들은 앞으로 닥칠 수 있는 두 가지 다른 상황에 대비한다. 소나기가 또 내린다면 수면은 다시 올라갈 것이고 가장 빨리 발달해야 하는 긴박함은 조금 완화될 것이다. 그러나 새로운 물은 웅덩이를 교란함으로써, 물을 더 탁하고 진흙탕처럼 만든다. 이런 조건에서 육식성 올챙이는 먹이를 찾기가 어려워지면서 살아가기가 힘들어진다. 조류를 먹는 쪽은 그런 문제를 겪지 않는다. 그들은 계속 조류를 먹으면서 꾸준히 자란다. 이윽고 그들은 어린 두꺼비가 되어서 물웅덩이를 떠난다. 운이 좋다면 여러마리가 떠날 수도 있다.

그러나 비가 전혀 내리지 않으면, 적어도 일부 올챙이에게는 최대한 빠른 속도로 발달을 끝내는 것이 지상과제가 된다. 줄어드는 물웅덩이에서 육식성 올챙이들은 형제자매들을 다 먹어치우고, 물이 가장 오래 남아 있을 가장 깊은 곳을 차지하기 위해서 서로 경쟁한다. 곧 가장자리에 있는 올챙이들은 공기에 노출되고 태양에 구워지면서 죽음을 맞이한다. 물웅덩이 한가운데에는 아직 진흙탕 물이 조금 남아 있다. 그곳에서 가장 크고 가장 공격적인 육식성 올챙이는 운이 좋다면 다리가 나고 물밖으로 뛰어나오게 될 것이다. 뛰어나온 개체들 중에서 상당수는 도마뱀이나 새에게 잡아먹히지만, 일부는 바위 틈새나 땅의 갈라진 틈에 은신처를 구할 수 있을 것이다. 부모도 곧 닥칠 열기에 대비하여 힘센 넓적한 뒷다리로 굴을 파기 시작할 것이다. 일단 땅속에 들어가면 피부의 바깥층은 딱딱하게 굳어서 몸을 완전히 감싸는 방수 덮개를 이룬다. 숨을 쉴 수 있도록 콧구멍에 두 작은 구멍만 남는다.

물웅덩이는 이미 말라붙은 지 오래이다. 아르테미아도 성체는 전부 죽었지만, 알은 먼지에 섞여서 흩날린다. 많은 올챙이들이 발달을 완결 짓지 못한다. 결국 그들은 다닥다닥 모인 상태로 굳은 진흙에 갇힌 채 바짝 말라서 쪼그라든다. 그러나 그들의 사체는 그냥 버려지지 않는다. 그들이 부패하면서 나오는 물질은 웅덩이 바닥의 모래로 스며든다. 다음에 비가 내려서 다시 물웅덩이가 생기면, 이 물질이 다음 세대의 조류가 잘 자라도록 돕는 유기물 비료 역할을 한다.

폭풍우의 혜택은 아직 다 지나간 것이 아니다. 빗방울이 처음 떨어지기 시작할 때에 발아한 씨는 빨리 자라서 이제 꽃을 피운다. 사막의 드넓은 면적이 화려한 색깔로 뒤덮인다. 파란색과 노란색, 분홍색과 하얀색의 꽃들이 드넓은 꽃밭을 이룬다. 오스트레일리아 서부, 나미브와 나마콸란드, 애리조나, 뉴멕시코의 사막에서 세계의 그 어느 야생화 꽃밭에 못지 않은 화려한 꽃밭이 며칠 동안 펼쳐진다. 그 짧은 기간에 수분을 모아서 씨를 맺은 뒤, 이 식물들은 말라붙어 죽고 꽃밭은 다시금 모래밭으로 변한다.

우리가 사막 하면 으레 떠올리는 풍경은 자갈밭도 바람에 깎인 산맥도 아닌, 끝없이 펼쳐진 모래언덕이다. 사실 모래언덕은 전 세계 사막에서 차지하는 비율은 적지만, 모든 사막 환경 중에서 가장 독특하다. 그런 사막을 이룬 모래는 낮에는 태양에 달궈지다가 밤에는 얼어붙는 과정을 수천 년간 거치면서 부서진 암석의 잔해이다. 그런 조건에서는 가장 단단한 화강암도 갈라지고 부서지기 시작한다. 그러면서 서서히 구성 광물로 분해된다. 각 알갱이는 바람에 실려서 절벽에 부딪치고 돌밭 위로 굴러다니면서 서로 계속 마찰된 끝에 이윽고 둥글둥글해지고 철산화물 때문에 붉은색을 띤다. 사막 위로 바람이 세차게 불고 소용돌이를 일으킴에 따라서, 모래알들은 한데 몰려서 높이 쌓인다. 이렇게 쌓인 것이 모래언덕이다. 높이가 200미터에 달하고 폭이 1킬로미터에 달하는 모래언덕도 있다. 바람의 방향이 끊임없이 변하는 지역에서는 중앙의 꼭대기로 이어지는 등성이가 6개에 달하는 별 모양의 모래 산이 생겨서 거의 같은 자리에서 수백 년간 유지되기도 한다. 그러면 사막을 지나는 여행자들이 이것에 이름을 붙이고 이정표로 삼기도 한다. 바람이 대체로 같은 방향으로 부는 곳에서는 모래언덕이 한자리에 머무르지 않는다. 해저에 생긴 물결 무늬처럼 일련의 등성이를 이루어 서서히 옮겨간다. 바람은 모래를 언덕의 완만한 비탈을 따라 밀어올린다. 꼭대기까지 올라간 모래는 그 너머의 가파른 비탈면으로 일련의 작은 모래 사태를 일으키면서 떨어져 내린다. 그러면서 모래언덕 자체는 조금씩 앞으로 나아간다.

모래언덕은 그곳에서 살아가려고 애쓰는 모든 생물에게 커다란 문제를 안겨준다. 모래가 아주 뜨겁고 계속 흘러내리기 때문에 발을 내딛기가 쉽지 않다는 것이다. 그래서 몇몇 동물들은 특수한 발을 갖추었다. 나미브 사막의 한 도마뱀붙이는 개구리처럼 발가락 사이에 물갈퀴가 있다. 또 한 종류는 발 가장자리를 따라 긴 털 같은 술이 달려 있어서, 마찬가지로 몸무게가 분산된다. 그래서 모래를 거의 교란하지 않은 채 표면을 스치듯이 걸어갈 수 있다. 뿐만 아니라 거의 미끄러지지도 않는다. 한자리에 가만히 서 있을 때에는 마치 에어로빅을 하는 듯한 행동을 보인다. 앞발과 뒷발을 규칙적으로 리듬 있게 번갈아 들어올린다. 그럼으로써 발을 식히고 바람이 몸을 휘감고 지나도록 한다.

해가 뜨면 몇 시간 이내에 모래 표면은 타는 듯이 뜨거워질 수 있다. 그러나 모래 표면에서 겨우 2-3센티미터만 들어가도 시원하다. 모래 속으로 손을 집어넣으면 놀라울 만치 차갑다는 것을 느낄 수 있다. 모래언덕에 사는 동물들도 대부분 이 사실을 잘 알며, 극심한 열기를 피해서 모래 속으로 파고들 것이다.

　모래 속에서 지내면 더 시원하겠지만, 다른 문제들에 처한다. 모래알은 너무 매끄럽고 말라 있어서 뭉치지 않는다. 따라서 흙에서와 달리 굴을 파기가 불가능하다. 굴을 파면 모래는 곧바로 무너진다. 모래를 뚫고 나아가는 한 가지 방법은 헤엄치듯이 움직이는 것이다. 몇몇 도마뱀들은 종종 다리를 이용해서 모래 속으로 파고들어 그렇게 나아간다. 그러나 모래에서 헤엄치는 가장 좋은 방법은 도마뱀과의 몇몇 도마뱀들처럼 다리를 이용하지 않고 그냥 꿈틀거리는 것이다. 그들은 아주 작게 줄어든 다리로 모래 표면에서 움직이기도 하지만, 다리를 몸에 바짝 붙이고서 모래 속에서 움직이기도 한다. 다리를 완전히 잃고 거의 평생을 모래 속에서 살아가는 도마뱀도 한두 종 있다. 나미브 사막의 브레인무족도마뱀은 몸길이가 몇 센티미터에 불과하며 매끄러운 비늘로 덮인 작은 뱀장어처럼 보인다. 눈은 모래알에 긁히지 않게 보호하기 위해서 투명한 비늘로 덮여 있으며, 코는 모래 속에서 나아가기 좋게 뾰족하다. 이들은 딱정벌레 애벌레 같은 곤충을 잡아먹는다. 곤충이 움직이면서 모래에 일으키는 진동을 감지하여 움직임이 있는 쪽으로 모래 속을 헤엄친 뒤, 불쑥 튀어나와서 먹이를 잡는다.

　한편 무족도마뱀은 모래에 사는 포유류인 황금두더지의 먹이가 된다. 황금두더지는 포유류 중에서도 가장 덜 알려진 편에 속한다. 목격되는 일이 아주 드물기 때문이다. 대개는 모래언덕에 남아 있는 발자국을 보고서 이 동물이 산다는 것을 알 수 있을 뿐이다. 이 동물은 밤에 돌아다니며, 갑자기 놀라 모래 속으로 파고들면서 생긴 움푹 들어간 곳이 발견될 때도 있다. 아주 능숙하고 활기차게 모래를 파면서 돌아다니기 때문에, 아주 운좋게 이들이 표면 가까이에 있을 때 발견해서 뒤쫓지 않는 한, 이들을 파내기란 거의 불가능하다.

이들은 유럽두더지만 하며 모습도 대체로 비슷하지만, 사실 양쪽은 가까운 친척이 아니다. 겉모습이 비슷한 것은 서로 다른 대륙에 사는 두 동물이 땅을 파고들어 지하에서 생활하는 비슷한 적응 형질을 갖추는 쪽으로 진화했기 때문이다. 황금두더지의 털은 종에 따라서 색깔이 다르다. 회색을 띤 종류도 있고, 금속 광택이 나는 아름다운 황금빛을 띤 종류도 있다. 귀는 밖으로 드러나 있지 않으며, 눈은 털로 덮여 있고 아무런 기능도 하지 않는다. 코는 털로 덮여 있지 않으며, 넓적하고 끝이 날카로운 가죽질 쐐기 모양이고, 이 코로 모래를 밀면서 뚫고 간다. 다리가 완전히 사라진 것은 아니지만 다리뼈는 옆구리 안에 들어가 있고 발만 튀어나와 있다. 곤충을 잡으러 가끔 모래 위로 올라오기도 하지만, 좋아하는 먹이가 무족도마뱀이기 때문에 모래 속에서 빠르게 굴을 파면서 뒤쫓는다.

얻을 것이 전혀 없는 모래언덕 사막에는 사람이 거의 살지 않는다. 사냥할 동물도 수확할 식물도 전혀 없다. 그러나 이 사막을 통과하는 사람들은 있다. 원래 사하라 사막의 북쪽에 살던 투아레그족은 낙타 카라반을 이끌고 이 사막을 건넌다. 청동 덩어리, 대추야자, 옷을 잔뜩 싣고서 고대의 교역 도시인 니제르 강의 팀북투와 몹티까지 가서 거대한 직육면체로 자른 소금 덩어리를 싣고 돌아온다. 이들은 망토로 온몸을 감싸고 터번으로 머리와 얼굴을 휘감아 태양의 자외선으로부터 몸을 보호한다.

그러나 투아레그족도 동물, 즉 낙타의 도움 없이는 모래언덕 사막을 건널 수 없을 것이다. 원래 북아메리카에서 기원한 낙타의 조상은 약 400만 년 전에 아시아로 건너와서 약 100만 년 전에 3종으로 갈라졌다. 혹이 2개인 길들여진 쌍봉낙타와 그 친척으로서 중국과 몽골에서 사는 야생 쌍봉낙타, 그리고 혹이 1개인 단봉낙타이다. 현재 살고 있는 낙타는 대부분 단봉낙타이다. 단봉낙타는 인간에게 길들여진 지가 3,000년이 넘었고 야생 집단은 전혀 남아 있지 않지만, 진정한 야생 단봉낙타가 투아레그족이 기르는 낙타와 크게 달랐을 것 같지는 않다. 이들은 경이로울 만치 사막 여행에 잘 적응해 있다. 발은 발가락이 2개뿐이고, 피부로 연결되어 있어서 발을 디딜 때면 발가락이 펼쳐지면서 그 사이에 물갈퀴가 있는 모양이 된다. 그래서 모래에 빠지지 않는다. 콧구멍에는 근육이 있어서 모래폭풍이 일 때는 콧구멍을 닫을 수 있다. 몸은 태양의 열기를 막기 위해서 등쪽은 거친 털로 빽빽하게 덮여 있는 반면, 배쪽은 열을 쉽게 배출할 수 있도록 털이 거의 없다. 이들은 가장 가시가 빽빽한 사막 식물까지 먹을 수 있는 놀라운 능력도 갖추고 있다. 대다수의 포유류처럼 낙타도 영양소를 몸에 지방으로 저장한다. 지방이 온몸에 고루 쌓인다면 몸을 식히는 데에 방해가 될 것이 뻔하므로, 대신에 이들은 등에 있는 혹에 지방을 쌓는다. 이 혹에 저장한 지방으로 여러 날을 버틸 수 있다. 장기간 먹지 않은 채 그 지방으로 살아가면 이윽고 혹은 가죽만 남은 주머니처럼 축 늘어진다.

물론 낙타의 가장 유명한 특징은 물 한 방울 마시지 않은 채 사막을 며칠 동안 걷는 능력이다. 목이 마를 때에는 아주 많은 물을 마신다는 점도 도움이 되기는 하겠지만, 널리 이야기되는 바와 달리 낙타는 사실 위장에든 지방에든 간에 물을 저장할 수 없다. 낙타의 놀라운 능력은 사실 물 손실을 줄이는 쪽에 토대를 둔다. 낙타는 고도로 농축된 소변과 바짝 마른 대변을 배설하며, 코도 호흡할 때 수분이 적게 빠져나가는 구조이다. 그리고 저장된 지방도 단열 효과로 체온 상승을 막음으로써 물 손실 억제에 기여한다. 이런 식으로 그들은 물 한 방울 마시지 않고도 당나귀보다 4배, 사람보다는 10배나 더 먼 거리를 갈 수 있다.

그러나 낙타도 사람의 도움이 없이는 사하라 사막의 모래언덕 지대를 통과할 수 없다. 우물에서 물을 길어올려서 물통에 담아줄 투아레그 족이 없다면, 낙타는 모래에서 물을 아예 찾지 못해 그 긴 거리를 갈 수 없을 것이다.

광활한 사막을 건너는 데에 꼭 필요한 중간 기착지인 오아시스는 지하 깊숙이 물을 머금은 층에서 나오는 물이 고인 곳이다. 이 물은 마을 사람들이 텃밭을 가꾸는 데 쓰이며, 이는 물만 줄 수 있다면 모든 사막이 대단히 비옥해질 수 있음을 놀라울 만치 잘 보여준다. 잘 돌보는 곳에서는 복숭아와 곡물이 자란다. 관개용수가 흐르는 수로 위에서는 잠자리가 맴돌고 대추야자에서는 새들이 노래한다. 그러나 그 바로 너머에서 어른거리는 모래언덕은 오아시스를 늘 위협한다. 거대한 모래폭풍이 한 번 불거나, 한 계절 내내 한 방향으로만 바람이 불면, 오아시스는 모래에 뒤덮여 사라질 것이다. 즉 오아시스는 사하라 사막의 지난 100만 년에 걸친 역사를 알려주는 미시 생태계이다.

타실리 벽화는 최근의 기후 변화로, 비옥했던 지역이 황폐해지면서 사하라 사막으로 변했음을 보여준다. 오늘날 세계의 다른 지역에 있는 사막들도 대부분 같은 시기에 형성되었다는 증거도 많다. 이 새로운 뜨겁고 건조한 조건에서 많은 동식물들이 멸종했다. 일부는 습성을 바꿈으로써 조상들이 살던 곳에서 계속 살아갈 수 있었다. 본래 초원과 사바나에서 잘 살고 있었던 늑대와 하이에나, 사막쥐와 생쥐는 사막의 기온이 활동하기에 알맞은 수준까지 내려가는 어둑해진 시간에만 활동을 함으로써 원래의 자리에서 살아갈 수 있었다. 혹독한 열기와 가뭄을 견디기 위해서 해부 구조를 바꿔야 했던 동물들도 있었다. 체내 화학 과정을 바꾼 동물들도, 신체 비율을 바꾼 동물들도 있었다. 어떤 동물들은 다리를 버렸다. 어떤 동물은 다리를 변형시켰다.

진화의 시간은 대체로 아주 길어서 보통 수백만 년 단위로 측정된다. 이 관점에서 보면, 현재 세계의 사막에서 사는 동식물들은 유달리 빠른 속도로 적응 형질을 얻은 셈이다.

# 7

# 하늘

사막에 항시 물이 졸졸 흐르게 하면, 아무것도 없던 곳에서 불현듯 튀어나온 양 생물들이 나타난다. 바닥의 모래알 위를 조류가 녹색 피부처럼 덮는다. 작은 새우와 갑각류가 그 사이로 돌아다닌다. 가장자리를 따라 이끼와 꽃식물이 자라난다. 수면에서 모기가 돌아다니고 그들을 뒤쫓는 잠자리가 휙휙 날아다닌다. 이 모든 동식물은 사람의 도움이 없이도, 아니 사실상 그들 스스로도 아무런 노력도 하지 않고 이곳으로 온다. 그들이 이곳에 오는 데, 수백 킬로미터에 달하고 여러 해 동안 걸릴 수도 있는 여행을 하는 데에 필요한 특징은 오직 아주 가벼운 무게뿐이다. 그들은 바람에 실려왔다.

육상생활을 하는 생물은 적어도 4억 년 전부터 이 세계적인 운송 체계를 이용해왔다. 동물이 물 밖으로 기어나오기 오래 전에 이끼는 땅에 자리를 잡기 시작했다. 물 밖으로 나오자마자 이끼는 바람을 이용하여 새로운 지역으로 퍼지기 시작했다. 그들의 직계 후손인 오늘날의 이끼도 똑같이 한다.

살아 있는 이끼는 줄기 끝의 작은 홀씨주머니에서 홀씨를 만든다. 홀씨주머니가 익어서 마르면 위쪽의 뚜껑이 튀어나가고, 원형의 가장자리를 따라 삼각형 모양으로 튀어나온 조각들이 서로 맞물린 채 입구를 꽉 닫고 있는 구조가 드러난다. 날씨가 계속 따뜻하면, 이 조각들은 말라서 뒤로 말리기 시작한다. 그러면 입구가 열리면서 안에 든 홀씨가 바람에 흩날려 떠나갈 수 있다. 날씨가 습해지면, 곧 홀씨들은 물을 머금어서 멀리 운반되지 못하지만, 그런 조건에서는 작은 삼각형 조각들이 수분을 흡수하여 팽팽해져서 다시 입구를 덮어서 가린다.

이끼는 엄청난 수의 홀씨를 만들지만, 균류가 생산하는 진정으로 천문학적인 수에는 훨씬 못 미친다. 평범한 주름버섯은 익으면 판 모양의 주름살에서 1시간에 1억 개에 달하는 홀씨를 방출하며, 썩기 전까지 160억 개나 떨굴 수도 있다. 말불버섯은 더욱 많이 만든다. 한 식물학자는 지름이 약 30센티미터인 평균 크기의 말불버섯이 홀씨를 7조 개 생산한다고 추정한다. 바람에 살짝 흔들리거나 무엇인가에 부딪칠 때마다 갈색 연기를 훅 뿜듯이 한 번에 10억 개씩 홀씨를 뿜어낸다.

단순한 식물만이 바람을 이런 식으로 이용하는 것이 아니다. 난초처럼 매우 정교하면서 대단히 복잡한 식물도 그렇게 한다. 난초 꽃 한 송이에서는 씨가 300만 개까지 맺힐 수도 있다. 그런 먼지만 한 알갱이에는 발아하는 데에 필요한 영양분을 담을 수 없으므로, 난초의 씨는 나무의 뿌리를 감싸고 있는 것과 비슷한 특징을 지닌 균류가 있는 곳에 떨어져야만 제대로 싹이 터서 자랄 수 있다. 생장 초기에는 균류가 양분

섭취를 돕는다.

그러나 가장 고등한 식물은 각 씨에 얼마간 양분을 집어넣는다. 그러면 씨가 무거워지므로 바람을 타고 공중으로 들려서 멀리까지 날아갈 가능성이 낮아진다. 표면적을 늘리는 장치가 딸려 있다면 사정이 다르다. 엉겅퀴, 부들, 버드나무는 씨에 미세한 솜털을 붙인다. 민들레는 씨에 섬유 낙하산을 단다. 씨는 이 낙하산을 타고서 10킬로미터까지도 쉽게 날아갈 수 있고, 때로는 그보다 몇 배나 더 먼 거리까지 날아가기도 한다.

따라서 전 세계 어디에서든 공기에는 미세한 유기물 알갱이들이 떠다니며, 그중 많은 수가 눈에 보이지 않을 만치 작은 생명의 싹을 담고 있다. 대부분은 결코 발생하지 못할 것이다. 곤충에게 먹히는 것도 있고, 불모지에 떨어져서 썩는 것도 있고, 너무 오래 떠다니다가 그냥 사멸하는 것도 있다. 그러나 수백만 개 중에서 한두 개는 살아남아 낙엽 위든 묵혀둔 텃밭이든 물이 졸졸 흐르는 바위 표면이든 사막의 물웅덩이든 간에 적합한 빈 공간을 차지하고, 녹색식물이나 균류로 자라날 것이다. 그렇게 이끼는 사하라 사막의 오아시스나 남극해의 고립된 화산섬에서 싹이 트고, 케이폭나무의 씨는 남아메리카 밀림 전역에서 싹이 트고, 분홍바늘꽃은 세인트헬렌스 산의 화산재 더미에서 꽃을 피운다.

아주 작아서 같은 방법으로 퍼질 수 있는 동물도 몇 종류 있다. 사막 물웅덩이의 작은 아르테미아는 바람에 흩날리는 먼지만 한 알에서 부화한다. 모기, 진드기 같은 작은 날곤충들도 좋든 싫든 간에 멀리 떨어진 곳에서 바람에 실려온다. 그러나 많은 어린 거미들은 의도적으로 공중으로 날아올라 줄타고 날기ballooning를 한다. 알에서 나온 어린 거미는 풀줄기나 조약돌 꼭대기로 기어올라 산들바람을 마주 보면서 몸을 부풀린다. 그리고 꽁무니의 방적돌기에서 거미줄을 자아낸다. 이 거미줄은 가장 약한 산들바람에도 붙들려서 당겨진다. 거미줄이 펼쳐질수록 바람에 끌리는 힘도 커진다. 어린 거미는 잠시 다리로 바닥을 꽉 움켜쥐고 버티다가 이윽고 다리를 풀고 공중으로 날아오른다. 실에 매달린 어린 거미는 육지에서 수백 킬로미터 떨어진 대양 한가운데의 배나 수천 미터 높이의 눈덮인 산봉우리에 내려앉기도 한다. 이윽고 내려앉으면 실을 떼어내고 새 영역에서 터전을 마련하는 일에 나선다. 한 해 중에서 날씨가 적합한 시기에 산들바람의 변덕에 따라 한 작은 지역으로 이런 거미들이 무수히 쏟아지기도 한다. 이 거미들이 실을 떼어낸 뒤 서로 뒤엉켜서 거미집을 짓는 바람에 지역 전체가 수수께끼처럼 온통 거미줄로 뒤덮이는 일이 벌어지기도 한다.

그 정도 크기의 다른 작은 동물들도 하늘을 돌아다니지만, 그들은 자력으로 이동한다. 총채벌레는 꽃, 잎, 눈에 살면서 수액을 빨아 먹는 작은 곤충이다. 총채벌레는 이 식물에서 저 식물로 옮겨갈 때 날지만, 아주 작고 아주 가벼우며 근육도 아주 작아서 사실 날개를 치는 것조차도 매우 힘들다. 마치 주변 공기가 당밀처럼 끈적거리는 듯 느껴질 것이다. 그래서 가슴에서 뻗어나온 날개는 넓적하지 않고, 그저 가느다란 막대기에 털들이 붙어 있는 모양이다. 이 날개를 아래로 치면 그 아래의 공기 압력이 조금 증가하면서 위쪽은 조금 낮아진다. 그 결과 총채벌레는 엉겅퀴의 갓털처럼 위로 쑥 빨려 올라가면서 날아간다.

날개의 아래쪽 압력이 높아지고 위쪽의 압력이 낮아지면 양력揚力이 생긴다. 양력은 동력 비행이 이용하는 기본 힘 중의 하나이다. 총채벌레보다 훨씬 더 무겁고 힘이 센 호박벌은 양력을 충분히 얻기 위해서 넓은 날개가 필요하다. 그런 커다란 날개를 치려면 상당한 힘이 필요하며, 호박벌의 가슴은 근육으로 가득 차 있다. 다른 엔진들과 마찬가지로 벌의 근육 엔진도 제대로 힘을 내서 몸을 들어올릴 만큼 양력을 제공하려면 먼저 따뜻하게 데워져야 한다. 그러나 모든 곤충이 그렇듯이 호박벌도 포유류나 조류와 달리 체온을 일정하게 유지할 수 없다. 대개는 햇볕을 받아서 몸을 데운다. 그러나 기온이 영상 몇 도에 불과한 아침에도 호박벌은 날기 전에 날개를 좌우로 빠르게 떨어서 근육 내에 열을 발생시켜 그럭저럭 날아오른다. 심지어 근육의 온도가 사람의 체온에 다다를 때까지 날개를 마구 쳐서 체내 엔진을 가동할 수도 있다. 온기가 아주 중요하므로, 호박벌은 다른 많은 큰 곤충들처럼 열 손실을 줄이기 위해서 온몸이 털로 덮여 있다. 잠자리도 같은 이유로 단열에 치중하는데, 가슴벽 안에 쭉 늘어선 공기 주머니를 이용한다. 곤충은 이런 강력한 체내 모터를 이용해서 노련한 비행사가 되었다. 꿀벌은 1분에 날개를 1만5,000번까지 칠 수 있고, 잠자리는 시속 30킬로미터를 넘는 속도를 낼 수 있다.

곤충의 뒤를 이어서 다른 두 주요 동물 집단이 하늘을 날았다. 약 1억4,000만 년 전에 공룡 왕조의 한 계통이 깃털을 개발했고, 그들은 이윽고 조류로 진화했다. 또 약 6,000만 년 전 곤충을 먹는 일부 포유류가 박쥐로 진화했다. 조류와 박쥐의 날개는 둘 다 앞다리가 변형된 것이다. 박쥐의 날개는 아주 길어진 손가락 4개 사이에 늘어진 탄성 있는 피부막이다. 엄지는 자유롭게 움직일 수 있어서 보금자리에서 매달리는 갈고리와 빗 역할을 한다. 조류는 손가락이 하나만 남아 있고, 길어지고 튼튼해진 이 손가락에 비행 깃털이 나 있다. 또 날개 앞쪽에 옛 엄지의 흔적기관인 작은 돌기가 있고, 이 부위도 나름의 깃털로 덮여 있다.

박쥐는 보금자리에서 발로 거꾸로 매달려 있으므로, 공중으로 날아오르는 데에 아무런 문제가 없다. 그냥 발을 떼고서 떨어지면 된다. 몸집이 더 큰 일부 과일박쥐 종은 매달려 있는 몸을 들어올려 비행 자세를 취하기 위해서 날개를 한두 번 치기도 하지만, 그럴 때에도 거의 힘을 들이지 않는다. 반면에 조류는 대부분 비행사인 동시에 보행자이기도 하며, 땅에 선 상태에서 중력을 이기고 공중으로 날아올라야 한다는 문제에 직면한다. 날아오를 힘을 제공하는 엔진은 날개 관절에서 가슴뼈의 깊이 파인 용골까지 이어져 있는 무거운 근육 다발이다. 그 근육이 쓸 연료와 혈액의 산소는 커다란 심장을 통해서 대량으로 공급된다. 참새가 생쥐보다 심장이 2배나 크다는 점을 생각하면, 조류의 심장이 얼마나 큰지 짐작할 수 있다. 새의 몸은 모든 천연 단열재 중에서 가장 섬세한 깃털로 덮여 있으며, 체온이 사람의 체온보다 몇 도 높게 유지된다. 따라서 새의 비행 엔진은 필요한 순간에 즉시 강력하게 힘을 낼 수 있다. 이 엔진으로 날개를 치고, 다리로 뛰어오르는 힘까지 더해서 대다수의 조류는 비교적 쉽게 공중으로 날아오른다.

그러나 새가 무거울수록 몸을 공중에 띄우는 데에 필요한 날개도 더 크며, 날아오를 때에 필요한 힘과 속도로 날개를 치기 위해서는 근육도 더 많은 일을 해야 한다. 그러나 양력을 일으키는 또다른 방법이 있다. 날개의 윗면이 알맞은 곡선을 이룬다면, 그 위쪽 공기의 흐름 때문에 날개 아래쪽보다 위쪽의 압력이 더 낮아진다. 이 흐름은 날개로 바람이 불거나 날개가 빠르게 공기 속을 지나감으로써 생길 수 있다. 바람을 가르고 나아갈 때처럼 양쪽이 동시에 진행되면 가장 좋다.

나그네앨버트로스는 날개가 가장 큰(날개폭이 최대 3.45미터) 새이며, 그런 날개는 빠르게 치기가 거의 불가능하다. 그래서 날아오르려면 양력을 일으키는 두 번째 방식을 최대로 이용해야 한다. 때로 이들은 가파른 절벽 꼭대기에 둥지를 튼다. 그러면 그냥 허공으로 뛰어내려서 이륙할 수 있다. 다른 앨버트로스 종들은 낮은 대양 섬에 빽빽하게 모여서 번식을 하지만, 아무리 많이 모이고 둥지자리가 얼마나 많이 필요하든 간에, 그들은 땅에 길게 띠처럼 뻗은 길을 비워둔다. 이 길이 집단 한가운데에 놓여 있을 때도 있다. 바로 그들이 날아오를 때에 이용하는 활주로이다. 이 활주로는 탁월풍, 즉 바람이 주로 부는 방향에 정확히 맞추어져 있다. 혼잡한 공항의 비행기들처럼 새들은 이 활주로의 끝에 맞바람을 받으면서 줄지어 서며, 자기 차례가 되면 몸을 앞으로 기울이고 커다란 날개를 최대한 빨리 치면서 물갈퀴가 달린 커다란 발로 땅을 박차며 있는 힘껏 빠르게 달린다. 이윽고 이들은 이런 힘겨운 노력과 쭉 편 날개의 표면을 지나는 세찬 바람 덕분에 필요한 양력을 얻어서 공중으로 날아오른다. 그 즉시 바다 위를 가장 우아하면서 고상하게 떠다니는 동물로 변신한다. 그러나 바람이 전혀 불지 않는다면, 날아오르기조차 상당히 힘들 것이다.

일단 공중에 뜨면, 앨버트로스는 에너지를 최소한으로 쓰면서 바람을 타고 난다. 수면 가까이에서는 물결과의 마찰 때문에 공기의 흐름이 느려진다. 앨버트로스는 이 느린 기류층 바로 위쪽, 빠른 바람이 부는 층에서 머문다. 수면에서 약 20미터 높이이다. 비행 고도는 서서히 낮아지며, 어느 시점에 되면 앨버트로스는 더 낮은 층으로 활공하여 내려 갔다가 회전하면서 속도를 추진력으로 삼아서 양력을 일으킨다. 그 힘으로 다시 기류가 빠른 층으로 올라와서 고도를 회복한다. 날아오를 때 치기가 아주 힘들었던 극도로 길고 좁은 날개는 이제 자신의 가치를 입증한다. 앨버트로스는 날개 한 번 치지 않은 채 하강했다가 다시 상승하는 비행을 몇 시간이든 유지할 수 있기 때문이다. 몇몇 종은 남극대륙 주변의 폭풍이 부는 거의 얼어붙은 바다 위에서 산다. 바람이 한결같이 동쪽을 향해 끊임없이 부는 곳이다. 앨버트로스는 물고기나 오징어를 잡을 때에만 물로 내려올 뿐 그 바람을 타고 남극대륙 주위를 계속 빙빙 돈다. 그들은 해가 지나도 계속 떠다니다가 7년이 되면 성숙한다. 그러면 비행 경로에 있는 작은 섬들 중 한 곳에 내려앉는다. 이 몇 주일 동안 이 땅에서 지내는 시간의 대부분을 차지한다. 그들은 부리를 따닥따닥 맞부딪치면서 날개를 펼치고 서로를 향해 춤을 춘다. 이윽고 짝을 짓고서 새끼를 한 마리 기른다. 그런 뒤 다시금 힘들이지 않고 지구를 빙빙 도는 비행을 재개한다.

아프리카의 수리도 뛰어난 활공자이지만, 그곳에는 그렇게 꾸준히 부는 바람이 없다. 그들은 다른 유형의 기류를 이용한다. 지표면은 태양의 열기에 균일한 방식으로 반응하지 않는다. 풀밭과 물은 열을 흡수하므로, 그 위쪽 공기는 비교적 선선하다. 반면에 드러난 바위나 땅은 열을 반사하므로 그 위쪽으로는 뜨거운 공기 기둥이 솟아오르는 현상, 열 상승 기류가 나타난다. 매일 아침 수리는 밤을 보낸 키 작은 가시투성이 나무에 앉아서 해가 떠서 땅이 달궈지기를 기다린다. 열 상승 기류가 생기기 시작하자마자 수리는 날개를 퍼덕거리고 활공하면서 애써 그 기류의 아래쪽으로 들어간다. 이때는 고도를 올리려는 노력을 전혀 하지 않는다. 이윽고 상승 기류 안으로 들어가면, 기류가 날개를 떠받치면서 밀어올린다. 수리의 날개는 크기는 하지만 길고 좁은 앨버트로스의 날개와 달리 짧고 넓적하다. 이 모양 덕분에 상승하는 따뜻한 공기 기둥 안에서 계속 머물러 있도록 좁게 빙빙 돌면서 나선을 그리며 위로 올라갈 수 있다.

열 상승 기류의 꼭대기, 즉 사바나 상공 수백 미터 높이까지 올라가면, 수리는 전혀 힘들이지 않고 빙빙 돌면서 죽거나 병들어서 잘 움직이지 못하는 동물이 있는지 평원을 훑는다. 한 상승 기류 안에서만 맴도는 것이 지겨우면 수리는 그 기류를 나와서 최대 10킬로미터쯤 되는 거리를 천천히 활공하면서 내려왔다가 다시 다른 열 상승 기류를 타고 올라간다. 새로운 관측소로 옮긴 셈이다. 그런 식으로 수리는 먹이를 찾아서 하루에 사바나를 100킬로미터까지도 돌아다닐 수 있다. 먹이를 찾아내면 그들은 급격히 하강한 뒤 날개와 꼬리를 비틀어 제동장치로 삼아서 내려앉는다. 서로 꽥꽥거리고 다투면서 배가 가득 찰 때까지 사체를 게걸스럽게 뜯어 먹는다. 배가 고기로 너무 꽉 찬 나머지 무거워서 다시 날아오르기가 무척 힘들어질 정도이다. 대개 그들은 가장 가까운 가시나무까지 힘겹게 가서 얼마 동안 그 위에 앉아서 소화를 조금 시킨 뒤에, 다시 열 상승 기류를 향해 가서 높이 날아오른다.

앨버트로스나 수리처럼 기류의 양력을 이용해서 원하는 곳까지 갈 수 있는 새는 거의 없다. 대부분은 날개의 바깥쪽 절반을 위아래로 치는 행동을 통해서 공기를 가르고 나아간다. 넓히고 좁히고 치켜올리고 낮출 수 있는 부채처럼 나 있는 깃털들로 이루어진 꼬리 덕분에, 그들은 공중에서 방향을 조절할 수 있다. 이런 아주 효율적인 기구를 갖춘 덕분에 조류는 현재 비행하는 동물들 중에서도 몸집이 가장 크다. 안데스콘도르는 몸무게가 작은 개 정도인 11킬로그램까지 나간다.

빠른 속도로 공중을 날아다니려면 장애물을 피하고, 공중에서 먹이를 잡고, 무엇보다도 안전하게 내려앉는 데에 필요한 수준으로 정확하게 거리를 잴 수 있는 극도로 민감한 항법 장치를 갖추어야 한다. 새들은 거의 다 대체로 낮에 날며, 거의 전적으로 시력에 의지한다. 사실 조류는 동물들 중에서도 눈이 가장 효율적이면서 민감하다. 매는 사람보다 몸집은 훨씬 작지만 눈은 사실상 더 크며, 멀리 있는 것을 자세히 구별하는 능력은 8배 더 뛰어나다. 올빼미는 밤에 사냥하므로 세밀하게 파악하는 능력을 버리는 대신에 감도를 높이는 쪽을 택했다. 올빼미의 눈은 아주, 겉으로 보이는 것보다 훨씬 더 크다. 중앙의 각막만 드러나 있고 나머지 부위는 피부로 덮여 있기 때문이다. 눈이 올빼미 머리뼈 앞쪽을 너무 많이 차지하고 있어서 근육이 들어갈 자리가 거의 없다. 눈이 사실상 눈구멍에 고정되어 있는 탓에 올빼미는 옆을 보려면 눈알 대신에 머리를 돌려야 하며, 그 결과 목의 움직임이 놀라울 만치 유연하다. 올빼미는 커다란 각막과 그 뒤에 놓인 커다란 수정체로 아주 많은 빛을 모을 수 있어서 사람이 보려면 필요한 광량의 겨우 10분의 1만으로도 뚜렷이 볼 수 있다.

그러나 올빼미도 보려면 빛이 필요하다. 빛이 전혀 없는 곳에서는 아무리 광학적 효율이 뛰어나다고 해도 어떤 눈도 볼 수가 없다. 그러나 그런 조건에서도 길을 찾는 능력을 갖춘 새가 두 종류 있다. 둘 다 동굴에서 산다. 기름쏙독새는 쏙독새의 친척이다. 베네수엘라 카리페 동굴에 사는 무리가 가장 유명하다. 이 동굴은 입구에서 수백 미터를 들어가면 길이 굽으면서 바깥의 빛이 완전히 차단된다. 거기에서 좀더 들어가면 칠흑 같은 어둠에 잠기며, 따라서 손전등이 필요하다. 손전등을 켜면 커튼석과 종유석 사이사이 벽의 턱진 곳마다 기름쏙독새가 앉아 있는 모습을 볼 수 있다. 이들은 비둘기만 하며, 머리를 좌우로 움직이면서 당신을 호기심을 가지고 내려다볼 때 손전등 불빛에 눈이 반들거리면서 빛난다. 그들이 앉아 있는 둥지는 사실 게워낸 먹이와 배설물이 쌓인 둔덕에 불과하다. 벽 아래쪽 동굴 바닥의 배설물 사이사이에는 과일 씨에서 나온 창백하고 가느다란 싹들이 덤불을 이루고 있다.

새들은 손전등의 불빛에 경계심을 보일 것이고 많은 새들은 날아올라서 꽥꽥 소리를 지르면서 당신을 덮칠 듯이 날아다닐 것이다. 동굴 전체에 시끄러운 소리가 울려퍼질 것이다. 그러나 손전등을 끄고 어둠 속에서 가만히 있으면, 새들은 다시 내려앉고 경고 소리도 멈출 것이다. 그러나 때때로 날아오르는 새들도 있으며, 그들이 날개를 치는 부드러운 소리 사이사이에 투투 하는 클릭음(메아리를 일으켜서 방향을 찾는 데 쓰는 일정한 음으로 내는 소리/옮긴이)을 들을 수 있다. 비행하면서 방향을 찾는 신호이다. 이들은 그 소리가 부딪쳐서 돌아오는 메아리를 통해서 동굴 벽과 종유석, 심지어 주위에서 날고 있는 다른 새들의 위치를 알아낸다. 이들은 장애물에 다가갈수록 위치를 더 정확히 파악하고자 클릭음의 주파수를 높인다. 가까이 있는 물체를 정확히 파악하는 것이 더 중요해지기 때문이다. 이들은 이 기법으로 자신만 한 크기의 대상들을 검출할 수 있지만, 그보다 훨씬 작은 것은 감지하지 못한다. 그러나 이들에게는 그 정도면 충분하다. 동굴에서 일단 안전하게 빠져나오면 밤의 숲이라고 해도 빛이 어느 정도 있기 때문에 크고 민감한 눈으로 먹이인 열매를 충분히 찾을 수 있다.

이 반향정위 기법을 사용하는 또다른 새는 동남아시아의 동굴에 사는 동굴칼새이다. 기름쏙독새와 전혀 다른 새이지만, 마찬가지로 클릭음을 잇달아 낸다. 기름쏙독새보다 훨씬 더 높은 음을 내기 때문에, 더 작은 물체까지 검출할 수 있다.

이 두 새의 기법이 복잡하면서 정교해 보일지라도, 밤에 날아다니는 습성을 지닌 박쥐의 섬세한 기법에 비하면 엉성하다. 박쥐가 내는 소리는 사람의 귀에 들리지 않을 정도로 정말로 높다. 몇몇 사람들, 특히 어린 아이들은 여름 밤에 박쥐가 사냥하면서 내는 찍찍거리는 소리를 희미하게 들을 수 있지만, 박쥐가 방향 탐지에 쓰는 신호는 대부분 그보다 더욱 높은 소리이다. 박쥐는 많으면 1초에 200번에 달하는 극도로 빠른 속도로 잇달아 소리를 낸다. 덕분에 박쥐는 길을 찾을 수 있을 뿐 아니라, 날고 있는 곤충까지도 정확히 찾아낼 수 있다.

하늘 정복은 그것을 해낸 이들에게 엄청난 혜택을 안겨준다. 박쥐는 매일 밤 아주 멀리까지 어려움 없이 날아가서 금방 사라질 수도 있는 먹이를 찾아먹을 수 있다. 또 공중에서 곤충을 낚아채고, 꽃 앞에서 정지 비행을 하면서 꿀을 빨고, 강의 수면 위에서 물고기를 낚아챌 수도 있다. 그렇기는 해도 조류의 유능함과 다재다능함에는 미치지 못한다. 수염수리는 사체를 발라낸 뒤 커다란 뼈를 집어들고 꽤 높은 상공까지 올라갔다가 바위에 떨어뜨린다. 뼈가 쪼개지면서 그 안에 든 영양가 있는 뼛속이 드러나면 뜯어 먹는다. 황조롱이와 새매 같은 더 작은 맹금류는 날개를 쫙 펼친 채 떨어대면서 맞바람의 속도에 맞춰 몸을 앞으로 기울임으로써 정지 비행을 할 수 있다. 공중에서 한곳에 머물며 지상을 세밀하게 훑으면서 생쥐나 도마뱀이 있음을 드러낼 가장 미미한 움직임까지 살핀다. 모든 맹금류 중에서 가장 빠른 송골매는 하늘 높은 곳에서 순찰을 한다. 밑에 있는 작은 새를 먹잇감으로 점찍으면 날개를 뒤로 젖혀서 공기 저항을 최소화하는 자세로 최대 시속 130킬로미터에 이르는 속도로 하강한다. 공중에서 먹이의 뒷목을 강타하여 즉사시킨다. 워낙 속도가 빠르고 힘이 세기 때문에 땅에 있는 표적에 충돌했다가는 먹이는 물론 자신도 죽을 것이다.

일부 새는 공중 곡예에 몰두한다. 정말로 즐겁기 때문에 그런 행동을 하는 듯하다. 갈까마귀는 바람 속에서 구르고 뒤집기도 하는데 마치 놀고 있는 것처럼 보인다. 구애 행동의 일환으로 공중 곡예를 부리는 새들도 있다. 청다리도요는 600미터 상공까지 올라갔다가 계속 큰소리로 노래하면서 몸을 비틀고 회전하면서 하강한다. 댕기물떼새와 도요새 같은 몇몇 새들은 하강할 때 진동하면서 소리를 내는 특수한 깃털이 있는데, 구애할 때 이 소리를 이용한다. 대머리수리와 솔개는 구애 행동을 할 때, 한쪽이 공중에서 몸을 뒤집어서 서로 공중에서 발을 꽉 움켜쥔 채 서커스 곡예를 펼친다.

그러나 비행이 제공하는 가장 큰 혜택은 땅에 얽매인 동물들을 방해하는 온갖 장애물에 구애받지 않은 채 땅과 바다 위로 긴 여행을 할 능력일 것이 분명하다. 새는 극심한 겨울 추위를 피하거나 계절에 따라 풍부해지는 열매나 곤충을 먹기 위해서 한 대륙에서 다른 대륙으로 날아간다. 그들이 정확히 어떻게 그렇게 하는지는 아직 잘 모른다. 태양과 별을 보고 길을 찾을 수도 있고, 아래로 펼쳐지는 지형을 알아볼 수도 있고, 지구의 전자기장 양상에 반응하는 것일 수도 있다. 박쥐의 이주 양상은 그보다 더 오리무중이다.

많은 박쥐들은 여름에 우글거리던 곤충들이 사라지기 시작하고 추위에 작은 몸이 얼어붙을 위험이 엿보이는 가을이 되면 겨울잠을 잘 동굴을 찾는다. 겨울 은신처의 요구 조건은 엄격하다. 건조하고 너무 춥지 않으며 온도가 일정해야 한다. 그런 곳은 그리 많지 않으며, 여름에 수백 킬로미터를 날아다니면서 먹이를 구하던 많은 박쥐 종들은 가을에 특정한 동굴이나 헛간에 모여든다. 다른 이유로 모이는 박쥐들도 있다. 텍사스 주 브래컨 동굴에는 여름마다 자유꼬리박쥐가 2,000만 마리 모인다. 모두 암컷이다. 남쪽으로 1,500킬로미터 떨어진 멕시코에 짝을 놔둔 채 새끼를 낳기 위해서 이곳까지 온다. 갓 태어난 새끼는 털이 없으므로 많이 모이면 체온으로 동굴이 따뜻해져서 이렇게 모일 가치가 있을 수도 있겠지만, 이 모든 암컷들을 거대한 분만실로 모이게 만드는 것이 무엇인지를 우리는 아직 제대로 알지 못한다.

곤충도 날아서 장거리 여행을 하지만, 그들이 목적을 가지고 여행을 하는 양 보이는 경우는 거의 없기 때문에 자연사학자들이 곤충이 이주한다는 사실을 알아차리기까지는 오랜 시간이 걸렸다. 여름에 풀밭과 숲에서 먹이를 찾아 나풀거리며 돌아다니는 나비는 너무나 허약하고 약해 보이므로, 그들이 멀리 여행하지 않는다고 생각하는 것도 당연하다. 실제로 일부 종은 그렇다. 그들은 부화한 바로 그 작은 공간에서 먹고 짝을 짓고 알을 낳고 죽는다. 그러나 많은 종들은 여행하면서 생애를 보낸다. 예를 들면, 봄에 유럽 어딘가에서 성체가 된 배추흰나비는 대체로 북서쪽으로 계속 날아갈 것이다. 태양이 뜨고 날이 따뜻할 때에만 여행을 하는데, 빨리 가지는 않으며, 도중에 좋은 식생과 마주치면 그곳에서 노닥거릴 것이다. 먹거나 구애하거나 알을 낳으면서 몇 시간 동안 머물 수도 있다. 그러나 이윽고 다시 움직일 것이다. 배추흰나비의 생애는 3-4주일에 불과할 만치 짧지만, 이 짧은 기간에 부화한 곳에서부터 무려 300킬로미터까지 여행할 수도 있다.

여름이 끝날 무렵이면 더 많은 배추흰나비가 부화한다. 그들도 여행자이지만, 정반대 방향인 남동쪽으로 향한다. 그리고 한여름에 성체가 된 개체는 일주일쯤 북서쪽으로 이동하다가 며칠 사이에 방향을 바꾸어 여생 동안 남동쪽으로 나아간다. 방향을 전환하는 정확한 날짜는 지역과 나비의 종에 따라서 다르지만, 한 장소의 한 종을 보면 해마다 정확히 똑같다. 이 변화를 촉발하는 요인은 밤의 길이와 온도인 듯하다.

이런 나비는 태양을 보고 길을 찾으며, 하루 이동량을 거의 또는 전혀 정해놓지 않은 듯하다. 그래서 이주 경로는 아주 폭이 넓지만, 여행의 기능이 특정한 지점에 도달하는 것이 아니라 새로운 섭식, 짝짓기, 산란 장소를 찾는 것이어서 그런 경로는 이들에게 딱 맞는다.

몇몇 나비 종은 전혀 다른 이주 양상을 보인다. 가장 유명한 사례는 제왕나비이다. 이들은 북아메리카 오대호 유역에 대규모 집단을 이루어 산다. 이들은 장수하는 종이다. 거의 1년을 사는 개체도 있다. 봄에 부화한 개체는 평생을 같은 지역에 머물러 있을 가능성이 높다. 초가을에는 다른 세대가 출현한다. 이들 중 일부도 멀리 돌아다니지 않을 것이다. 잘 먹은 뒤 속이 빈 나무 안으로 들어가거나 죽은 나무줄기와 껍질 사이의 좁은 틈새로 숨어든 뒤에 겨울잠을 잘 것이다. 그러나 이 가을 세대 중 3분의 2는 전혀 다른 행동을 한다. 이들은 남쪽으로 떠난다. 잘 확립된 아주 좁은 경로를 따라서 거의 먹지도 구애도 하지 않은 채 목적지를 향해서 날아간다. 매일 밤 이들은 내려앉아서 잠을 청한다. 대대로 제왕나비들이 이용했던 나무들에 내려앉을 때가 많다. 이들도 태양을 보고 길을 찾지만, 하루의 이동 거리에 맞추어 보정을 하는 법도 아는 듯하다. 배추흰나비와 달리 이들은 먹이를 찾아다니면서 이리저리 오가는 것이 아니라 직선으로 나아가기 때문이다. 이윽고 약 3,000킬로미터를 여행한 뒤, 텍사스 남부와 멕시코 북부에 다다른다. 멕시코에서는 특정한 한두 곳의 골짜기로 모여들어서, 대대로 이용해온 특정한 침엽수들에 수백만 마리가 내려앉는다. 너무나 빽빽하게 모여 앉는 바람에 줄기가 온통 날개들로 이루어진 털로 뒤덮인 듯하다. 나뭇가지에도 내려앉고, 모든 비늘잎에도 매달려 있어서 나비로 온통 젖어 있는 것 같다.

따뜻한 날에는 이 수백만 마리 중 일부는 조금 떨어진 곳까지 날아다니면서 산만하게 먹이를 먹기도 한다. 그러나 그냥 앉아서 쉬는 시간이 대부분이다. 이들은 봄이 와야 비로소 활동을 재개한다. 그 전까지는 어느 모로 보나 성체이면서도 성적 행동을 하지 않는다. 그런데 이제 짝짓기에 나선다. 그런 뒤 며칠 사이에 이 엄청난 수의 나비들이 북쪽으로 이동을 시작한다. 이번에는 그다지 빨리 이동하지 않는다. 대개 하루에

15킬로미터쯤 간다. 가면서 먹고 알을 낳는다. 이들 중 본래 자신이 부화했던 북쪽의 숲까지 돌아갈 수 있는 개체는 거의 없다. 그러나 이들은 자식을 남기며, 자식들이 그 여정을 이어간다. 그리고 뒤이은 가을에 북쪽의 거주자들이 낳은 알에서 나온 개체들까지 더해져서 더 많은 개체들이 다시 남쪽으로 긴 여행에 나선다.

이주하는 곤충들이 이동하는 고도는 다양하다. 바람이 많이 부는 날이라면, 나비는 바람에 밀려 경로에서 벗어나지 않도록 나무, 울타리, 벽 뒤로 피하면서 낮게 난다. 그러나 바람이 없고 화창한 날에는 지표면에서 1,500미터 높이까지 올라가기도 한다. 어린 거미처럼 본의 아니게 비행사가 된 동물은 더욱 높은 고도까지도 휘말려 올라간다. 그렇게 떠다니다가 칼새처럼 곤충을 먹는 고공 비행사의 먹이가 된다. 5,000미터까지 올라간 개체들은 먹히지 않을 수도 있다.

적당한 기압과 온도와 산소가 유지되는 여객기에 타고 있는 승객들은 해발 몇 킬로미터 상공에 있는 이 세계의 특징을 거의 실감하지 못한다. 여객기가 아니라 열기구를 타고서 이 높이까지 올라와보라. 처음 수백 미터 높이까지는 자동차 엔진, 대화, 궤종시계 소리 같은 밑에서 올라오는 소음이 멀리서 신기하게도 비현실적인 방식으로 들린다. 그러나 곧 사방이 고요해지고, 바구니가 삐걱거리고 뜨거운 공기를 기구에 불어넣어 양력을 일으키기 위해서 주기적으로 버너가 가동되는 굉음만이 들릴 뿐이다. 기온은 꾸준히 내려간다. 솟아오르는 뜨거운 공기에 휘말려서 여기까지 올라오는 많은 생물들처럼 당신도 바람에 실려서 움직이고 있으므로, 모든 것이 정지해 있는 듯하다. 설령 저 아래의 땅을 보면 사실상 아주 빠르게 움직이고 있을지라도 말이다. 이쯤 올라오면 이미 아래쪽은 구름에 가려져서 보이지 않을 수도 있다. 당신이 들이마시는 공기는 빠르게 희박해지며 따라서 들이마실 때마다 산소가 더 줄어든 공기를 마시게 된다. 그래도 비좁은 바구니에 가만히 서 있으므로, 별 문제가 되지는 않을 것이다. 사실 공기의 물리적 특성에 변화가 일어난다는 사실조차 거의 알아차리지 못할지도 모른다. 그래서 아주 위험할 수 있다. 뇌에 들어오는 산소가 점점 부족해지면서 활동력이 떨어지고 둔감해지기 때문이다. 판단력이 흐려진 지 한참이 지난 뒤에야 비로소 몸에 이상이 있음을 알아차리게 된다. 따라서 고도계가 5,000미터를 가리킬 때가 되면 산소 호흡기를 착용하는 것이 현명하다.

당신이 올라온 세계는 극도로 아름다운 곳 중의 하나이다. 저 아래의 얇은 구름 사이로 어렴풋이 지표면이 보일 수도 있다. 하얀 바다에 떠 있는 섬처럼 삐죽 솟아오른 산봉우리도 보인다. 주위로 온통 거대한 구름이 떠다닌다. 아래쪽 가장자리는 편평하고 수평으로 뻗어 있지만, 위쪽은 물결치고 기둥을 이루기도 하면서 빠르게 모양이 바뀐다. 이 고도에 다다르면 공기가 얼마나 빠르게 흐르고 있는지 실감이 나며 겁이 나기도 한다. 열 상승 기류에 휘말려서 그런 곳으로 실려간다면 치명적인 상황에 처할 것이 거의 확실하다. 그 안에서는 열기구를 찢어버릴 수 있을 정도로 세찬 기류가 위아래로 흐른다. 이 구름 위쪽으로 아주 높은 고도에 구름이 한두 조각씩 보이기도 하지만, 그 너머로는 짙푸른 우주뿐이다.

이 고도에서도 다른 생물을 볼 가능성이 있기는 하다. 되새 떼는 해발 1,500미터까지 날아올랐다는 기록이 있고, 또 도저히 믿어지지 않게도 무려 6,000미터까지 날아오른 바닷새들이 레이더에 검출되기도 했다. 이들은 이주하는 철새들이며, 대개 낮은 고도에서보다 더 세게 꾸준히 부는 바람을 타기 위해서 혹은 밤에 길잡이로 쓰는 별을 보려고 이렇게 높이 올라왔을 수도 있다. 그러나 이런 사례는 드물다. 반면에 이 고도에서 늘 발견되는 생물도 몇 종류 있다. 비행기에 기름막을 칠한 판을 달고 쭉 가면 진딧물 몇 종류, 작은 거미 한두 종류, 그리고 어디든 떠다니는 꽃가루와 곰팡이 홀씨가 달라붙을 것이다.

아무튼 이곳이 바로 생명이 존재하는 최후의 변경이다. 이 얇은 대기층 아래에서 번성하는 무수한 생물들 중에서 이보다 더 높은 곳까지 올라오는 것은 전혀 없다. 사람을 빼고 말이다. 이보다 1킬로미터쯤 더 올라가면 대기의 기체들이 거의 다 사라지고, 그 너머로는 컴컴한 텅 빈 우주가 있다.

비록 보고 만질 수는 없지만, 우리가 올라오면서 지나친 기체 덮개는 우주에서 쏟아지는 치명적인 폭격물을 막는 대단히 중요한 방패가 된다. 우주선, X선, 태양광선 중에서 해로운 요소는 모두 이 기체 담요에 흡수된다. 바깥 우주에서 날아오는 돌과 금속의 덩어리인 운석은 기체와의 마찰로 불타서 먼지가 된다. 지상에서 우리는 별똥별이 들어오면서 소멸되는 광경을 볼 수 있다. 대기를 끝까지 뚫고 들어와서 지표면에 충돌할 정도로 큰 것은 아주 적다. 또 대기는 기온이 극심하게 변하지 않게 막는 역할을 한다. 감싸고 있는 대기가 전혀 없는 달의 상태를 보면 대기가 얼마나 중요한 일을 하는지 짐작할 수 있을 것이다. 해가 비칠 때 달 표면은 물이 지글거릴 만치 뜨거워진다. 반면에 그늘은 남극대륙에서 기록된 최저 기온보다도 훨씬 추워진다. 이곳 지구에서는 태양광선이 대기를 통과할 때 상당량의 에너지가 대기에 흡수되므로, 낮에도 기온이 심하게 오르지 않는다. 또 밤에는 대기가 우주로 탈출하는 열을 가둔다.

대기에 가장 풍부한 원소는 비활성 기체인 질소로서, 부피로 거의 80퍼센트를 차지한다. 아마 지구 형성 초기에 지표면에서 화산들이 마구 분출하던 시기에 뿜어졌을 것이다. 그 뒤로 질소는 줄곧 지구의 중력에 갇혀 있다. 대기의 20퍼센트 남짓을 차지하고 있는 산소는 더 최근에 추가된 것으로, 땅에 사는 식물과 바다의 조류가 광합성을 할 때 부산물로 방출되었다. 1퍼센트 미만인 대기의 나머지는 이산화탄소와 아르곤, 네온 같은 미량의 희귀한 기체들로 이루어진다.

대기에는 이 모든 기체뿐 아니라 물도 들어 있다. 눈에 보이지 않는 수증기 형태인 것도 있고, 구름을 이루는 미세한 물방울 형태인 것도 있다. 하늘에는 구름이 많이 떠다니는 양 보이지만, 사실 대기의 물은 지표면에서 빙하와 눈, 호수와 바다로 존재하는 물에 비하면 미미한 양이다. 그리고 대기의 물은 지표면에서 올라온다. 식물의 잎에서 나오는 것도 있지만, 대부분은 바다와 호수의 수면에서 증발한 것이다. 때때로 이 과정이 아주 넓은 면적에서 천천히 균일하게 일어나면서 수평으로 층을 이룬 구름을 형성한다. 한편 수증기가 열 상승 기류를 이루어 솟구치는 뜨거운 공기에 휘말려 들어갔다가 응축되어 수직으로 높이 뻗은 뭉게구름을 만들기도 한다.

지표면에서 물 입자들이 바람에 휩쓸려 대기로 아주 많이 들어가도록 만드는 친숙한 요인이 두 가지 있다. 바로 지구의 자전과 태양의 불균일한 가열이다. 전자는 공기를 동서로 움직이고, 후자는 뜨거운 공기는 적도에서 솟아오르고 극지방에서 내려오므로 공기를 남북으로 움직인다. 이 두 힘은 상호작용하면서 거대한 소용돌이를 일으킨다. 대양의 따뜻한 물 위에서 발달하는 구름이 이런 소용돌이를 형성할 때면, 지름이 400킬로미터에 달하기도 하고, 대기의 바닥에서부터 꼭대기까지 아주 두껍게 구름으로 뒤덮이기도 한다. 이런 소용돌이 바람은 속도가 시속 300킬로미터에 달하기도 한다. 이런 거대한 폭풍이 바로 태풍이다. 대기에 일어나는 교란 중에서 가장 거대하면서 큰 피해를 입힌다. 이 가장 빠른 바람에 휘말려서 엄청난 폭우가 육지와 바다로 쏟아진다. 또 강풍에 바닷물이 높이 솟구쳐서 해안으로 밀려든다. 사나운 바람에 나무가 쓰러지고 건물이 무너지며, 밀려드는 먹구름은 폭우를 퍼붓는다.

그러나 대체로 하늘의 물은 그보다 더 부드럽게 쏟아진다. 뭉게구름은 때로 너무나 높이 치솟는 바람에 물방울이 얼음으로 변한다. 특히 바닥에서부터 꼭대기까지 4킬로미터에 이르기도 하는 거대한 뭉게구름에서는 솟아오르는 공기가 이런 얼음 조각들을 낚아채서 구름 꼭대기까지 밀어올릴 수도 있다. 얼음 조각들은 올라가면서 수분을 더 흡수해서 점점 더 무거워지다가 이윽고 떨어진다. 그러다가 상승 기류에 휘말려서 다시 올라가는 일이 되풀이된다. 이렇게 위아래로 여러 번 오르내리다가 이윽고 얼음 덩어리가 너무 커지면 구름을 뚫고 지표면까지 죽 떨어진다. 그것이 바로 우박이다. 위세가 덜한 구름에서는 얼음 알갱이가 아직 아주 작을 때에 떨어진다. 그런 알갱이는 떨어지면서 녹아 빗방울이 된다. 층을 이룬 구름은 더 차갑고 더 밀도가 높은 공기 덩어리 위로 밀려 올라가기도 하는데, 그 과정에서 식으면서 지녔던 수분이 비가 되어 내린다. 또 산비탈을 따라 밀려 올라가면서 차가워져서 지니고 있는 수분을 비로 쏟아내기도 한다. 그렇게 육지의 모든 동식물이 의존하는 민물은 자신이 왔던 지표면으로 돌아온다.

# 8

# 맛있는 민물

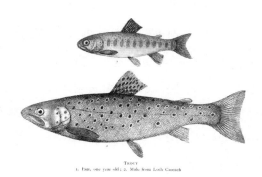

TROUT
1. Parr, one year old ; 2. Male from Loch Croeach

세계의 산에서 아주 부드럽게 내리는 눈송이는 무시무시한 파괴자가 되기도 한다. 눈은 산봉우리를 몇 미터 두께로 뒤덮는다. 아래쪽에 깔린 눈은 위쪽의 눈 무게에 짓눌려서 얼음으로 변한다. 튀어나온 바위 주위를 메우고 틈새와 접점으로 파고든다. 눈이 계속 쌓이면서 밑에 깔린 얼음은 자체 무게를 이기지 못하고 천천히 가파른 비탈을 따라 내려가기 시작하며, 이때 둘러싸고 있던 바위까지 통째로 끌고 내려간다. 대체로 이 이동은 아주 느리게 일어나므로, 눈에 보이는 징후라고는 눈밭에 갈라진 틈새가 넓어지는 것뿐이다. 그러나 때로 두껍게 쌓인 넓은 덩어리 전체가 갑자기 밀리면서 수천 톤의 얼음, 눈, 바위가 한꺼번에 산비탈 아래로 쏟아져 내리기도 한다.

이 모든 얼어붙은 물은 산등성이 사이의 넓은 골짜기로 모여서 얼음의 강, 즉 빙하를 이룬다. 이제 파괴는 엄청난 규모로 이루어진다. 빙하는 밀려 내려가면서 누르고 있는 골짜기의 양쪽을 긁어낸다. 바닥에서는 얼어붙어 박혀 있던 바위가 거대한 강판에 튀어나온 톱니처럼 골짜기 바닥을 긁으면서 밀려간다. 앞쪽에서는 부서진 암석들이 쌓이면서 거대한 벽이 되어 계속 밀린다. 서서히 밀리다가 빙하는 이윽고 만년설의 설선 아래까지 내려가면서 따뜻한 기온에 녹기 시작하며, 돌가루가 섞인 우윳빛 물이 그곳에서부터 콸콸 쏟아진다.

산의 이런 더 낮은 고도에서 내리는 비도 파괴자가 될 수 있다. 낮에 돌들로 뒤덮인 헐벗은 비탈면을 무해하게 촉촉이 적시는 비는 틈새로 스며들지만, 밤이 되어 얼어붙으면 팽창하여 틈새를 비틀고 벌리며, 이때 부서진 돌 조각들도 굴러떨어져 바닥에 쌓인 모난 돌 조각들에 더해진다. 개울들은 합쳐져서 더 큰 물줄기를 이루고, 빙하에서 녹은 물과도 합류한다. 이 물들은 젊고 격렬한 강이 되어 굽이치고 소용돌이치면서 골짜기를 따라 흘러간다.

지구 전체로 보면 이 물은 희귀한 액체이다. 지구에 있는 물의 97퍼센트는 짠물이다. 반면에 많은 돌 부스러기들이 섞여 있기는 하지만 이 흘러내리는 물은 화학적으로 아주 순수하다. 대기의 구름에서 나온 것이므로, 약간의 이산화탄소와 산소를 흡수하기는 했지만 그밖의 것은 거의 들어 있지 않으며, 이 물이 지금까지 접한 암석은 대체로 풍화가 되지 않은 새로 노출된 것들이었기 때문에 그 안의 광물질이 물에 녹아들 기회도 거의 없었다. 그러나 아래로 콸콸 쏟아지면서 물은 서서히 물길 가장자리의 바위 틈새에서 자라는 식물로부터 유기물을 얻으며, 이윽고 동물이 살아가기에 충분할 만큼 영양분이 녹아든다.

이 콸콸 흐르는 물에 보금자리를 만들려고 시도하는 동물은 휩쓸려서 떠내려가지 않도록 나름의 방법을 개발해야 한다. 등이 툭 튀어나온 커다란 흡혈파리인 먹파리의 유충은 꽁무니에 원을 이루면서 죽 나 있는 작은 갈고리로 돌에 달라붙은 채 지렁이처럼 생긴 다리없는 몸을 물살에 맡긴다. 때로는 앞쪽의 작은 빨판을 조약돌에 붙인 뒤 몸을 앞으로 구부려서 꽁무니의 고리로 꽉 매달리는 식으로 옮겨다니기도 한다. 이렇게 옮기다가 자칫 돌을 놓쳐도 떠내려가지 않게 막을 대책도 있어야 한다. 그래서 이들은 안전줄 역할을 할 실을 자아내어 돌에 붙여둔다. 그래서 돌을 놓쳤을 때에도 원래 자리로 몸을 끌어당겨 돌아갈 수 있다. 빠른 물살은 문제를 일으키기도 하지만, 한 가지 이점도 있다. 이 물에 먹이가 되는 알갱이가 비교적 적기는 하지만, 그래도 꽤 높은 빈도로 지나간다. 모든 먹파리 유충은 이 알갱이를 붙잡아야 한다. 이들은 입 양쪽에 달린 한 쌍의 깃털 부채 같은 구조물을 활용한다. 유충은 이 구조물을 번갈아 당겨서 털로 덮인 한 쌍의 구기로 알갱이를 쓸어내 먹는다. 부채를 다시 펼치기 전에 입 옆의 샘에서 분비되는 점액을 바르는데, 알갱이가 빠져나가지 못하고 달라붙도록 하기 위해서이다.

많은 날도래 종의 유충은 민물에 산다. 더 잔잔한 강의 하류나 고여 있는 호수에서 이들은 잔가지나 모래를 모아서 작은 통을 만들어 몸을 감싼 뒤, 바닥을 천천히 돌아다니면서 잎이나 조류를 갉아 먹는다. 그러나 식물성 먹이가 거의 없는 상류 쪽에서 사는 날도래 유충은 그물을 써서 먹이를 잡는 사냥꾼이다. 한 종은 돌 아래쪽에 실로 깔때기를 자아서 그 안에 살면서, 지나가는 곤충 애벌레나 작은 갑각류를 잡는다. 길이가 5센티미터에 이르는 통모양의 그물을 만드는 종도 있는데, 그물눈이 아주 촘촘해서 미세한 알갱이까지 걸린다. 이 유충은 그물 안에 살면서 윗입술의 뻣뻣한 수염으로 정기적으로 안쪽 표면을 청소한다. 또다른 종은 조약돌 사이에 실을 걸쳐서 타원형 틀을 만든 다음 그 앞에 웅크리고서 머리를 8자 모양으로 움직이면서 섬세한 그물을 짠다. 그물은 7–8분이면 완성된다. 커다란 알갱이에 그물이 찢기면, 유충은 재빨리 수선한다. 유충은 자라서 더 힘이 세지면 강물 가장자리에서 더 안쪽으로 진출해서 더 크고 더 거친 그물을 짜고 더 큰 먹이를 잡는다. 날도래 유충뿐 아니라 딱정벌레와 각다귀, 하루살이와 깔따구 등 다양한 곤충의 유충들도 이런 도구를 써서 산골짜기에서 빠르게 흘러내리는 물에서 자리를 잡고 살아간다. 그럼으로써 더 큰 동물들도 살아갈 수 있도록 한다.

안데스 산맥 높은 곳에서 골짜기를 따라 내려갈 때, 운이 좋으면 강 한가운데 놓인 바위에 아주 아름다운 오리 한 쌍이 앉아 있는 광경을 볼 수도 있다. 바위 주위로는 물이 거품을 일으키면서 흘러간다. 수컷은 몸이 회색이고, 검은 줄무늬가 난 하얀 머리에 선홍색의 날카로운 부리가 달려 있다. 암컷은 머리가 회색이고, 뺨과 가슴이 불그스름하다. 이들은 산오리이다. 많은 오리들은 번식기에만 암수의 깃털이 크게 달라지지만, 이들은 일 년 내내 이렇게 전혀 다른 깃털을 지니고 있다. 갑자기 한 마리가 물속으로 잠수하여 사라진다. 오리는 물속에서 길고 뻣뻣한 꽁지깃을 바위에 붙이고 상류 쪽을 향한 채 날개가 굽은 부위에 난 작은 뿔 같은 돌기를 지레 받침으로 삼아서 약간 고무질인 가느다란 부리로 돌 사이를 헤집으면서 곤충 유충을 찾아 먹는다. 1분쯤 그러다가 물 위로 나와서 수월하게 바위 위로 올라온 다음 몇 분 동안 쉰다. 약 30분 동안 오리들은 소용돌이와 급류의 물살을 감안하여 물갈퀴가 달린 커다란 발을 힘차게 차면서 상류 쪽으로 헤엄쳐서 이 바위에서 저 바위로 옮겨가면서 이렇게 먹이를 잡는다. 때로는 반쯤 잠긴 돌에도 올라서는데 세찬 물살이 다리를 휘감고 지나가는 와중에도 태연하게 버티고 있다. 각 오리 쌍마다 나름의 영역이 있다. 자기 영역의 상류 쪽 경계까지 다다르면 그들은 그토록 용감하게 물살에 맞서면서 거슬러오르던 행동을 갑자기 그만두고, 하얗게 거품이 이는 물에 실려서 잠겼다가 튀어나왔다가 하면서 원래의 자리로 빠르게 돌아간다. 이들은 이렇게 능숙하게 돌아다닐 수 있는 물을 떠나서 공중으로 날아오르는 일이 거의 없다.

산오리는 칠레에서부터 페루에 이르기까지 안데스 산맥 전역의 높은 골짜기에 산다. 북부의 강에는 조상은 전혀 다르지만 놀라울 만치 비슷한 기술을 활용하는 물까마귀도 산다. 개똥지빠귀만 하고 굴뚝새의 친척인 이 새는 아메리카뿐 아니라 시베리아, 히말라야 산맥, 유럽에서 영국에 이르는 산골짜기에도 산다. 올챙이, 작은 연체동물, 작은 물고기, 수면에 사는 곤충을 잡아먹지만, 물속에 사는 유충을 잡는 재주도 뛰어나다. 그러나 이들은 산오리와는 조금 다른 기술을 쓴다. 물까마귀는 발에 물갈퀴가 없어서 오리처럼 힘차게 물을 발로 차면서 나아갈 수 없다. 대신에 이들은 물속에서 날개를 쳐서 바닥까지 헤엄쳐 내려간다. 바닥에 닿으면 상류 쪽으로 몸을 향한 채 빠르게 날개를 파닥거리면서 몸을 안정시키고, 머리를 숙이고 엉덩이를 치켜든다. 그러면 물살이 부력을 상쇄하여 강바닥에 계속 머물 수 있다. 서식 범위의 북부 지역과 히말라야 고지대 산골짜기의 하천은 아주 차갑지만, 물까마귀는 깃털이 아주 빽빽하고 유달리 큰 꼬리샘에서 나오는 기름 덕분에 깃털이 방수가 아주 잘 된다.

산에서 세차게 흐르는 강은 더 높은 고도에서 얼음과 서리가 시작한 파괴 작업을 계속 이어간다. 건기에는 부드럽게 졸졸 흐르면서 얕은 물웅덩이에서 다른 물웅덩이로 넘어가는 듯 보일지도 모르지만, 거세게 흐를 때 거대한 바위들이 굴러다니는 것을 보면 얼마나 힘이 센지 판단할 수 있다. 이런 바위들은 상류의 절벽에서 얼었다 녹았다 하면서 쪼개져 나온 돌들과 달리 가장자리가 날카롭지 않다. 모두 둥글둥글하고 매끄럽다. 무게가 몇 톤에 달하는 거대한 것도 있고, 위에 왕관처럼 식물이 얹혀 자라는 것도 있다. 여러 해 동안 움직이지 않았다는 뜻이다. 그러나 돌이 매끄럽게 깎여 있다는 것은 폭우로 골짜기 바닥 전체가 굉음을 내며 흐르는 흙탕물로 뒤덮일 만치 강물이 불어나서 이런 거대한 바위들까지 강바닥을 따라 여기저기 쿵쿵거리며 부딪치면서 굴렀던 시기가 있었음을 말해준다.

이렇게 젊은 강물은 산을 따라 내려가면서 한쪽에 바위 더미를 쌓아놓기도 하고, 가파른 암석 표면을 반들거리게 깎기도 하며, 급류 지대를 통과하면서 거품 가득한 하얀 물을 쏟아내기도 한다. 가파른 골짜기로 밀려들거나 고원을 지나서 떨어질 때에는 엄청나게 멀리까지 튀어나가기도 한다. 베네수엘라 남부의 한 강은 사암 탁상지 가장자리로 떨어지면서 높이가 1,000미터가 넘는 앙헬 폭포를 이룬다. 세계에서 가장 높은 폭포이다. 너무나 높아서 가장 습한 계절을 제외하고는 물이 땅에 닿기도 전에 전부 흩날려서 사라진다.

저지대를 향해 이 파란만장한 여행을 하는 내내 강물은 꾸준히 계속 불어난다. 산비탈에 늘어선 이끼와 황새풀, 히스와 사초에서 나온 썩어가는 잎들도 섞이면서 물은 갈색을 띤다. 또 암석 표면의 풍화, 지의류를 비롯한 식물들의 부식 효과로 광물질이 물에 녹는 화학물질로 변한다. 암석 조각들은 무수한 돌개구멍과 많은 급류에서 맴돌고 부딪치고 하면서 점점 작아져서 모래와 진흙이 되어 강바닥에 깔린다.

이제 아주 다양한 꽃식물들이 강에 뿌리를 내릴 수 있다. 물살은 여전히 세차서 식물을 찢어버릴 수도 있다. 많은 식물들은 물속에서는 수염처럼 갈라진 잎을 피우고, 잡아당겨질 위험이 전혀 없는 수면 위에서만 크고 넓적한 잎을 내밀어 이 위험을 줄인다. 이제 강물은 훨씬 따뜻하다. 그 결과 높은 산골짜기에서 어는점에 가까운 온도였을 때보다 녹아 있는 산소가 훨씬 적기는 하지만, 수중 잎에서 광합성의 부산물로 발생한 산소를 작은 공기방울로 내보내는 식물들 덕분에 부족한 산소가 얼마간 보충된다.

이제 강물이 따뜻하고 산소도 있고 영양소도 풍부하므로, 물고기에게 다양한 먹이를 줄 수 있다. 뜯어 먹을 조류와 식물의 잎도 있고 잡아먹을 곤충 유충, 수생 벌레, 작은 갑각류도 있고, 어린 물고기가 먹을 미세한 단세포 동물 무리도 있다. 더 큰 물고기가 잡아먹을 작은 물고기도 있다. 그러나 계속해서 흐르는 물은 작은 생물들뿐만 아니라 어류에게도 문제를 안겨준다.

곤들매기 같은 일부 어류는 이 난제에 꽤 직접적으로 대처한다. 그들은 끊임없이 헤엄친다. 초속 1미터로 흘러가는 물의 속도에 정확히 맞추어 꼬리를 치면서 제자리를 유지한다. 이들은 아주 쉽게 먹이를 구할 수 있는 수역에 자리를 잡으며, 힘이 세서 위험을 느끼면 갑작스럽게 꼬리를 마구 치면서 상류의 새로운 곳으로 쉽게 옮겨갈 수 있다.

한편 둑중개 같은 어류는 강바닥의 돌 틈새에 숨는 방법으로 물살을 피한다. 열대의 하천에서는 배쪽 지느러미들이 빨판으로 변한 메기와 미꾸라지라는 별개의 두 과科에 속한 종들이 산다. 이들은 이 빨판으로 돌에 착 달라붙을 수 있다. 그러나 안데스 산맥의 한 메기 종과 보르네오의 한 가오리비파 종은 독자적으로 다른 방법을 개발했다. 이들은 빨판으로 달라붙는 대신에 살집 있는 커다란 입술을 써서 입으로 달라붙는다. 이 기술에는 한 가지 명백한 단점이 있다. 대다수의 어류는 입을 통해서 물을 아가미로 보내 필요한 산소를 흡수하는데, 입으로 돌에 달라붙어 있으면 그렇게 할 수가 없다. 그래서 이 두 종은 동일한 해결책을 갖추는 쪽으로 진화했다. 아가미 덮개 한가운데로 피부가 띠처럼 뻗어 있는데, 이 띠의 위쪽으로 물이 흘러들어 아가미를 거친 뒤 아래쪽으로 빠져나간다.

다른 여러 동물 집단들처럼 어류의 번식 전략도 다양하다. 어떤 종은 알을 전혀 돌보지 않는 대신에, 적어도 낳은 알 중 일부가 확실히 살아남을 수 있도록 아주 많이 낳는다. 예를 들면, 대구 암컷은 한 번에 650만 개의 알을 낳기도 한다. 반면에 겨우 100개쯤 낳아서 많은 시간과 노력을 들여 알과 새끼를 정성껏 보호하는 종도 있다.

강물처럼 한 방향으로 계속 세차게 흐르는 물살이 있는 곳에서 이 두 기술은 분명히 저마다 상대적으로 유리한 점이 있다. 바다의 대구처럼 강의 어류가 첫 번째 전략을 택해서 많은 알을 낳고 그냥 떠난다면, 지극히 비실용적으로 보일 수 있다. 무력한 알과 새끼는 강물에 떠내려갈 것이고, 부모가 부화한 곳으로 돌아오려면 강을 따라 거슬러오르는, 거의 불가능해 보이는 여행을 해야 할 것이다. 그러나 연어와 가까운 친척인 오대호송어는 바로 그렇게 한다. 암컷은 자갈밭의 약간 움푹한 곳에 알을 낳은 뒤 물에 휩쓸려가지 않도록 모래를 덮는다. 암컷 한 마리는 최대 1만4,000개의 알을 낳을 수 있다. 알은 겨울을 지내고 봄에 부화한다. 깨어난 새끼는 몇 주일 동안 먹이를 먹으면서 자란 뒤 강을 따라 내려간다. 폭포와 급류도 지난다. 오대호송어는 호수에 다다르면 그곳에 머문다. 그러나 어린 연어는 계속 내려가서 바다에 다다른다. 두 종 모두 시간이 흘러 성숙한 다음에는, 떼를 지어 자신이 내려온 강을 거슬러오른다. 물에 녹아 있는 광물질과 유기물의 특성을 통해서 자신이 부화한 바로 그 강물을 거의 정확히 찾아낸다. 마침내 그들은 자신이 부화한 바로 그 지류까지 올라가서 그곳에서 알을 낳는다. 많은 종은 알을 낳고 죽는다. 반면에 다시 강을 따라 내려가서 더 잔잔한 물에서 힘을 회복한 뒤, 다음해에 또다시 이 고난의 여정을 되풀이하는 종도 있다.

연어처럼 부지런히 여행을 하는 강의 물고기는 많지 않다. 대다수는 두 번째 전략을 채택하며 물살로부터 새끼를 보호한다. 유럽둑중개는 돌 틈새나 때로 빈 조개껍데기에 알을 낳는다. 그러면 수컷이 알을 지킨다. 다가오는 다른 동물을 격렬하게 공격하기도 한다. 유럽의 또다른 어류인 납줄개는 빈 조개껍데기가 아니라 살아 있는 조개에 알을 낳는다. 번식기에 몸길이가 6-7센티미터인 암컷은 거의 자기 몸길이만큼 긴 산란관을 쭉 내밀어서 조개가 물을 뿜어내는 수관 안으로 조심스럽게 찔러넣는다. 그런 뒤 조개의 외투강 안에 알을 100개쯤 낳는다. 알을 낳는 동안, 수컷은 옆에서 지켜본다. 암컷이 산란을 마치면, 수컷은 정액을 뿜어내며, 조개가 물을 빨아들일 때 이 정액도 함께 빨려 들어가서 알을 수정시킨다. 조개는 계속 물을 빨아들이고 내뱉기 때문에, 수정란도 꾸준히 산소를 공급받는다. 부화한 새끼는 서둘러 살아 있는 보금자리에서 빠져나오는 대신에, 작은 뿔처럼 튀어나온 돌기로 조개 외투막의 부드러운 살에 달라붙은 채 먹이를 먹으면서 자란 뒤에야 이윽고 조개의 출수관을 통해서 바깥 세상으로 배출된다.

조개도 둑중개로부터 이득을 얻는다는 말을 덧붙여야겠다. 둑중개가 산란을 할 무렵에 조개도 번식을 하는데, 조개가 뿜어낸 유생들이 둑중개 성체의 아가미와 지느러미에 달라붙는다. 이 유생들은 계속 달라붙어서 지내다가 때가 되면 강바닥으로 떨어져서 성체로 살아간다.

아마존의 코펠라아놀디라는 작은 물고기는 물속의 모든 위험에서 벗어난 곳에 알을 낳는다. 가장 엄청난 체력을 요하는 번식 해결책이다. 암수는 지느러미를 꽉 결합한 뒤 함께 물 밖으로 뛰어올라서 강물 위로 드리워진 나뭇잎의 밑면에 매달린다. 이들은 아주 긴 특수한 배지느러미로 나뭇잎에 몇 초 동안 매달려 있으면서 작은 수정란 덩어리를 잎에 붙인다. 그런 뒤 물로 떨어진다. 다음 며칠 동안 수컷은 그 아래를 순찰하면서 알이 마르지 않도록 정기적으로 잎에 물을 뿌린다.

민물고기의 한 과인 시클리드는 알을 지킬 뿐 아니라 새끼까지 돌본다. 아프리카와 남아메리카 전역의 호수와 강에는 1,000종이 넘는 시클리드가 산다. 일부 종은 자갈 밭을 열심히 판 뒤 그 안에 알을 낳는다. 잎이나 돌을 꼼꼼히 잘 닦은 다음 끈적거리는 알을 붙이는 종도 있다. 암컷은 노련한 제빵사가 케이크를 장식할 때처럼 아주 세밀하게 줄을 딱딱 맞추어 산란관으로 알을 낳아 붙인다. 암컷이 알을 낳을 때 수컷은 혼인색을 완전히 갖춘 채 지느러미를 쫙 펼치고 떨어대면서 옆에서 헤엄치다가 알에 정자를 뿜는다.

가장 노골적인 방식으로 알을 돌보는 시클리드는 알 주위에서 맴돌면서 산소가 든 물이 잘 흐르도록 계속 지느러미로 부채질을 한다. 다른 물고기가 접근하면 목을 낮추고 지느러미 덮개를 펼치면서 위협하고, 공격해서 물어뜯기까지 한다. 새끼가 부화하면 많은 종은 자갈 밭에 알을 묻어둔 곳을 파서 새끼를 입에 담아 새 은신처로 옮긴다. 옮길 때 턱을 오물거리면서 새끼들을 조심스럽게 굴리면서 잘 씻긴다. 새끼가 자라서 돌아다니기 시작하면, 부모는 옆에서 지키면서 헤엄치며, 무리에서 뒤처지는 새끼가 있으면 입에 넣었다가 물과 함께 내뱉어서 무리의 가장 앞쪽으로 밀어낸다.

더욱 정성껏 새끼를 돌보는 시클리드 종도 많다. 입부화 동물mouth-breeder에 속한 종은 알을 밖에 내놓는 위험을 감수하지 않는다. 알이 수정이 이루어진 즉시, 부모 중 한쪽은 산란된 알을 모조리 입 안에 담은 뒤 열흘쯤 그대로 머금은 채 지낸다. 그 기간에 부모는 아무것도 먹지 못한다. 턱을 천천히 오물거려서 알을 깨끗하게 씻기고 세균 감염을 막는다. 알에서 깨어난 새끼들도 계속 입 안에 머문다. 이윽고 부모는 새끼들을 뱉어내지만, 위험이 닥치면 턱과 목을 팽창시켜서 새끼들을 다시 입으로 빨아들인다. 부화한 지 일주일이 지난 뒤에도 새끼들은 여전히 부모의 입 안을 피신처로 삼는다. 부모가 보내는 신호에 반응하여 돌아갈 때도 있고, 부모의 입술을 깨작거리면서 들여보내달라고 해서 자신의 의지로 돌아갈 때도 있다.

몇몇 아프리카 입부화 종은 이 복잡한 행동을 더욱 정교하게 다듬었다. 암컷은 알을 낳으면 수정되기 전에 입에 넣는다. 수컷은 근처에서 구애 행동을 한다. 수컷은 뒷지느러미에 검은 띠가 있고, 그 안에 노란 반점이 한 줄로 나 있는데, 이 반점은 크기와 색깔이 알과 거의 똑같다. 진짜 알을 입에 담은 암컷은 짝의 지느러미에서 알처럼 생긴 점을 보고 는 그것까지 입에 넣으려고 입을 벌린다. 이때 수컷은 정액을 뿜는다. 즉 알은 암컷의 입 안에서 수정된다.

또다른 시클리드 종류인 디스커스discus fish는 새끼에게 특수한 먹이를 준다. 이름에서 짐작할 수 있듯이, 이 물고기는 원반 모양이며 지름이 약 15센티미터까지 자란다. 몸은 올리브색 바탕에 빨강, 초록, 파랑의 무지갯빛깔로 반짝이는 현란한 띠무늬가 있다. 암컷은 돌이나 잎에 알 을 낳는다. 새끼가 부화하면 부모는 조심스럽게 다른 잎으로 데려가며, 새끼들은 그 잎에 가느다란 실로 매달린다. 이제 부모는 자신의 몸을 점 액으로 뒤덮는다. 점액은 몸 옆쪽에서 분비되며 눈까지 덮는다. 새끼는 잎에서 떨어져 나와서 며칠 동안 꼬물꼬물 움직이면서 부모의 몸을 덮 은 단백질이 풍부한 점액을 갉아 먹는다.

동물이 새끼를 가장 잘 보호할 수 있는 방법은 암컷의 몸속에서 새끼 가 부화하여 가장 무력하면서 취약한 시기인 발달 첫 단계까지 지낼 수 있도록 하는 것이다. 유대류를 제외한 모든 포유류는 이 방법을 이용하 며, 이런 특징은 포유류의 성공에 한몫을 했다고 볼 수 있을 것이다. 그 러나 어류는 포유류가 존재하기 훨씬 전부터 비슷한 방법을 쓰고 있었 다. 바다에서 상어와 가오리는 지금도 이런 식으로 번식을 하며, 많은 민물어류도 그렇게 한다. 거피는 열대의 강과 호수에서 무리지어 헤엄 치면서 새끼를 낳는 큰 과에 속한 구성원 중의 하나이다. 수컷의 뒷지느러미는 교미지느러미gonopodium라는 움직일 수 있는 작은 관 형태로 변형되어 있다. 수컷은 이 관으로 암컷의 생식기 안으로 정자 탄환을 쏜다. 수컷은 자신보다 몸집이 훨씬 큰 암컷 주위를 맴돌면서 번식할 준비가 되었는지를 살피다가, 때가 왔다는 판단이 들면 겨냥을 한다. 그리고는 재빨리 달려들어 교미지느러미를 가져다댄다. 한 번 쏘는 것만으로도 암컷이 서너 배에 걸쳐서 낳을 알들을 충분히 수정시킬 수 있다. 새끼를 낳을 때가 되면 암컷의 몸 뒤쪽에 짙은 삼각형 얼룩이 뚜렷해진다. 새끼들이 모여 있는 부위이다. 이윽고 한 번에 한 마리씩 새끼가 나오며, 충분히 자라서 제 모습을 갖춘 새끼는 나오자마자 재빨리 물풀 사이로 몸을 숨긴다.

브라질 남부의 강에 사는 네눈박이송사리는 아주 특이한 방식으로 이 같은 성적 기구를 개발했다. 이들의 교미지느러미는 지느러미살과 피부의 합작품이어서, 거피 수컷의 것과 달리 움직임이 자유롭지 못하다. 사실 네눈박이송사리 수컷의 교미지느러미는 한쪽 방향만을 가리킬 수 있다. 왼쪽으로 향한 개체도 있고, 오른쪽으로 향한 개체도 있다. 네눈박이송사리 암컷의 생식기도 마찬가지로 비대칭이다. 따라서 왼쪽으로 정자를 쏘는 수컷은 생식기가 오른쪽으로 향한 암컷과만 짝짓기를 할 수 있다.

강에 이렇게 다양한 물고기들이 많이 살기 때문에 포식자들도 몰려들기 마련이다. 강 물고기들 중에서 가장 사나운 종류는 남아메리카의 강에 서식하는 피라냐이다. 이들은 대체로 작은 편이다. 많은 종은 가장 큰 개체도 몸길이가 60센티미터를 넘지 않는다. 그러나 이들은 아마존 부족이 가위로 쓸 만치 날카로운, 삼각형의 가공할 이빨을 가지고 있다. 피라냐는 대개 절지동물과 지렁이를 먹으며, 식물도 먹는다. 다른 물고기도 먹기는 하지만, 대개 다치거나 병든 개체를 공격한다. 또 카피바라 같은 훨씬 더 큰 동물도 공격하는데, 이미 다치거나 익사한 개체가 주요 대상이다. 피라냐는 무리 지어 사는데, 아마도 카이만, 조류, 더 큰 어류 같은 포식자로부터 자신을 보호하기 위해서일 것이다. 그리고 먹이를 공격할 때면 모두 하나가 되어 행동한다. 죽거나 살아 있는 동물을 먹을 때면 물에 피가 번져 나올수록 이들은 점점 광폭해진다. 뼈에서 마지막 남은 살점까지 뜯어 먹기 위해서 서로 경쟁한다. 그런 공격을 펼치는 모습이 섬뜩해 보일 수 있지만, 피라냐가 사람에게 위험하다는 생각은 사실 매우 과장된 것이다. 그들은 상처가 나서 피가 물로 흘러들지 않는 한 사람을 공격하지 않으며, 게다가 사람이 주로 건너거나 배에서 떨어지기 쉬운 급류 지대에는 거의 살지 않는다.

강의 어류를 공격하는 다른 사냥꾼들도 있다. 거북은 강바닥에서 가만히 물고기를 기다린다. 거북은 빨리 헤엄치지 못하므로, 몰래 다가가서 먹이를 잡는다. 남아메리카의 마타마타거북은 머리와 목의 군살과 주름에 달린 너덜거리는 피부로 위장을 한다. 등딱지 역시 울퉁불퉁하며 조류로 덮여 있는 경우도 있다. 썩어가는 잎과 잔가지가 쌓인 바닥에 엎드려 있으면, 거의 눈에 띄지 않는다. 물고기가 가까이 다가오면, 거북은 갑자기 입을 쩍 벌려서 집어삼킨다. 악어거북은 민물거북 중에서 가장 큰 편으로 몸길이가 75센티미터까지 자란다. 이들은 더 적극적으로 물고기를 잡는다. 이들은 입 바닥에 작은 돌기가 나 있는데, 돌기의 끝이 새빨간 지렁이처럼 생겼다. 이들은 턱을 벌린 채 이따금 이 돌기를 씰룩거린다. 돌기는 작은 빨간 미끼 역할을 하는데 물고기가 먹으러 다가오면, 입을 덥썩 닫아서 삼킨다.

크로커다일 및 그 아메리카 친척인 카이만과 앨리게이터는 어릴 때는 물고기를 잡아먹지만, 성체가 되면 죽은 고기를 주로 먹는다. 그러나 인도에 사는 악어인 가리알(또는 가비알)은 평생 어류만 먹는다. 턱이 넓적한 크로커다일에 비해 가리알은 턱이 좁고 길어서 물속에서 탁 다물기가 훨씬 수월하며, 머리를 좌우로 휘두르면서 먹이를 잡는다. 가리알은 몸길이가 6미터까지 자라는 거대한 파충류이지만, 물고기를 무는 데 필요한 근육은 크로커다일이 영양 사체의 다리를 뜯어내는 데 쓰는 근육보다 약해도 된다. 그래서 비교적 무는 힘이 약하며, 사람을 공격했다는 기록은 전혀 없다.

이제 강은 중간쯤에 도달했다. 젊음이 넘치는 활기찬 도약과 속도, 변덕스러운 경로는 다 지나갔다. 지나가면서 땅을 갈아내고 찢어내는 일도 더 이상 하지 않는다. 강은 중년에 다다른 상태이다. 더 넓게 더 천천히 흐르는 강물은 여전히 탁할지도 모르지만, 퇴적물을 휘감아 올리기보다는 쌓을 가능성이 더 높다. 강둑의 숲과 초원에서 진흙이 씻겨 들어오면서 물은 더욱 비옥해진다. 물가에 반쯤 잠긴 식물들이 잔잔한 물결에 이리저리 흔들린다. 가장자리와 후미에서는 골풀과 갈대가 늘어서 있다. 온갖 육상동물이 물을 마시러 오고, 큰 무리가 물가를 마구 짓밟기도 한다.

족제빗과는 모두 사나우면서 노련한 사냥꾼인데, 그중에는 물고기를 잡아먹는 쪽으로 분화한 종도 있다. 물갈퀴가 달린 발, 닫을 수 있는 귀, 방수가 되는 털을 갖춘 수달이다. 수달은 물결치듯이 유연하게 몸을 구부리면서 빠르게 물속에서 물고기를 뒤쫓는다. 수달로부터 달아날 수 있는 어류는 거의 없다. 수달은 때로 꼬리로 수면을 찰싹찰싹 쳐서 물고기 떼를 얕은 웅덩이로 몬 뒤에 공황 상태에 빠진 물고기들을 더 쉽게 잡아먹는다.

둑 위쪽 나무에는 물총새가 앉아 있다. 매처럼 능숙하게 날개를 치면서 공중에서 정지 비행을 할 수 있는 종도 있다. 조심성이 없는 물고기가 수면 가까이 다가오면, 물총새는 머리를 아래로 향한 채 물속으로 뛰어들어 날카로운 부리로 낚아채 앉아 있던 자리로 돌아온다. 그런 뒤물고기를 몇 번 나뭇가지에 패대기쳐서 기절시키거나 죽인 뒤, 공중으로 던졌다가 입으로 받아서 꿀꺽 삼킨다. 지느러미의 가시가 거꾸로 박혀서 목에 걸리는 일이 없도록 머리부터 삼킨다.

동남아시아와 아프리카에서는 밤에 올빼미가 물고기를 잡으러 강으로 온다. 이들은 다리에 깃털이 없기 때문에, 물을 튀기지 않으면서 물속으로 다리를 집어넣어 물고기를 움켜쥔다. 발바닥에는 가장자리가 날카로운 가시 같은 비늘이 나 있어서 꿈틀거리는 미끄러운 물고기도 꽉 움켜쥘 수 있다. 이들은 비행하고 먹이를 덮칠 때 숲의 올빼미에 비해 의외로 소음을 많이 내는 듯하다. 숲의 올빼미는 날개 비행깃털의 가장자리에 소리를 줄이는 특수한 솜털이 붙어 있다. 그러나 물고기를 잡는 올빼미는 그런 소음기가 필요 없다. 들쥐나 생쥐와 달리, 물고기는 공중의 소음에 그다지 민감하지 않기 때문이다.

아메리카에는 물고기를 잡는 올빼미가 없다. 수면을 가르면서 스치는 갈고리발톱은 조류가 아니라 박쥐의 것이다. 이런 물고기잡이 기술을 구사하는 두 동물이 함께 살아갈 여지는 없는 모양이다. 신대륙에서는 불도그박쥐가 먼저 이 기술을 개발했고, 그 뒤로 야간 물고기잡이 권리를 줄곧 유지했다.

강에 수생식물을 뜯어 먹으러 오는 육상동물도 있다. 유럽에서는 통통한 얼굴에 복슬복슬한 꼬리가 달린 물밭쥐가 강둑에서 자라는 풀을 베고 갈대를 쓰러뜨리면서 바쁘게 돌아다닌다. 헤엄도 잘 치고 잠수도 잘하지만, 이들에게는 물에서 지내는 데에 도움이 되는 어떤 특별한 신체 적응 형질도 없다. 반면에 비버는 유럽에서는 예전에 비해 그 수가 많이 줄어들었지만 지금도 북아메리카에는 많은 수가 살고 있으며, 정말로 헤엄치는 데에 알맞은 형질을 잘 갖추고 있다. 뒷발에는 물갈퀴가 있고, 털은 빽빽하고 방수가 되며, 귀와 콧구멍을 닫을 수 있으며, 꼬리는 납작하고 넓으면서 털이 없어서 뛰어난 노 역할을 한다. 비버는 땅을 파서 나리의 뿌리를 캐먹고 부들을 씹어 먹지만, 주식은 강이 아니라 강둑에서 구한다. 사시나무, 자작나무, 버드나무 같은 낙엽수의 잔가지와 잎을 씹고, 줄기 껍질을 벗겨서 먹는다. 또 줄기 지름이 50센티미터에 달하는 나무까지 쏠아서 쓰러뜨린다. 이런 나무를 강으로 끌고 들어와서 얕은 곳에 걸쳐놓은 다음 그 사이사이에 진흙, 돌, 가지, 나무줄기, 식물체를 계속 쌓아서 이윽고 강을 가로지르는 둑을 만든다. 그러면 물의 흐름이 느려지고 상당한 크기의 호수가 생긴다. 이 동물은 끊임없이 움직이면서 둑 가장자리에 집을 짓는다. 커다란 돔 모양의 구조물로서, 물속에 한두 개의 입구가 있다. 여기에서 온 가족이 생활한다. 이런 노력으로 만든 호수는 식품 창고 역할을 한다. 비버는 나뭇가지와 덤불을 끌어와서 물속에 가라앉혔다가 땅이 눈으로 덮이고 호수가 얼음으로 덮인 겨울에 녹색을 띤 식물을 건져 먹는다. 비버는 호수에서 가장 얼음이 두껍게 덮인 곳 아래 얼지 않은 입구를 통해 드나들 수 있다. 호수는 아주 안전하기도 하다. 수위가 떨어지지 않도록 댐을 잘 수리하기만 하면 입구는 바깥 세계에 드러나지 않을 테니 강도에게 당할 일은 없을 것이다.

강에 사는 동물들 중에서 몸집이 가장 큰 아프리카의 하마도 강을 먹이 공급원이 아니라 보호 수단으로 삼는다. 하마 떼가 강에서 빈둥거리고 으르렁거리고 하품을 하고 서로 싸우는 모습을 흔히 볼 수 있다. 물의 부력이 거대하고 굼뜬 몸을 받쳐주는 덕분에 이들은 물속에서 발을 가볍게 톡톡 디디면서 쉽게 돌아다닐 수 있다. 우리는 하마가 물속에서 느긋하게 있는 모습만 주로 보기 때문에, 하마가 강에 사는 동물이라고 생각하기 쉽지만, 실제로는 밤에 뭍에서 가장 활발하게 움직인다. 그들은 늦은 저녁에 강둑으로 올라온다. 이 길은 대대로 계속 다니던 곳일 수도 있다. 하마는 풀을 뜯어 먹으며, 하룻밤에 20킬로그램까지도 먹어 치운다. 그리고 새벽이 오기 전에 다시 강으로 돌아온다. 강에는 이들을 공격할 만큼 커다란 동물이 없다. 악어조차도 공격하지 못한다. 뭍과 물을 오가는 하마 떼의 행동은 강의 동물들에게 매우 중요한 역할을 한다. 하마는 으레 물속에서 배설을 하기 때문이다. 따라서 하마는 육상 식물이 합성한 영양분 가운데 상당량을 매일 강으로 운반하는 역할을 하며, 다음에 쏟아질 배설물을 먹기 위해서 물고기 떼가 늘 하마의 꽁무니를 쫓아다닌다. 초식동물이기는 하지만 하마는 사람에게 극도로 위험하다. 해마다 수백 명이 하마에게 목숨을 잃는데, 주로 사람이 새끼에게 위협을 가한다고 생각하기 때문이다.

강은 바다를 향해 계속 흘러가면서, 강이 쓰는 깎아내는 도구인 모래와 자갈에 거의 끄떡도 하지 않는 더 단단한 암반층을 만나기도 한다. 그럴 때 강은 기울기가 완만해지면서 넓어지다가 이윽고 단단한 암반층의 가장자리로 흘러넘쳐서 다시 침식을 재개한다. 그러면서 강을 따라 낭떠러지와 폭포가 생겨난다. 세계의 큰 폭포는 대부분 그렇게 생겨난 것이다. 잠베지 강의 빅토리아 폭포, 남아메리카 파라나 강 지류의 이과수 폭포, 북아메리카 오대호 중 두 곳 사이를 흐르는 나이아가라 폭포도 그렇다.

이런 폭포들은 앙헬 폭포에 비하면 높이가 낮지만, 흐르는 물의 부피와 폭은 훨씬 더 크다. 강물은 폭포를 만든 장벽의 위쪽 표면을 침식시키지는 못할지 몰라도 밑에서부터 공격할 수는 있다. 폭포에서 쏟아지는 물은 아래쪽의 더 부드러운 암석에 떨어져서 암석을 침식해서 그 단단한 층의 아래쪽을 파내며, 이윽고 위쪽의 암석 덩어리가 가장자리에서 쪼개지면서 폭포 아래로 굴러떨어진다. 강을 따라 이런 거대한 폭포들은 계속 만들어지고 무너지며, 그 아래쪽에는 좁고 깊은 골짜기가 생겨나고는 한다. 나이아가라 폭포는 현재 연간 1미터씩 뒤로 깎여나가고 있다.

이런 거대한 폭포는 나름의 미시 기후를 빚어낸다. 떨어지는 거대한 물줄기는 폭포 아래의 골짜기 벽을 타고 밀려 올라가는 돌풍을 일으켜서 물을 비산시킨다. 그 결과 빅토리아 폭포에서는 주변의 바짝 구워지는 사바나와 대조를 이루는 축소판 우림이 조성된다. 이곳에서는 난초, 야자, 고사리가 무성하게 자라며, 쏟아지는 물의 굉음 사이로 개구리 울음소리와 곤충의 윙윙거리는 소리까지 들을 수 있다.

이과수 폭포에서 칼새는 폭포수 안쪽 움푹 들어간 곳을 둥지로 삼는다. 이들은 낮에는 거의 보이지 않을 만치 높은 하늘에서 곤충을 사냥한다. 저녁이 다가오면 아주 높은 고도에서 큰 무리를 지었다가, 해가 지기 직전에 엄청난 속도로 하강을 시작한다. 이들은 쏟아지는 물이 이루는 벽까지 곧장 하강한다. 부딪치기 직전에 날개를 탁 접고는 그 속도 그대로 물을 뚫고 들어가서 위쪽으로 빠르게 방향을 틀었다가 발을 앞으로 내밀어서 바위에 달라붙는다. 마른 곳에 앉는 개체도 있고, 물이 몸 위로 졸졸 떨어지는 곳에 앉는 개체도 있는데, 이들은 목욕도 즐기는 듯하다. 물을 맞으면서 털을 고르고, 때로 물을 마시기도 한다. 사람이 보기에는 이렇게 폭포 뒤에 내려앉는 행동이 위험에 비해 보상이 크지 않는 양 보이지만, 이들은 비행 능력이 아주 뛰어나며 물을 뚫고 들어가다가 실패하는 경우도 없으므로, 이 난공불락의 둥지에 들어가는 데에 아무런 위험도 없다고 결론을 내릴 수밖에 없다.

강의 여정은 이제 끝나가고 있다. 이제 강은 노년에 다다른 상태이다. 살지고 느릿느릿 움직인다. 여전히 퇴적물을 일부 운반하기는 하지만, 여기서 일부 집어서 저기서 떨구는 식으로 변덕스럽게 할 뿐이다. 강물이 굽이를 돌아 흐를 때 바깥쪽에서는 안쪽보다 더 멀리 돌아야 하므로, 안쪽보다 물이 더 빨리 움직여야 한다. 따라서 굽이의 바깥쪽에서는 퇴적물이 떠내려가면서 둑을 깎아내는 반면, 안쪽에서는 가라앉아서 조약돌과 개흙의 둑이 쌓인다. 따라서 늙어가는 강은 평원을 지나면서 서서히 좌우로 더 구불구불해진다. 때로 굽이가 너무 심해져서 한 굽이와 다른 굽이의 사이가 좁아지다가 목 부분이 무너지면서 합쳐진다. 그러면 강물은 더 짧은 경로로 흐르고, 굽이였던 곳은 분리되어 호수가 된다.

이 호수는 고요하다. 강 생물들의 습성과 구조 중 상당 부분을 지배하는 요인인 끊임없이 당기는 물살의 힘은 사라진다. 생명은 새로운 형태를 취할 수 있다. 식물은 더 이상 둑이나 바위에 꽉 달라붙지 않는다. 이제 수면에 잎을 띄워서 빛을 최대한으로 많이 받을 수 있다. 수련은 바닥에 두껍게 쌓인 퇴적물에 뿌리를 내리고 수면 위로 싹을 내밀고 둥근 잎을 펼친다. 수련 중에서 가장 큰 아마존의 빅토리아수련은 대단히 공격적으로 잎을 펼침으로써 호수에서 다른 식물들을 모조리 몰아낸다. 공기로 채워진 튼튼한 잎맥과 그 아래의 가시로 무장한 거대한 잎은 가장자리에 테두리가 둘러져 있다. 잎의 지름이 2미터까지 자라면서 이 테두리는 수면에 있는 다른 모든 식물을 밀어내고 공간을 독차지한다. 꽃은 수프 접시만 하며, 처음 벌어질 때는 하얗다. 딱정벌레가 유달리 좋아하는 냄새를 풍긴다. 모여든 딱정벌레들은 꿀이 잔뜩 분비되는 꽃 한가운데로 향한다. 활짝 핀 꽃에는 최대 40마리까지 모여들기도 한다. 대부분은 다른 꽃에서 꽃가루를 잔뜩 묻히고 와서 암술로 옮긴다. 오후에는 꽃잎이 천천히 닫히고 만찬을 즐기던 곤충들은 그 안에 갇힌다. 곤충은 다음날 꽃잎이 벌어질 때까지 그대로 갇혀 있다. 밤 사이에 온몸에 꽃가루를 묻힌 곤충은 이제 다른 꽃으로 날아가서 꽃가루를 옮긴다. 수정이 된 꽃은 천천히 자주색으로 변해서 시든다.

이 거대한 잎 위를 우아한 물떼새만 한 몸집의 물꿩이 걸어다닌다. 이들은 발가락과 발톱이 아주 길어서 떠 있는 잎의 넓은 면적에 체중을 분산시킨다. 물꿩은 넓은 수련잎뿐 아니라 훨씬 더 작은 떠 있는 잎들 위로도 걸어다닌다. 심지어 부력이 있는 잎들을 모아서 갈대 사이에 고정시켜서 수면에 둥지를 만든다. 그들은 식물도 어느 정도 먹지만, 떠 있는 식물과 수면에서 돌아다니는 작은 곤충을 사냥하면서 대부분의 시간을 보낸다.

물은 자기력과 비슷하게 물 분자끼리 서로를 끌어당기는 강한 물리적 힘 때문에 물방울들이 흩어진 모양이 아니라 뭉쳐진 액체를 이루고 있다. 수면을 이루는 분자들의 위쪽에 있는 기체 분자들은 끌어당기는 힘이 그다지 강하지 않다. 따라서 수면에 있는 물 분자들의 힘은 서로서로 또 그 아래에 있는 분자들 사이에 집중된다. 이런 식으로 물 분자들 사이에 유달리 강력한 결합이 이루어짐으로써 물은 작은 곤충을 충분히 떠받칠 만큼 강한 탄력을 지닌 피부처럼 작용한다. 이 탄력 있는 발판 위에서 살면서 물의 이 놀라운 성질을 이용하는 생물들도 많다.

동물이 이 분자 피부 위에서 돌아다녀야 한다면, 이 피부를 파손해서는 안 된다. 물리적으로 물 분자를 밀어내는 왁스나 기름을 이용하면 파손을 막을 수도 있다. 그래서 수면에 사는 곤충인 소금쟁이는 발이 왁스로 덮여 있으며, 6개의 작은 발을 넓게 벌린 채 물 위에 서 있을 수 있다. 각 발이 닿아 있는 수면이 약간 가라앉을 뿐이다. 핀 머리만 한 톡토기는 온몸이 왁스로 덮여 있다. 그러나 이들은 아주 작고 가볍기 때문에, 이들에게 주된 문제는 수면을 깨고 빠지는 것이 아니라 바람에 흩날린다는 것이다. 그래서 이들은 왁스로 덮이지 않은 작은 말뚝을 몸 아래쪽에서 내밀어 물속에 박고 있다. 수면 막은 이 말뚝을 꽉 붙드는 쪽으로 작용한다. 다리에도 왁스가 없는 발톱이 나 있으며, 이 발톱으로 수면 막을 찍어서 붙들고 있다.

톡토기는 물에 떨어지는 꽃가루와 조류 홀씨를 먹는다. 수면에 사는 다른 동물들은 대부분 바람에 실려오는 작은 곤충을 먹는다. 이런 곤충은 물의 부력 때문에 가라앉지 않지만, 수면의 물 분자들이 떨어진 곤충을 적시면서 표면 장력으로 옭아맨다. 마치 접착제 안에 떨어진 것과 비슷하다. 이들은 빠져나오려고 몸부림을 치는데, 이때 탄성을 띤 수면으로 잔물결이 퍼져나간다. 물 위를 걷는 사냥꾼은 재빨리 이를 알아차리고 달려온다. 가장 먼저 도착한 소금쟁이는 경쟁자가 감지하지 못하도록 먹이를 재빨리 수면에서 들어올린다. 그러면 먹이를 독차지할 수 있을 것이다. 흑닷거미는 물가에 앉아서 앞다리를 물에 담근 채 수면 막에서 발생하는 진동을 감지한다. 육지에 사는 친척 종이 거미줄의 움직임에 반응하는 것과 같은 방식이다. 이 거미는 둑 아래쪽에 거미줄을 묶은 뒤 물을 밀어내는 발 8개로 진원지로 달려가서 먹이를 잡으면 줄을 잡아당겨서 돌아온다.

물맴이는 잔물결로부터 다른 정보를 얻는다. 이들은 수면에서 계속 맴돌면서 스스로 잔물결을 일으킨다. 그리고 무엇인가에 부딪쳐서 돌아오는 잔물결을 감지해서 주변에 있는 장애물을 검출할 수 있다. 소금쟁이는 잔물결을 더욱 세밀하게 읽는다. 격렬하게 움직이는 운동선수처럼 몸을 떨어서 수면 막을 독특한 진동수로 진동시킴으로써 짝짓기를 할 준비가 되었음을 다른 개체들에게 알린다.

아마 표면 장력 막을 가장 놀라운 방식으로 활용하는 동물은 딱부리반날개일 것이다. 이들은 주로 물가의 땅에서 사는데, 수면에 떨어질 때면 꽁무니에서 물 분자 사이의 인력을 줄이는 특수한 화학물질을 분비하여 소금쟁이와 거미를 피한다. 꽁무니에서는 더 이상 표면 장력이 유지되지 않지만, 앞다리는 표면 장력에 의해서 당겨지므로, 딱부리반날개는 마치 작은 선외 모터를 가동한 양 수면을 빠르게 나아간다. 심지어 배를 좌우로 구부려서 방향도 바꿀 수 있으며, 대개 누구도 따라올 수 없을 만치 빠르게 휙 방향을 틀면서 안전하게 물가로 다시 올라간다.

구불구불한 강에서 떨어져 나온 호수는 비교적 작다. 더 큰 호수는 다른 식으로 생겨난다. 산사태로 골짜기가 막히거나, 빙하가 암석들을 밀어내면서 쌓은 벽 안쪽에서 빙하가 녹거나, 인간이 댐을 건설해서 생긴다. 중앙아시아의 바이칼 호와 동아프리카의 호수들은 엄청난 지각 운동으로 대륙 자체에 생긴 거대한 틈새에 물이 고인 것이다. 북아메리카의 오대호는 이 대륙의 대부분이 얼음으로 뒤덮였던 빙하기에 생긴 분지에 물이 고이면서 만들어졌다. 골짜기의 깊은 분지로 빙하가 흘러들었을 뿐 아니라, 그 밑의 유연한 현무암층이 얼음의 무게에 눌려서 지역 전체가 가라앉았다. 그 뒤로 얼음은 비교적 빨리 녹았지만, 대륙 자체는 아직 본래의 높이로 돌아오지 않은 상태이다.

호수의 가장자리 얕은 만의 골풀 사이사이의 작은 공간에서는 생명이 우글거린다. 잠자리와 실잠자리, 각다귀와 모기가 식생 사이에서 번식을 한다. 개흙에서는 고둥과 조개가 살고, 강꼬치고기와 피라냐는 물에서 사냥한다. 잉어와 시클리드는 식물을 뜯어 먹는다. 그러나 수심이 깊어지는 곳으로 가면 상황이 급변한다.

바이칼 호는 세계에서 가장 깊은 호수로, 수심이 1.5킬로미터에 달하는 곳들도 있다. 대양에 비하면 그리 깊다고 할 수 없지만, 대양의 바닥은 해류가 흐르는 곳이 많은 반면에, 커다란 민물 호수는 닫힌 세계이기 때문에 바닥에서 교란이 거의 일어나지 않는다. 호수로 흘러드는 강물은 비교적 따뜻하므로 깊은 곳에 있는 차가운 물 위로 떠오른다. 때로 큰 폭풍우로 표층이 심하게 요동치면서 상당한 깊이까지 교란이 일어날 수도 있지만, 대개 큰 호수의 깊은 물은 수온이 어는점에 가깝고 컴컴하며 산소가 거의 없다. 그런 곳에 괴물이 산다는 전설이 많기는 하지만, 실제로는 생물이 거의 살지 못한다.

그러나 이런 호수들은 나름의 생물학적 특징이 있다. 물이 고립되어 있으므로, 일단 그곳에 자리를 잡은 동물 군집에 새로운 동물이 받아들여지는 일은 거의 없다. 길 잃은 수생동물이 그곳에 다다르는 방법은 강물을 통하는 것뿐인데, 상류에 있는 호수로 들어가려면, 물살을 거슬러 헤엄치면서 더 작은 호수를 건너고 폭포를 거슬러올라야 한다. 그렇게 할 수 있는 동물은 거의 없으며, 큰 호수에 사는 종들은 거의 다 상류에서 내려온 것들이다. 이 작은 공동체에 사는 개체들 사이에서 유전적 변화도 조금 일어날 수 있는데, 더 큰 번식 개체군에서는 다수에게 밀려서 그런 변이가 금방 사라지겠지만 이런 호수에서는 보존될 가능성이 더 높다. 따라서 호수 동물들은 독특한 특징을 갖춘 종으로 발달하는 경향이 있다. 탕가니카 호는 약 150만 년 된 호수로, 이곳에서만 볼 수 있는 시클리드 130종과 다른 어류 50종이 산다. 새우와 조개 중에도 그런 종이 많다. 바이칼 호에 사는 생물들은 더욱 놀랍다. 동물 1,200종과 식물 500종 가운데 80퍼센트 이상이 다른 곳에서는 볼 수 없는 생물이다. 빨간색과 주황색의 줄무늬와 얼룩무늬가 있는 커다란 편형동물도 있고, 수심 1킬로미터의 바닥에서 살아가는 둑중개도 있다. 이 호수에는 바다에 비해 칼슘염이 부족하므로, 이곳에서 사는 연체동물은 바다에 사는 친척들보다 껍데기가 훨씬 얇다. 이 호수에만 사는 포유류도 1종 있는데, 바로 물범이다. 북극 지방에 사는 고리무늬물범과 생김새가 비슷하며, 그 종의 후손일 것이 거의 확실하다. 문제는 이 호수가 북극해로부터 2,000킬로미터 넘게 떨어져 있으므로, 강을 통해서 이곳까지 오려면 무수한 급류와 폭포를 거슬러올라야 한다는 사실이다. 물범의 능력으로는 불가능해 보인다. 이 물범은 빙하기에 처음 강을 거슬러 호수로 올라왔을 가능성이 있다. 당시에는 경로가 훨씬 더 짧고 쉬웠을지도 모른다. 현재 바이칼물범은 민물에 사는 유일한 물범일 뿐 아니라, 다른 물범들보다 몸집도 훨씬 더 작다.

지질학적으로 볼 때 호수는 지표면의 일시적인 특징이다. 강줄기에서 끊겨나온 호수는 수십 년 사이에 사라질 수도 있다. 더 큰 호수는 수천 년을 존속할 수도 있지만, 그런 호수도 크기가 점점 줄어든다. 강은 고요한 호수로 들어갈 때 퇴적물을 떨구어 삼각주를 형성한다. 삼각주는 천천히 넓어지면서 호수의 바닥을 덮는다. 하천을 통해 주변 땅에서 씻겨 들어온 퇴적물로 호수의 가장자리는 점점 얕아진다. 바닥까지 햇빛이 닿으면 그곳에 식물이 뿌리를 내리며, 자라는 줄기와 시기마다 쌓여서 썩어가는 낙엽과 뿌리는 물을 더욱 정체시킨다. 그리하여 호수는 먼저 습지가 되고, 이어서 늪이 되었다가 마침내 비옥한 풀밭이 된다. 애초에 호수의 물을 채웠던 강은 여전히 그 옆을 흐른다.

**위** 사하라 사막의 모래언덕. 한낮에는 태양의 열기가 너무나 강해서 크든 작든 모든 동물은 그대로 햇빛에 노출되면 살아남지 못한다. 낮에는 모래에 굴을 파고 들어가 있다가 밤에만 나와서 돌아다니는 동물들이 극소수 살아간다.

**아래** 사하라 중부의 타실리 암벽화는 약 1만 년 전 이 지역이 영양, 하마, 악어뿐 아니라 소를 모는 사람들도 살아갈 만큼 물이 풍족했다는 증거이다.

**위** 갯과 동물들 중에서 가장 작은 사막여우는 뜨거운 낮에는 시원한 땅속 굴에서 지낸다. 밤에 나와서 예민한 아주 큰 귀를 이용하여 작은 설치류, 도마뱀, 딱정벌레를 사냥한다. 이 귀는 식어가는 모래 위에서 동물이 내는 아주 작은 소리까지도 들을 수 있다.

**아래** 땅다람쥐. 대부분의 다람쥐류는 꼬리로 의사소통을 한다. 남아메리카의 이 케이프 땅다람쥐는 꼬리를 파라솔로도 삼는다.

**맞은편 위** 오만에 사는 사막꿩 수컷은 독특하게 변형된 배 깃털을 물에 푹 적신 뒤 40킬로미터 떨어진 둥지에 있는 아직 날지 못하는 새끼에게 날아가서 물을 먹인다.

**맞은편 아래** 애리조나에서 길달리기새가 도마뱀을 잡아서 새끼에게 가져가고 있다. 새끼에게 도마뱀을 줄 때 목 안쪽에 담았던 물도 함께 준다.

**맞은편** 애리조나의 사와로선인장. 높이 10미터, 무게 7톤까지 자랄 수 있다. 이렇게 엄청나게 크기 때문에 대량의 물을 저장할 수 있으며, 극도로 건조한 곳임에도 200년까지 살 수 있다.

**위** 아프리카 남서부 나미브 사막의 연안 지역에 사는 사막거저리는 언덕 꼭대기에 올라가서 배를 치켜올린 자세로 바다에서 불어오는 바람에 실린 수분을 포획한다. 수분이 몸에 달라붙어서 물방울이 되어 흘러내리면 받아 마신다.

**아래** 아프리카 남서부 나미브 사막의 웰위치아는 지름이 1미터에 달하기도 하는 엄청나게 부푼 지하 뿌리에 물을 저장한다. 각 개체는 띠 같은 잎을 단 2개만 내는데, 잎이 시간이 흐르면서 누더기가 되는 바람에 훨씬 많은 양 보인다. 이들은 혹시라도 물이 흐를 때면 언제든 흡수할 수 있도록 메마른 강바닥에서 자란다.

**위** 미국 애리조나의 사막에 사는 쟁기발두꺼비는 비가 내려서 일주일쯤 물웅덩이가 생기면 바쁘게 짝을 찾고 알을 낳는 등 한살이를 마친다. 새끼도 그 짧은 기간에 다 자란 뒤 굴을 파고 땅속으로 들어간다.

**아래** 황금두더지. 거의 평생을 모래 속에서 지낸다. 몸은 앞에서 뒤로 갈수록 홀쭉해지고, 근육질인 네 다리로 헤엄치듯이 움직이면서 모래 속을 나아간다. 지렁이, 곤충, 때로는 굴을 파는 도마뱀도 먹는다. 아프리카에 20여 종이 산다.

**맞은편 위** 미국 캘리포니아 모하비 사막의 식생. 앞쪽에 딸기선인장이 꽃을 피우고 있고, 뒤쪽에 조슈아나무가 보인다.

**맞은편 아래** 나뭇잎을 뜯어 먹는 낙타. 아라비아의 낙타는 야생에 사는 것까지 모두 길들인 낙타의 후손이라고 여겨진다.

**오른편** 홀씨를 뿜어내는 말불버섯. 홀씨는 먼지 알갱이만 하며, 말불버섯 하나에서 수백만 개가 만들어지기도 한다.

**아래** 호박벌이 앞서 앉았던 꽃에서 꽃가루를 묻힌 채 제라늄 꽃에 내려 앉고 있다. 영국.

**위** 토끼박쥐가 연못에서 물을 마시고 있다. 영국.

**아래** 나그네앨버트로스 한 쌍이 서로 과시 행동을 펼치고 있다. 사우스조지아 섬.

**오른편** 동굴에 둥지를 트는 기름쏙독새는 클릭음의 메아리를 이용해서 어둠 속에서도 길을 찾는다.

**아래** 제왕나비는 가을에 북아메리카에서 남쪽으로 이주를 시작하며, 멕시코 골짜기의 나무들에 빽빽하게 달라붙어서 겨울을 보낸다.

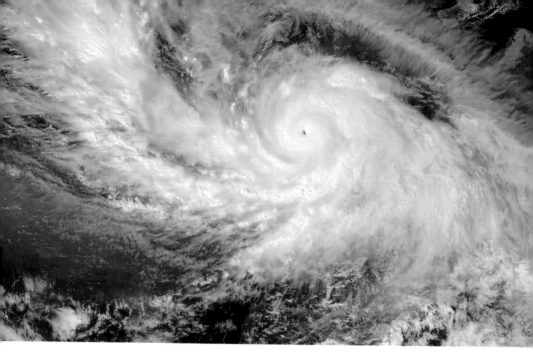

**위** 2015년 동태평양에서 발생한, 최대 풍속이 시속 300킬로미터에 달하고, 지름이 400킬로미터에 이른 허리케인 패트리샤의 항공 사진.

**아래** 먹파리 유충들의 수중 집단. 바위에 달라붙어서 턱을 벌린 채 물살에 실려서 먹이 알갱이가 밀려들기를 기다리고 있다. 스위스 프리부르의 에르게라 강.

**위** 에콰도르의 한 물살이 빠른 강에서 산오리가 길고 빳빳한 꽁지깃과 날개의 뿔 같은 돌기로 물살에 맞서서 몸을 지탱하고 물속의 곤충 유충을 잡아먹고 있다.

**아래** 흰가슴물까마귀가 물속에서 헤엄치면서 먹이를 찾고 있다. 독일 바이에른.

**맞은편** 세계에서 가장 높은 앙헬 폭포. 1,000미터 높이의 암반에서부터 물이 떨어진다. 너무 높아서 바람이 조금만 불어도 많은 물이 바닥에 닿기도 전에 흩날려서 사라진다.

**위** 말라위 호수에 사는 시클리드 수컷. 산란이 끝나면, 부모 중 한쪽이 수정란을 입에 머금어서 포식자로부터 지킨다. 알은 일주일쯤 뒤에 부화하지만, 그 뒤로도 며칠 동안 새끼들은 위험이 닥치면 부모의 입 속으로 피신한다.

**아래** 아마존의 디스커스는 독특한 방식으로 새끼를 먹인다. 옆구리에서 영양가 있는 점액을 분비하여 새끼들이 갉아 먹게 한다.

**위** 고기잡이올빼미가 하천에서 잡은 물고기를 들고 짝에게 날아가고 있다.

**아래** 소금쟁이는 아주 가벼워서 물의 표면장력을 깨지 않으면서 넓게 펼친 다리로 몸을
지탱할 수 있다. 영국.

**위** 큰가시연꽃 위에 앉아 있는 어린 검정카이만. 가이아나.

**아래** 큰가시고기를 잡아먹고 있는 뗏목거미. 영국.

범람원에서 해안으로 나아가는 강은 노년의 마지막 한 장을 펼친다. 이제 비탈이 아주 완만해지고 물의 움직임도 아주 느려지면서, 강은 가장 고운 알갱이들을 거의 다 떨군다. 곳곳에 모래둑과 개흙둑이 생기면서 물줄기는 여러 갈래로 갈라지기를 거듭한다. 강은 물줄기들이 이리저리 얽히고설킨 모습이 된다.

수백 킬로미터 떨어진 수원지 주변의 높은 산에서 폭풍우가 지류에 물을 쏟아내면, 며칠 뒤 늙은 강의 수위가 갑자기 불어나면서 둑 위로 물이 넘쳐서 범람원을 뒤덮는다. 그러면서 범람원 전체를 고운 진흙으로 뒤덮는다. 이렇게 갑작스럽게 불어나면서 범람원을 뒤덮곤 하는 물은 이집트의 나일 강처럼 사막에 푸른 벌판을 조성할 수 있다. 온대 지방에서는 미시시피 삼각주의 목화밭처럼 작물이 무성하게 자랄 수 있는 아주 비옥한 범람원을 형성한다. 아마존의 범람원은 브라질 북부의 상당 지역을 차지한다. 인류가 개간을 하고 있음에도 이 범람원 대부분은 여전히 밀림으로 덮여 있으며, 거대한 나무들도 이 범람원의 혜택을 본다. 범람이 일어날 때 강의 물고기들은 물에 잠긴 땅의 나무줄기 사이를 헤엄치면서 먹이를 찾는다. 나뭇가지에서 떨어지는 열매에 특히 많이 몰려든다. 이 먹이는 어쩌다가 기회가 생기면 먹고 안 먹어도 그만인 별미가 아니다. 강둑 사이에 갇혀 있으면서 먹이가 적은 계절 내내 버틸 수 있도록 지방을 축적하는 데에 필요한 잔치 음식이다. 이곳의 메기는 열매를 먹을 수 있도록 유달리 입이 크다. 또 고기 대신에 오로지 그런 열매만 먹는 쪽으로 진화한 피라냐 종도 있다. 일부 카라신 종은 브라질너트까지도 으깰 수 있는 커다란 어금니와 강력한 턱 근육을 갖추고 있다. 그러나 이 나무의 씨는 물고기의 소화액에도 파괴되지 않는다. 소화계를 그대로 통과한 씨는 얕은 물에 배설된다. 즉 밀림에 사는 다른 나무들이 새를 통해 씨를 퍼뜨리듯, 아마존의 이런 나무들은 물고기를 통해 씨를 퍼뜨리는 듯하다. 또 이런 물에는 썩어가는 식물이 풍부하기 때문에, 알에서 부화한 어린 물고기가 먹을 미세한 생물이 아주 많다.

이제 마침내 강은 바다에 다가간다. 수원에서 겨우 몇 킬로미터를 흘러서 바다로 들어가는 강도 있다. 반면에 몇 달에 걸쳐서 대륙의 약 절반을 지나는 강도 있다. 아마존 강은 세계의 강 중에서 가장 길며, 길이가 6,000킬로미터를 넘는다. 세계 민물의 3분의 2가 이 강둑 사이를 흐르고 있다. 강어귀는 폭이 300킬로미터에 달하며, 수많은 물줄기와 섬이 미로처럼 얽혀 있다. 스위스보다 더 큰 섬도 있다. 게다가 이 거대한 강은 해안을 떠난 뒤에도 정체성을 유지한다. 1499년 스페인의 한 선장은 남아메리카의 동해안을 항해할 때 육지가 전혀 보이지 않음에도 갑자기 짠물이 아니라 민물이 흐르는 곳으로 배가 들어왔음을 알아차렸다. 그는 서쪽으로 방향을 틀었고, 그럼으로써 이 거대한 강을 최초로 목격한 유럽인이 되었다. 이 강은 대륙 가장자리에서 180킬로미터를 흘러나갈 때까지도 정체성을 유지하다가 이윽고 바닷물과 섞인다.

# 9

# 육지의 가장자리

아마존 강과 잠베지 강, 허드슨 강과 템스 강 등 모든 커다란 강뿐 아니라 더 작은 수많은 강들도 강어귀에 다다를 무렵에는 퇴적물이 섞여서 물이 탁하다. 그런 강들 가운데 가장 맑은 강물조차도 미세한 광물 알갱이와 썩어가는 유기물이 잔뜩 들어 있다. 이런 물질들은 바닷물에 녹아 있는 염과 섞일 때, 서로 엉기면서 바닥으로 가라앉아 거대한 개흙 둑, 즉 개펄을 형성한다.

강어귀의 개흙은 모두 곱고, 끈끈하고, 나름의 냄새가 난다. 그 안에 발을 디디면 개흙이 너무나 찰싹 달라붙어서 발을 들어올릴 때마다 신발이 벗겨질 수도 있다. 알갱이가 너무 고와서 공기조차 확산되어 들어갈 수 없으며, 그 안에서 유기물이 썩어서 생긴 기체는 계속 갇혀 있다가 여러분이 발을 디딜 때 빠져나오면서 썩은 달걀 냄새를 풍긴다.

하루에 두 번 개펄 위를 흐르는 물의 특성이 근본적으로 바뀐다. 썰물 때, 특히 비가 내려서 강물이 불어 있을 때에는 민물이 우세해진다. 밀물 때에는 강어귀의 물이 바닷물처럼 짜진다. 그리고 하루에 두 번 개펄의 많은 영역은 물이 빠지면서 공기에 노출된다. 이런 곳에 사는 생물은 아주 폭넓은 범위의 화학적, 물리적 조건들에 견딜 수 있어야 한다. 그러나 그에 따른 보상도 엄청나다. 바다와 육지 양쪽에서 매일 강어귀로 먹이가 운반되고, 바닷물이든 민물이든 간에 그 물에는 다른 곳의 물보다 더 많은 영양분이 들어 있을 가능성이 높다. 따라서 이곳에서 살아남을 수 있는 극소수의 생물들은 엄청나게 번성한다.

강어귀의 위쪽, 소금기가 약간만 섞인 물에서는 머리카락처럼 가느다란 실지렁이가 개펄 표면에 머리를 박고 파고들면서 먹이를 찾아 먹는다. 위쪽 물에서는 꼬리를 흔들어서 산소를 함유한 물이 아래로 흘러들도록 한다. 개펄 1제곱미터에 최대 25만 마리의 실지렁이들이 살 수도 있으며, 개펄 표면 전체가 가느다란 빨간 털로 뒤덮인 듯이 보이기도 한다. 바다 쪽으로 좀더 내려와서 물이 살짝 더 짠 곳에는 길이가 약 1센티미터인 엄청나게 많은 작은 새우들이 얕게 판 굴속에 앉아서 갈고리처럼 생긴 더듬이로 지나가는 알갱이를 낚아챈다. 밀알만 한 루소고둥은 막 쌓인 우윳빛 개펄층을 뚫고 들어가면서 먹이를 찾는다. 이들은 1제곱미터에서 4만2,000마리가 나올 만치 대단히 번성하고 있다.

간조선에 좀더 가까운 곳, 특히 모래가 개흙과 섞인 곳에서는 작은검은갯지렁이가 굴을 파고 산다. 이들도 개흙을 먹지만, 먹기 전에 개흙을 보강한다. 이 갯지렁이는 길이가 약 40센티미터이고 굵기는 연필만 하며, U자 모양의 굴을 파고서 점액으로 벽이 무너지지 않게 고정시킨다. 이 굴의 반쪽을 느슨하게 모래알로 채운다. 그런 뒤 굴의 바닥에서 몸 가장자리에 난 뻣뻣한 털을 굴의 벽에 박아서 몸을 고정시킨 채, 펌프의 피스톤처럼 위아래로 움직이면서 모래 마개를 통해서 물을 빨아들인다. 물에 섞인 알갱이는 모래에 걸린다. 얼마 뒤 갯지렁이는 펌프질을 멈추고 모래를 먹기 시작한다. 먹이가 되는 알갱이는 소화하고 나머지는 몸 반대쪽으로 배설한다. 약 45분마다 이렇게 배설한 모래를 굴 밖으로 밀어낸다. 새조개도 이곳에서 표면 바로 밑에 굴을 파고 살아간다. 이들은 작은검은갯지렁이와 개펄을 놓고 경쟁하지 않으며, 통통한 두 짧은 수관水管을 내밀어서 물에서 직접 알갱이를 빨아들인다.

썰물 때 이 동물들은 모두 섭식을 멈추고 몸이 마르지 않도록 조치를 취한다. 루소고둥 주위의 개펄은 거의 압축되지 않은 상태이기 때문에 물이 빠질 때 대부분이 휩쓸려 나가고, 이 작은 고둥은 약 2.5센티미터 깊이로 움푹 들어간 곳에 놓인다. 이들은 발 끝에 달린 작은 원반으로 껍데기의 입구를 막는다. 새조개는 양쪽 껍데기를 꽉 다물어서 물이 새지 않도록 밀봉한다. 작은검은갯지렁이는 그냥 굴속으로 몸을 움츠린다. 굴은 깊어서 계속 물에 잠겨 있다.

그런데 이제 이들을 위협하는 것은 건조만이 아니다. 모두가 공중에서 오는 공격에 취약하다. 무수한 새들이 떼를 지어 강어귀로 몰려온다. 새는 부리의 크기와 특징에 따라서 먹는 먹이도 다르다. 댕기흰죽지와 흰죽지는 첨벙거리며 개펄을 돌아다니면서 작은검은갯지렁이를 빼먹는다. 부리가 짧고 날카로운 흰죽지꼬마물떼새는 루소고둥을 먹는다. 이들은 부리로 통통한 작은 껍데기 안에 든 고둥을 빼먹는다. 붉은가슴도요와 붉은발도요는 그보다 2배 더 긴 부리로 개펄 위층을 뒤적거려서 새우와 작은 갯지렁이를 찾는다. 억센 주홍색 부리를 지닌 검은머리물떼새는 새조개를 잡는다. 새조개 껍데기를 잡아서 쫙 벌리는 개체도 있다. 껍데기가 더 얇은 작은 새조개를 골라서 두드려 깨먹는 쪽을 선호하는 개체도 있다. 부리가 가장 긴 편인 마도요와 흑꼬리도요는 개펄을 깊이 쑤셔서 작은검은갯지렁이를 굴에서 끄집어낼 수 있다.

강이 운반하는 퇴적물이 점점 쌓이면서 개펄은 서서히 높아진다. 녹조가 개흙 알갱이들을 묶으면서 덮개처럼 뒤덮기 시작한다. 일단 그런 일이 일어나면, 다른 식물들도 뿌리를 내릴 수 있다. 이제 개흙둑이 높아지는 속도가 점점 빨라지기 시작한다. 들이치는 파도에 개흙 알갱이가 씻겨나가는 대신에 식물의 뿌리와 줄기에 붙들려 있기 때문이다. 이윽고 사리 때 외에는 물에 잠기지 않을 만치 높이 솟아오른다. 그럼으로써 둑은 고정되고 강어귀의 생물들은 육상동물들에게 영역을 빼앗긴다.

유럽 해안에서 이 육지 정복에 앞장선 식물은 퉁퉁마디이다. 비늘 같은 잎과 퉁퉁하고 투명한 줄기를 지닌 이 작은 식물은 사막에서 물을 저장하는 다육식물과 비슷해 보인다. 실제로도 그들과 비교할 만하다. 꽃식물은 육지에서 진화했으며, 그 화학적 과정은 모두 민물에 토대를 두고 있다. 바닷물은 수액보다 염도가 더 높기 때문에 물이 뿌리로 흡수되기보다는 뿌리를 통해 조직에서 빠져나가는 경향이 있다. 따라서 사막의 선인장처럼 짠 환경의 식물들도 물을 보존하는 것이 대단히 중요하다.

열대 강어귀에서는 맹그로브가 개흙을 옭아매는 일을 한다. 맹그로브는 종이 다양하며, 큰 덤불만 한 것도 있고, 25미터나 되는 나무도 있다. 서너 종류의 식물 과에서 진화했는데, 모두 짠물이 섞인 습지에서 살아가는 데에 필요한 조건들을 갖추다 보니 특징이 아주 비슷해졌다.

끈끈하면서 이리저리 움직이는 개흙에서 탄탄히 자리를 잡는 일은 나무처럼 커다란 식물에는 힘든 과제이다. 뿌리를 깊이 내리는 방법은 쓸 수가 없다. 따뜻한 개흙은 표면에서 몇 센티미터만 들어가도 산소가 없고, 부식이 일어날 만치 심한 산성을 띠기 때문이다. 대신에 맹그로브는 개흙 위에 뗏목처럼 넓게 수평으로 발판을 만들듯이 뿌리를 뻗는다. 더 큰 나무는 줄기의 중간 지점에서 버팀목 역할을 하는 휘어진 공중 뿌리를 뻗어내려서 더 튼튼히 지탱한다. 뿌리는 안정성을 제공하는 한편으로 양분도 흡수해야 하는데, 맹그로브의 얕은 뿌리는 그런 면에서도 적합하다. 나무가 얻고자 하는 양분은 산성을 띠는 개흙 깊숙한 곳이 아니라 조석에 퇴적물이 쌓이는 표면에 있기 때문이다.

또한 뿌리는 대사 과정에서 생긴 이산화탄소를 배출하고, 산소를 들여오는 통로도 제공한다. 말했다시피, 개흙에는 산소가 전혀 없다. 그래서 맹그로브는 줄기에 군데군데 작게 발달하는 스펀지 같은 조직을 통해서 공기에서 직접 산소를 흡수한다. 이 조직은 공중에서 뻗어내린 뿌리에 있다. 그런 뿌리가 없는 맹그로브는 수평으로 뻗은 뿌리 위쪽의 커다랗게 불룩 튀어나온 가장자리에 이런 조직이 들어 있다. 바다에 가장 가까운 쪽에서 자라는, 즉 개흙이 가장 빠르게 쌓이는 곳에서 자라는 맹그로브 종은 정상적인 뿌리처럼 아래로 자라는 것이 아니라 개흙이 쌓이는 속도에 맞추어 위로 수직으로 자라면서 공기를 흡수하는 원뿔형 뿌리를 줄줄이 뻗는다. 그래서 중세의 환상적인 방어 진지처럼 뾰족한 못들이 사방으로 줄줄이 솟아 있는 한가운데에 나무가 서 있는 모습이 된다.

염분은 퉁퉁마디뿐 아니라 맹그로브에게도 문제를 안긴다. 맹그로브도 조직 내에 물을 보존해야 하므로, 두꺼운 왁스층, 작은 홈 바닥에 난 기공 같은 사막 식물이 쓰는 수단들을 이용해서 잎에서 물이 증발하지 않도록 한다. 또 염분이 조직에 쌓여서 대사 활동에 심한 지장을 주는 일이 없도록 막아야 한다. 퉁퉁마디처럼 뿌리를 덮고 있는 특수한 막으로 염분을 제거하면서 물을 흡수하는 종류도 있다. 그런 능력이 없는 종류는 염분을 뿌리로 받아들인 뒤에, 염분이 위험한 수준까지 농축되기 전에 배출한다. 잎에 있는 특수한 샘을 통해서 농축된 짠물을 배출하거나, 염분을 수액을 통해서 오래된 잎으로 운반하여 보관하다가 적당한 시기에 그런 잎을 떨구어 불필요한 염분을 제거한다.

습지의 바다쪽 가장자리에 개흙이 쌓임에 따라서, 맹그로브도 더 진출하여 그곳에 자리를 잡는다. 맹그로브는 특수한 씨를 맺음으로써 그 일을 해낸다. 맹그로브의 씨는 아직 가지에 매달려 있는 상태에서 싹이 터서 튼튼한 녹색 싹을 마치 창처럼 아래로 쭉 뻗는다. 40센티미터까지 자라는 종도 있다. 그중 일부는 아래에 뒤엉킨 뿌리로 떨어져서 그 사이에 박힌다. 그런 뒤 아래쪽에서는 뿌리가, 위쪽에서는 줄기와 잎이 나온다. 반면에 밀물 때 떨어진 싹은 물에 떠다닌다. 처음에는 덜 짠 강어귀에서 수직으로 둥둥 떠다니다가 썰물 때 바다로 밀려나간다. 더 짠물은 부력이 더 크므로 싹은 수평으로 떠다닌다. 이제 표면의 녹색 세포들이 광합성을 하면서 어린 식물에 양분을 공급한다. 나중에 잎이 나올 끝부분의 섬세한 눈은 태양에 익지 않도록 물에 젖은 채 시원하게 유지된다. 어린 맹그로브는 이런 상태로 1년까지도 살면서 수백 킬로미터를 떠다닐 수 있다. 이윽고 해류에 실려서 다른 강어귀에 다다르면, 뿌리가 아래로 향한 원래의 선 자세로 돌아온다. 썰물이 되어 뿌리 끝이 부드러운 개펄에 닿으면 어린 맹그로브는 거기에 박혀서 아주 빠르게 뿌리를 내린다. 그리고 새 맹그로브가 자란다.

맹그로브 습지에도 지나갈 수 있는 수로가 있을 수 있지만, 대개는 나무가 빽빽하게 자라는 탓에 작은 배조차도 지나갈 수 없다. 맹그로브 습지를 탐사하고 싶다면, 썰물이 되어 걸어갈 수 있을 때까지 기다려야 한다. 물이 빠진 후에도 다니기 편한 곳은 아니다. 얼기설기 휘어져서 빽빽하게 들어차 있는 공기뿌리는 대개 밟으면 무게를 견디지 못하고 휘어지며, 그래서 발을 디뎠다가는 미끄러지기 십상이다. 게다가 가장자리가 날카로운 조개류가 많이 달라붙어 있기 때문에 미끄러지다가 다리를 베이거나 넘어지지 않으려고 뿌리를 움켜쥐다가 손을 다칠 수도 있다. 또 썩는 악취가 사방에서 진동한다. 뿌리에서는 물이 졸졸 흐르거나 똑똑 떨어진다. 연체동물과 갑각류가 구멍 속에서 움직이거나 집게발을 다물거나 껍데기를 닫을 때 내는 딱딱거리고 통통거리는 소리가 짙은 공기 속으로 울려퍼진다. 모기가 머리 주위에서 윙윙거리면서 여기저기 찔러댄다. 머리 위로는 잎이 너무나 빽빽하게 덮여 있어서 열을 식힐 바람 한 줄기조차 새어들지 않으며, 공기가 너무 습해서 땀이 비오듯이 흐른다. 그래도 습지가 아름답다는 점은 부정할 수 없다. 잎 아래로 뿌리를 휘감으면서 빠져나가는 물들이 은빛으로 반짝인다. 뿌리들은 서로 얽힌 채 대말처럼 솟아 있고, 개펄 위로 발판과 못처럼 솟아 있는 공기 뿌리는 끝없이 변하는 패턴을 빚어낸다. 그리고 어디에나 동물들이 살고 있다.

온갖 동물들이 물이 빠져 나가면서 남긴 먹이를 찾느라 바쁘게 돌아다닌다. 경단고둥과 그리 다르지 않은 작은 고둥들이 개펄 위를 느릿느릿 돌아다니면서 조류 조각들을 갉아 먹는다. 폭이 5센티미터쯤 되는 달랑게는 개펄 위를 뛰어다니면서 긴 눈자루의 끝에 달려 있지 않고 눈자루를 감싸고 있어서 360도를 보는 눈으로 계속 위험을 주시하면서 유기물 잔해를 찾는다. 농게는 조심스럽게 구멍에서 기어나와 여기저기 돌아다니면서 집게발로 작은 덩어리를 집어 털로 덮인 가위처럼 생긴 입으로 가져간다. 모래알들은 입 아래쪽의 숟가락 모양의 털 한 쌍에 떨구고, 먹이가 될 만한 것은 모두 삼킨다. 먹을 수 없는 알갱이는 입 바닥에 쌓여서 작은 덩어리로 뭉치며, 농게는 그것을 집게발로 꺼내어 바닥에 버리고 다시 몇 걸음 움직여서 먹이 덩어리를 집는다.

농게 암컷은 양쪽 집게발을 다 사용하지만 수컷은 한쪽만 쓴다. 한쪽 집게발은 암컷의 것과 비슷하지만, 아주 크고 분홍, 파랑, 주홍, 하양 등 눈에 잘 띄는 색깔을 띠고 있는 다른쪽 집게발은 집게가 아니라 깃발로 쓰이기 때문이다. 수컷은 이 집게발을 암컷을 향해 흔들면서 곡예를 부린다. 이 안무와 신호의 정확한 조합은 종마다 다르다. 발끝으로 서서 집게발로 원을 그리며 빙빙 돌리는 종도 있고, 앞뒤로 마구 흔드는 종도 있고, 그냥 치켜든 채로 위아래로 뛰는 종도 있다. 전달하려는 메시지는 모두 동일하다. 짝짓기를 할 준비가 되었다는 뜻이다. 암컷은 자기 종 특유의 몸짓을 알아차리고 이윽고 수컷에게 총총 다가간다. 그런 뒤 수컷을 따라 굴로 들어가서 짝짓기를 한다. 과학자들은 이 흔들기의 정확한 형태가 수컷의 힘과 자식에게 전달될 유전자의 질을 나타내지 않을까 생각해왔지만, 안전한 짝짓기 장소가 있다고 알리는 일종의 등대 역할을 주로 하는 듯하다.

게는 바다에서 기원했으며, 대부분의 종은 여전히 바다에서 서식한다. 이들은 껍데기 안에 든 아가미방으로 산소가 든 물을 통과시켜서 호흡을 한다. 그러나 농게는 물 밖에서도 호흡을 해야 한다. 이들은 단순한 방법으로 이를 해결한다. 물 밖으로 나가도 아가미방은 여전히 물로 채워져 있다. 물론 이 물은 부피가 작으므로 산소가 곧 고갈되지만, 농게는 이 물을 입으로 순환시키면서 구기口器로 두드려서 거품을 일으켜 산소를 불어넣는다. 공기에서 산소를 흡수한 물은 다시 아가미방으로 돌아간다.

어류도 맹그로브 사이의 개펄 위를 꿈틀거리면서 물 밖으로 올라온다. 바로 말뚝망둑어이다. 가장 큰 것은 몸길이가 약 20센티미터에 달한다. 이들도 농게와 마찬가지로 아가미방을 물로 채우는 호흡 기법을 이용한다. 그러나 물을 순환시켜 산소를 재공급할 수단은 갖추고 있지 않아서, 아가미방을 새 물로 채우기 위해서 틈틈이 물로 돌아간다. 다만 이들에게는 껍데기가 단단한 게에게는 없는 흡수 표면, 즉 피부가 있다. 이들은 개구리처럼 피부를 통해서 산소의 상당 부분을 흡수한다. 그러나 피부로 산소를 흡수하려면 피부가 젖어 있어야 하므로, 말뚝망둑어는 돌아다닐 때 몸을 옆으로 빠르게 굴려서 옆구리를 축축하게 적신다.

말뚝망둑어는 게를 잡거나 위험에서 벗어나기 위해서 빠르게 움직이고자 할 때는 꼬리를 옆으로 구부렸다가 탁 치면서 개펄 위로 톡 튀어나간다. 그러나 대개는 두 앞지느러미로 몸을 받치면서 훨씬 더 차분하게 돌아다닌다. 이 지느러미는 버팀목 역할을 하는 뼈와 근육이 잘 발달되어 있고 중간쯤에 관절도 있어서, 말뚝망둑어는 마치 팔꿈치를 개펄에 대고서 몸을 받친 양 보인다. 일부 종은 더 뒤쪽의 배 밑에 또다른 지느러미 한 쌍이 합쳐져서 일종의 빨판을 이루고 있다. 이들은 이 빨판으로 맹그로브 뿌리에 매달릴 수 있다.

말뚝망둑어는 세계 각지의 맹그로브 습지에 서식한다. 각 습지에 사는 말뚝망둑어는 대개 세 종류로 나뉜다. 가장 작은 종류는 가장 오랜 시간을 물속에 머물며, 썰물 때에만 밖으로 나온다. 이들은 떼를 지어서 물이 고인 물가의 개펄 위를 돌아다니면서 작은 벌레와 갑각류를 찾아 먹는다. 습지의 조간대 중간은 훨씬 더 큰 종들이 차지한다. 이들은 조류와 단세포 식물성 플랑크톤을 먹는 초식동물로, 홀로 돌아다니며 텃세를 부린다. 구멍을 파고서 그 주위를 순찰하면서 지킨다. 때로는 길이가 몇 미터에 이르는 낮은 둑을 쌓아서 경계로 삼기도 한다. 이웃한 개체들이 다가오지 못하게 막고 어느 정도는 물이 완전히 빠져나가지 않도록 막는 역할도 한다. 개체 밀도가 높은 곳에서는 이 영역들이 서로 맞닿아서 개펄이 다각형 밭들이 늘어선 모양이 된다. 각 개체는 작은 방목장에 있는 한 마리의 소처럼 자기 영역을 차지한다. 세 번째 종류는 습지의 가장 높은 곳에 서식한다. 이들은 육식동물로서 작은 게를 잡아 먹는다. 이들도 굴을 파지만 그다지 텃세를 부리지 않으며, 서로 싸우지 않고 사냥터를 공유한다.

말뚝망둑어는 물 밖에서 먹이를 구할 뿐 아니라, 구애도 물 밖에서 한다. 대다수의 어류처럼, 말뚝망둑어도 지느러미를 구부리고 떨어대면서 구애 행동을 한다. 쌍쌍이 짝을 이루는 지느러미들은 움직이는 용도로 쓰므로, 이들은 등줄기를 따라 나 있는 2개의 긴 지느러미로 구애 행동을 해야 한다. 수컷은 평소에는 이 지느러미들을 눕혀놓았다가, 구애행동을 할 때 들어올려서 화려한 색깔을 드러낸다. 멀리 있는 짝을 꾀려면 이것만으로는 부족하다. 사실 개펄은 아주 평탄해서 그 위에 있는 작은 물고기는 바로 옆에 있는 개체들의 눈에만 보일 것이다. 그래서 수컷은 최대한 많은 개체들에게 자신을 알리기 위해서 깃발을 치켜세우고 꼬리를 쳐서 수직으로 뛰어오르고는 한다.

썰물 때에야 나오는 종들은 부화한 새끼들을 돌보지 않는다고 알려져 있다. 새끼들은 물에 휩쓸려 다른 유생들 및 치어들과 함께 수면 가까이에서 떠다닌다. 대다수는 잡아먹히거나 습지에서 먼 바다로 떠내려가는 탓에 살아남지 못한다.

반면에 조간대 중간에 사는 종은 새끼를 더 잘 보호한다. 수컷은 벽으로 둘러싸인 영토 한가운데에 굴을 파고서 입구 주위에도 원형으로 성벽을 쌓는다. 이곳의 개펄은 영구 지하수위에 아주 가까워서 물이 계속 고여 있기 때문에 벽으로 둘러싸인 작은 연못이 조성된다. 그런 뒤 수컷은 연못가를 어슬렁거리다가 암컷을 만난다. 짝짓기는 연못 바닥의 굴 안에서 이루어진다. 알도 거기에서 낳으며, 새끼들은 꽤 많이 자라서 적과 어느 정도 맞설 수 있을 때까지 밀물이 들어와도 그 안에서 지낸다.

가장 위쪽에 사는 종들은 그런 연못을 만들지 않는다. 지대가 높아서 연못을 파도 물이 계속 고여 있지 않을 것이다. 그러나 대신에 그들은 굴을 아주 깊게 파며, 개펄 속으로 1미터까지 내려가기도 한다. 그런 굴의 바닥에는 언제나 물이 어느 정도 고여 있으며, 따라서 새끼는 생애 초기에 보호를 받는다.

농게와 굴처럼 말뚝망둑어도 본질적으로 어느 정도는 물에서 또 어느 정도는 물 바깥에서 생활하는 데에 적응한 해양동물이다. 반대 방향에서 습지로 오는 육상동물도 있는데, 그들도 거의 비슷한 생활방식을 채택했다.

동남아시아에는 말뚝망둑어를 사냥하러 이 습지를 찾는 작은 뱀이 있다. 이 뱀은 개펄을 돌아다니면서 말뚝망둑어를 뒤쫓고, 심지어 굴속까지 따라 들어가기도 한다. 이 뱀은 물고기를 잡기 위해서 입을 벌릴 때 목 뒤쪽의 판막을 닫고 콧구멍도 막을 수 있는 등, 물속 생활에도 탁월하게 적응했다. 가까운 친척인 또다른 뱀은 물고기가 아니라 게를 잡아먹으며, 갑각류에게 유달리 효과가 있는 독을 만든다. 또다른 뱀은 가장 특이하게도 코에 움직일 수 있는 2개의 촉수가 달려 있는데, 이 촉수는 개펄의 물속에서 길을 찾는 데에 쓰일지도 모른다. 이 습지에는 아주 별난 개구리도 산다. 짠물에서도 견딜 수 있는 피부를 지닌 세계 유일의 개구리로, 곤충과 작은 새우를 잡아먹는다.

이곳을 찾는 가장 모험심과 호기심이 많은 잡식성 동물은 원숭이, 바로 사자꼬리원숭이이다. 이들은 다리로 일어서서 필요하다면 허리까지 오는 물속으로도 거침없이 들어가며, 게를 유달리 좋아한다. 처음에 게는 대개 원숭이를 피해 아주 빨리 달아나서 구멍으로 쏙 들어간다. 그러면 원숭이는 구멍 옆에 쪼그리고 앉아서 참을성 있게 기다린다. 이윽고 게가 다시 먹이를 구하러 나가도 안전한지 살펴보러 조심스럽게 빼꼼 몸을 내밀면, 원숭이는 게를 움켜쥔다. 이때 조심해야 한다. 게에게는 집게발이 있기 때문이다. 호들갑을 떨면서 손을 마구 흔들며 비명을 지르는 원숭이들도 많다.

24시간마다 두 차례씩 개펄은 드넓은 면적이 공기에 노출되고 두 차례 거의 완전히 잠긴다. 바닷물은 빠르게 소리없이 다시 밀려든다. 뒤엉킨 뿌리는 잔물결이 번지는 물속에 잠기고, 맹그로브 숲은 변신한다. 갯지렁이, 갑각류, 연체동물 등 일부 개펄 거주자들은 물이 밀려들면 안도한다. 하늘에서 공격을 받을 위험도, 몸이 마를 위험도 없기 때문이다. 그러나 모두가 물을 반기는 것은 아니다. 일부 게는 공기 호흡에 아주 잘 적응해서 물에 오래 잠겨 있으면 살아남을 수 없다. 그런 게는 물이 다시 빠져나갈 때까지 산소가 든 공기방울이 충분히 남아 있도록 굴 입구를 단단히 막는다. 작은 말뚝망둑어는 마치 홍수 피난민인 양 맹그로브 뿌리를 기어오르기 시작한다. 아마 개펄에서 자신의 영역을 주장할 만큼 충분히 자라지 못해서 밀물과 함께 개펄로 들이닥칠 커다란 굶주린 물고기를 피해 달아날 굴이 없는 어린 개체들일 것이다. 이런 어린 물고기는 차라리 물 밖에 있는 편이 더 안전할 수 있다.

조류를 뜯어 먹는 고둥도 말뚝망둑어와 함께 뿌리를 기어오른다. 개펄에 그대로 남아 있으면, 몸을 숨길 말한 바위 틈새가 전혀 없는 탓에 어류의 공격을 받을 수 있다. 그러나 이들은 말뚝망둑어만큼 빨리 움직일 수 없기 때문에 물이 차오르는 속도를 따라가기가 어렵다. 그래서 이들은 밀물이 들이닥치기 오래 전에 개펄의 섭식 장소를 떠난다. 놀라울 만치 정확한 시간 감각을 보여주는 이들의 생체 시계는 더욱 미묘한 경보음도 낸다. 매달 밀물이 아주 높이 차올라서 고둥이 개펄에서 바닷물을 탈출하는 데에 필요한 높이까지 맹그로브를 기어오를 시간이 부족한 시기가 찾아온다. 이런 사리가 가까워지면 고둥은 썰물이 되어도 먹이를 구하러 개펄로 내려가지 않고 대신에 위험을 대비해서 맹그로브 뿌리를 더 높이 기어오른다.

　드러난 개펄에서 먹이를 먹는 곤충도 밀물 때에는 쫓겨나서 상당히 많은 수가 맹그로브의 뿌리와 나뭇잎으로 올라온다. 그러나 완전히 위험에서 벗어난 것은 아니다. 밀물 때 맹그로브 숲으로 들어와서 약탈하는 어류 중에는 수면 가까이에서 천천히 헤엄치는 물총고기도 있다. 이들은 몸길이가 약 20센티미터에 이르는 꽤 커다란 물고기로, 눈이 크고 입이 돌출되어 있다. 이들은 시력이 아주 좋아서 잔물결 사이로 수면에 반사되어 비치는 물 바깥의 곤충을 볼 수 있다. 먹이를 찾아내면 물총고기는 입천장을 따라 뻗어 있는 긴 홈에 혓바닥을 대고서 아가미 뚜껑을 획 움직인다. 그러면 마치 물총에서 물이 발사되듯이 입에서 물줄기가 뿜어진다. 먹이를 맞추려면 두세 방 쏘아야 할 때도 있지만, 물총고기는 고집스럽게 쏘며 곤충을 맞추는 확률이 매우 높다. 곤충이 물에 떨어지면 재빨리 집어삼킨다. 맹그로브 나무 위로 더 높이 올라간 곤충도 공격을 받을 수 있다. 달랑게는 나무를 기어올라 잎을 뒤집어서 그 밑면에 숨어 있는 파리를 집게발로 잡는다.

　뿌리로 올라온 피난민들은 사실상 몇 시간 동안 포위된 상태에 놓인다. 그러다가 물에서 잔물결이 사라지면서 몇 분 동안 모든 것이 고요해진다. 물의 방향이 바뀌는 중이다. 잔물결이 다시 일지만, 이번에는 뿌리의 반대 방향에서 생기며, 습지에서 다시금 물이 빠지기 시작한다. 물이 빠지면 게와 말뚝망둑어가 먹을 수 있는 것들이 다시 드러나며, 맹그로브 숲의 영역인 끈끈한 개펄이 다시금 멀리까지 드러난다.

비록 강어귀에서는 육지가 확장되고 있을지라도, 다른 곳에서는 해안이 줄어들고 있다. 퇴적물이 쌓여서 보호를 받지 못하는 해안, 특히 육지가 뚝 끊기는 지형에서는 파도가 들이치면서 계속 암석에 부딪친다. 폭풍우가 밀려들 때에는 커다란 바위와 모래까지 들어올려서 세차게 해안 절벽을 들이박는다. 이런 폭격으로 절벽의 약한 층, 즉 절벽면에 드러난 지층들 중에서 다른 층들보다 좀더 부드러운 층이 더 빨리 더 깊이 깎여나가면서 움푹 파인 곳이나 동굴이 생긴다. 땅이 깎여나가면서 기둥이나 탑 모양으로 동떨어진 지형도 생긴다. 큰 바위들은 해안 절벽의 밑동에 가장 세차게 부딪치므로, 그 부위가 가장 많이 파인다. 이윽고 절벽 전체가 무너진다. 얼마 동안 무너진 암석 더미가 절벽 밑동을 보호하겠지만, 바닷물에 큰 바위들이 이리저리 구르면서 점점 깎이고 작은 덩어리들을 짓이겨 부순다. 시간이 흐르면 파편들은 아주 작아져서 해안을 따라 흐르는 해류에 쓸려서 모였다가 씻겨나간다. 절벽의 밑동은 다시금 공격에 노출되고, 바다는 육지로 더 들어가서 깎아내기 시작한다.

동물은 이 위험한 파괴 지대에서도 살아갈 뿐 아니라, 사실상 파괴에 기여한다. 길쭉한 새조개처럼 생긴 두껍질조개인 석공조개는 석회암, 백악, 사암 같은 더 부드러운 암석에 산다. 새조개와 달리 두 껍데기가 각질의 이음매로 붙어 있지 않고 절구관절처럼 끼워져 있다. 석공조개는 먼저 껍데기 밖으로 통통한 발을 내밀어서 암석을 꽉 붙든 뒤, 두 껍데기의 날카로운 톱니처럼 생긴 가장자리를 암석에 가져다댄다. 이제 관절을 좌우로 움직이면서 껍데기 가장자리로 암석을 갉아내면서 천천히 굴을 파고 들어간다. 이윽고 30센티미터쯤 파고들면, 그 끝에 자리를 잡고서 껍데기 뒤쪽으로 서로 붙어 있는 두 수관을 굴 입구 쪽으로 내밀어서 물을 빨아들이고 뱉어내면서 먹이 알갱이를 섭취한다. 이들은 구르는 돌에 피해를 입을 일이 없다. 그러나 때로는 석공조개들이 암석에 구멍을 너무 많이 파는 바람에 암석이 쪼개지고는 한다. 그러면 이들은 암석이 무너져 내리기 전에 다른 곳으로 가서 새로 굴을 파야 한다.

애기돌맛조개date shell도 석회암을 뚫지만, 물리적 방법으로 뚫는 대신에 산酸으로 암석을 녹인다. 다른 연체동물처럼 이 조개의 껍데기도 석회암과 같은 성분인 탄산칼슘으로 이루어져 있으므로, 자신이 분비하는 산에 취약하다. 그래서 갈색의 각질 성분으로 껍데기를 덮어서 보호한다. 이 때문에 모양이 대추date처럼 보여서 그런 영어 이름이 붙었다(우리나라 이름은 조금 헷갈린다. 애기돌맛조개는 홍합과에 속하지만, 그냥 돌맛조개는 석공조갯과에 속한다. 영어의 date shell나 date mussel은 홍합과의 애기돌맛조개가 포함된 속을 가리키지만, 국내 사전 중에는 돌조갯과의 돌조개를 가리킨다고 적어놓은 것도 있다. 이런 점들을 감안하여 어쩔 수 없이 한쪽을 돌맛조개 대신에 석공조개라고 옮겼다/옮긴이).

간조선에서 더 위쪽으로 올라가서 사는 해양생물은 더 많은 스트레스를 견뎌야 한다. 다시 밀물이 밀려들기 전까지 더 오래 물 밖에 있어야 하고, 태양에 과열될 가능성이 더 높아지고, 달갑지 않은 빗물에도 더 시달려야 하기 때문이다. 이런 위험 수준의 차이에 따라서 조간대는 여러 층으로 나뉘며, 각 층별로 독특하게 조합되어 나타나는 문제들에 가장 잘 대처하는 나름의 생물들이 주류를 이루고 있다. 따라서 암석 해안은 가장 놀라운 방식으로 층층이 띠를 이루고 있다.

개흙과 달리 암석은 식물이 자리를 잡을 단단한 토대를 제공하며, 대부분의 암석 해안은 식물로 뒤덮여 있다. 이들을 영어로는 해초seaweed

라고 부르기도 하는데, 해조<sup>marine algae</sup>, 즉 바닷말이 더 맞는 이름이다. 언뜻 볼 때 육지의 꽃식물만큼 복잡한 식물이 바다에는 전혀 없다는 사실이 조금 의아할 수도 있다. 그러나 육상식물의 조직은 대부분 바다에는 없는 난제들에 대처하기 위해서 진화한 것이다. 육상식물은 생명에 필수적인 물을 능동적으로 흡수해서 모든 부위로 보내야 한다. 또 경쟁자들에게 햇빛을 빼앗겨서 그늘에 가려지지 않으려면 우듬지를 높이 뻗어야 한다. 그리고 암수의 생식세포를 결합하고 수정란을 새로운 곳으로 퍼뜨릴 방법도 갖추어야 한다. 그래서 육상식물은 뿌리, 줄기, 잎, 꽃, 씨를 개발해야 했다. 그러나 바다에서는 물이 이 모든 문제들을 해결한다. 바닷물은 조류를 지탱하고 필요한 물을 공급한다. 방출된 생식세포도 운반하고, 수정란도 퍼뜨린다. 조류는 수액이 차 있는 관이 전혀 없으므로, 바닷물의 염분은 체액 보존에 아무런 문제도 일으키지 않는다. 물론 균류가 아닌 여느 식물들처럼 해조류도 햇빛이 필요하므로 아주 깊은 물속까지는 들어가지 못하고 대체로 물에 떠 있거나 비교적 얕은 바닥에 붙어 자란다.

간조선 바로 밑에는 다시마와 대형 갈조류(켈프)가 자란다. 긴 띠 같은 이 식물은 빽빽하게 모여서 몇 미터 길이까지 자라기도 하며, 수면 가까이에 길게 늘어져서 흔들리면서 햇빛을 받는다. 이들은 발톱처럼 생긴 부착기로 암석에 달라붙어 있는데, 부착기는 육상식물의 뿌리와 달리 흡수 기능은 전혀 없으며, 닻 역할만 한다. 이런 식물은 수위가 유달리 낮아지는 조금 때 공기에 어느 정도 노출되어도 견딜 수 있지만, 그 수위 위쪽에서는 번성하지 못한다. 해안을 좀더 올라간 곳에서는 또 다른 갈조류인 뜸부기(같은 이름의 새도 있다/옮긴이)가 자란다. 밀물 때에도 수면 가까이에 떠서 햇빛을 계속 받을 수 있도록 엽상체葉狀體에 공기 주머니가 달려 있는 더 작은 식물이다. 더 위쪽에는 다른 종류의 뜸부기 류가 자란다. 여기에서는 수심이 수십 센티미터 이상 깊어지는 일이 없기 때문에, 이들은 키가 아주 작고 물에 띄울 공기주머니도 필요 없다. 이 모든 조간대 조류는 장시간 수분을 보존하고 완전히 말라붙는 일을 막기 위해서 표면이 미끈거리는 점액으로 덮여 있다. 가장 높은 곳에 사는 종은 생애의 80퍼센트까지 공기에 노출되어도 살아갈 수 있다. 해안에는 다른 조류 종도 많이 살지만, 가장 무성하게 자라면서 각 층에 특징을 부여하는 것은 갈조류이다.

해안의 동물들도 마찬가지로 조간대의 층에 따라서 달라진다. 가장 건조에 잘 견디는 뜸부기류의 서식 상한선 너머, 즉 사리 때 바닷물이 들이차는 지점보다 더 높아서 흩날리는 물보라로만 바닷물을 접하는 가장 위쪽 포말대에는 작은북방따개비가 산다. 이들은 다닥다닥 모여서 작은 껍데기들을 맞댄 채 바위에 착 달라붙어 있다. 이들은 수분을 거의 필요로 하지 않지만 껍데기 안에 필요한 수분을 간직하는 능력은 아주 뛰어나다. 필요한 먹이의 양도 아주 적어서 놀랍게도 물보라로부터 먹이 알갱이를 충분히 얻을 수 있다.

좀더 아래쪽에서는 짙푸른 홍합들이 바위 사이사이에 빽빽하게 들어차 있다. 따개비와 달리 이들은 공기에 오래도록 노출되면 살 수 없기 때문에 서식 상한선이 정해진다. 하한선은 이들을 잡아먹는 불가사리에 의해 좌우된다. 불가사리의 섭식 방법은 느리고 단순하지만 엄청난 피해를 입힌다. 불가사리는 홍합 위로 기어올라서 팔로 감싼다. 팔 밑면에는 관족管足이라는 빨판이 줄줄이 늘어서 있다. 이 빨판으로 당겨서 홍합의 껍데기를 천천히 벌린다. 그런 뒤 몸 한가운데에 있는 입으로 주머니 같은 위장을 밀어낸다. 위벽을 홍합의 부드러운 부위에 찰싹 붙인 뒤 위액을 분비하여 녹여서 빨아들인다. 불가사리는 간조선보다 낮은 바다 밑에서 많이 살며, 온갖 연체동물을 잡아먹는다. 그 결과 그곳에서 홍합은 거의 살아남지 못한다. 반면에 불가사리는 물 밖에서 잠시 지낼 수는 있지만, 섭식을 하지는 못한다. 그래서 간조선에서 30센티미터쯤 위쪽은 홍합에게 우호적인 조건이 조성되며, 1미터쯤 위까지는 홍합의 세상이 될 수 있다.

홍합은 끈끈한 실 다발로 암석에 붙어 있지만, 아주 강하지는 않으며, 이들이 사는 곳이 해안에서 파도가 유달리 심한 층이기도 해서 뜯겨 나올 때도 많다. 그럴 때 조개삿갓이 그 자리를 차지하기도 한다. 조개삿갓은 손가락만 한 굵기의 주름진 긴 자루에 달린 2개의 석회질 껍데기로 강낭콩만 한 몸을 감싸고 있는 동물이다. 자루는 바위에 아주 단단히 붙어 있다.

조간대에는 따개비와 홍합보다 수가 적기는 하지만, 다른 동물들도 많이 살고 있다. 홍합의 껍데기에는 포말대에서 사는 종류보다 더 큰 작은북방따개비들이 다닥다닥 붙어 있다. 그리고 이 따개비를 잡아먹는 갯민숭달팽이, 즉 껍데기가 없는 연체동물도 산다. 썰물 때에도 여전히 물이 고여 있는 바위 틈새에는 다채로운 색깔의 말미잘이 촉수를 흔들고 있다. 바늘방석처럼 가시로 뒤덮여 있는 둥근성게는 바위를 천천히 돌아다니면서 몸 아래쪽 한가운데에 난 입에서 튀어나온 이빨로 바위를 덮고 있는 조류를 갉아 먹는다. 이 이빨은 드릴 날의 톱니 같다.

조간대의 각 층에는 저마다 독특한 동식물들이 살며, 서로 구별되고 뚜렷하면서 명확한 경계를 이루고 있기는 하지만, 이런 층은 결코 영구적으로 유지되는 것이 아니다. 각 층의 생물은 자기 영역을 넓힐 기회가 조금이라도 엿보이면 이를 이용할 준비가 늘 되어 있다. 특히 강력한 폭풍우는 홍합 한두 마리를 떼어냄으로써 빈틈없이 빽빽하게 융단처럼 뒤덮인 곳에 구멍을 낼 수 있다. 그러면 곧이어 들이친 파도에 넓은 면적을 뒤덮고 있던 홍합들이 합판이 뜯겨지듯이 떨어져 나가기도 한다. 물에는 홍합과 따개비의 미세한 유생들이 늘 떠다니고 있다. 그런 유생들은 이제 정착할 기회를 얻는다. 조개삿갓도 지금까지 홍합의 영역이었던 곳에 전초 기지를 마련하는 데 성공할 수도 있다.

아메리카의 북서 해안에 사는 한 해조류는 홍합 밭으로 적극적으로 침입할 방법을 개발했다. 이 종은 높이 50센티미터쯤 되는 고무줄 같은 줄기 끝에 미끈거리는 엽상체들이 왕관처럼 달려 있다. 마치 작은 야자수처럼 보인다. 이 독특한 수관은 홍합을 공략할 수 있는 기구이다. 봄에 이 종의 어린 개체 중 일부는 부착기로 홍합 껍데기에 달라붙는다. 그런 상태에서 자란 이 바다야자는 여름에 썰물에 노출될 때 홀씨를 생산하며, 홀씨는 엽상체를 따라 흘러내려서 주변의 홍합들 사이에 틀어박힌다. 가을에 폭풍우가 들이닥치더라도 홍합들은 평소라면 아무런 피해도 입지 않겠지만, 바다야자가 붙어 있는 홍합은 문제에 처한다. 홍합이 바위에 붙어 있는 것보다 식물이 홍합에 훨씬 더 단단히 결합되어 있기 때문에, 바다야자의 수관이 파도에 휩쓸려 뜯겨나갈 때 홍합도 함께 떨어져 나간다. 이제 주변에서 자라고 있던 작은 바다야자들은 새로 노출된 바위로 재빨리 퍼져나가서 자리를 잡을 수 있다.

바위 해안에서 사는 생물들은 기대수명이 아주 길 수가 없다. 끊임없이 들이치는 파도에 결국은 암석이 부서지기 때문이다. 이런 알갱이들은 해류에 휩쓸려서 생성된 곳으로부터 이리저리 돌아다니면서 일정한 크기별로 끊임없이 솎아진다. 그러다가 해안으로 밀려서 둑을 이루기도 하고, 해안을 따라 죽 휩쓸려가다가 해류가 느려지는 곳의 후미에서 가라앉아 만의 바닥에 넓게 흩어져 쌓인다.

그런 모래로 덮인 해안에는 다른 육지 가장자리들보다 살 수 있는 동물이 더 적다. 밀물과 썰물 때마다 적어도 몇 센티미터 깊이까지 모래 표면이 뒤흔들려서 해조류가 자리를 잡을 수 없다. 따라서 초식동물 군집도 들어설 수 없다. 게다가 하루에 두 차례 먹이를 운반해 쌓아두는 강도 없다. 파도에 휩쓸려서 먹이 알갱이가 유입된다고 해도 많은 큰 동물을 먹여 살리기에는 역부족이다. 모래 바닥이 하수 처리장의 여과지 같은 역할을 해서 먹이 알갱이를 빠르게 제거하기 때문이다. 모래 속으로는 산소를 지닌 물이 모래를 투과하기 때문에 어느 정도 깊이까지는 세균이 번성할 수 있다. 이런 세균은 바닷물로 운반되는 유기물을 빠르게, 95퍼센트까지도 분해한다. 따라서 강어귀에서는 아주 많은 갯지렁이들이 개흙을 먹으며 살아갈 수 있지만, 모래를 먹으면서 살 수 있는 것은 전혀 없다. 이 모래 해안에 사는 동물은 모래에 사는 세균이 먹이를 분해하기 전에 물에서 먼저 먹이를 찾아야 한다.

그렇게 하기 위해서 울타리갯지렁이는 모래알과 껍데기 조각을 모아 모래 표면 위로 몇 센티미터 솟아 있는 관을 만든다. 이 관의 끝에는 술이 둘러져 있다. 물에 떠다니는 알갱이가 이 술에 걸리면, 갯지렁이는 촉수로 그것을 따 먹는다. 맛조개는 안전을 위해서 모래 속에 숨은 채 모래 위로 2개의 관을 내밀어서 물을 껍데기 안으로 빨아들여 걸러 먹는다. 긴수염게도 비슷한 방식으로 살아간다. 그런데 연체동물과 달리 살집 있는 수관이 없으므로, 이들은 두 더듬이를 붙여서 빨아들이는 관을 만든다. 몇몇 성게 종도 모래를 파고드는 쪽으로 진화했다. 이들은 바위 해안에 사는 친척들보다 가시가 훨씬 짧다. 절구 관절에 박힌 이 가시들을 빙빙 돌리면서 굴을 파는데, 그래서 탈곡기와 조금 비슷해 보인다. 일단 모래 속으로 들어가면 주변의 모래알을 점액으로 덮어서 단단한 벽으로 둘러싸인 방을 만든다. 불가사리처럼 성게도 관족이 있다. 이 굴을 파는 종은 아주 긴 두 관족을 모래에 판 굴을 통해서 위로 쭉 뻗는다. 이 관족을 뒤덮고 있는 털을 휘저어 물이 굴로 들어오도록 하고, 노폐물은 다른 굴을 통해서 내보낸다. 모래 속에서 살아가는 이들은 살아 있을 때는 거의 눈에 띄지 않지만, 죽은 뒤에 새하얗게 바랜 아름다운 뼈대가 해변으로 올라오기도 한다. 더 깊이 들어가는 종은 심장 모양인 염통성게류이다. 표면 가까이에는 둥글고 납작한 연잎성게류가 산다.

대다수의 해양생물에게는 불편하게도 해변에서 먹이가 가장 풍부한 곳은 만조선 근처이다. 파도가 유기물 잔해를 수북하게 밀어올려 이곳에 쌓아놓는다. 바위가 많은 곳에서 뜯겨나온 다시마 같은 갈조류, 바람에 해변으로 밀려온 해파리, 죽은 물고기의 잔해, 연체동물의 알주머니 같은 것들이다. 쌓이는 것들은 조수와 계절에 따라 달라진다. 새우의 친척인 모래톡톡이는 축축한 모래에서 필요한 수분을 모두 얻을 수 있고, 낮에는 주로 쌓여 있는 축축한 해조류 더미 밑에 숨어 있다. 어둠이 깔리면서 기온이 내려가면 이들은 우글우글 기어나오며, 1제곱미터에 2만5,000마리까지 모이기도 한다. 이들은 썩어가는 해조류와 사체를 먹어치우기 시작한다. 그러나 이들은 예외적인 동물이다. 해변에 사는 대다수의 해양동물은 풍부하게 쌓인 이 먹이에 다가갈 수 없다.

그런데 아프리카의 남부 해안에 사는 쟁기고둥은 노력과 위험을 최소화하면서 이 먹이에 다가갈 가장 독창적인 방법을 개발했다. 이들은 간조선 주변의 모래 속에 숨어서 지낸다. 물이 밀려오면서 이 숨은 곳을 지나서 해안으로 올라갈 때, 쟁기고둥은 모래 위로 올라와서 물을 빨아들여 발로 보낸다. 그러면 발이 커져서 쟁기 같은 모양이 된다. 이들은 이 발을 쟁기가 아니라 서프보드로 쓴다. 파도가 칠 때 그 파도를 타고 해변까지 올라가서 파도가 표류물을 쌓아놓은 바로 그 지점에 떨어진다. 쟁기고둥은 물에서 나는 썩는 맛에 극도로 민감하다. 그 맛을 검출하자마자 서프보드를 움츠리고서 파도가 데려다준 모래 위를 기어서 맛이 풍기는 곳으로 향한다. 해파리가 파도에 밀려오면 몇 분 사이에 수십 마리가 모여들 것이다. 이들은 아직 밀물이 만조선에 다다르기 전, 먹이에 물이 차오르고 있을 무렵부터 도착해서 먹기 시작한다. 만조선까지 올라가는 행동은 위험할 것이다. 거기에서 조금이라도 지체하면 돌아오는 물결에 올라타지 못해서 해변에 남게 될 수도 있다. 파도가 점점 더 높이 올라올 무렵이면, 이들은 먹이 활동을 멈추고 모래를 파고 들어간다. 물이 빠지기 시작하면 이들은 모래 위로 나와서 살로 된 서프보드를 다시 펴고서 더 깊은 곳으로 돌아간다. 그곳에서 모래를 파고 숨은 채로 다시 밀물이 찾아올 때를 기다린다.

만조선 위까지 올라와서 살아남는 모험을 감행할 해양동물은 거의 없다. 그러나 바다거북은 본래 육지에서 왔기 때문에 육지로 올라올 수밖에 없다. 육지에 살면서 공기 호흡을 하는 땅거북의 후손인 바다거북은 기나긴 세월을 거치며 호흡을 하지 않고도 장시간 잠수를 할 수 있고, 길고 넓적한 지느러미발로 변형된 다리로 아주 빠르게 나아갈 수 있는 탁월한 수영선수로 진화했다. 그러나 바다거북의 알은 모든 파충류의 알처럼 물 밖에서만 발생하고 부화할 수 있다. 발생하는 배아는 호흡할 기체 산소가 필요하며, 산소를 공급받지 못하면 질식해 죽을 것이다. 그래서 해마다 바다거북 암컷 성체는 바다에서 짝짓기를 한 뒤에 안전한 먼 바다를 떠나 마른 땅으로 올라와야 한다.

원양 거북 중에서 가장 작은 종류에 속하는 올리브바다거북은 몸길이가 평균 60센티미터쯤 되는데, 엄청난 무리를 지어서 알을 낳는다. 동물계에서 가장 장관 중 하나라고 장담할 수 있다. 멕시코와 코스타리카의 외딴 해변 한두 곳에서 8월에서 11월 사이의 며칠 동안 밤마다 바다거북 수십만 마리가 해변으로 올라온다. 과학자들은 정확한 날짜가 언제가 될지 아직도 예측하지 못한다. 이들은 육상생활을 하는 조상으로부터 허파와 방수가 되는 피부를 물려받았으므로 물 밖에서 질식하거나 말라붙을 위험은 전혀 없지만, 지느러미발은 육지에서 돌아다니는 데에 적합하지 않다. 그러나 이들은 굴하지 않는다. 이들은 힘겹게 올라와서 마침내 영구 식생이 자리한 바로 밑에까지 다다른다. 이제 둥지 구멍을 파기 시작한다. 너무나 빽빽하게 모여드는 탓에 서로 기어오르면서 적당한 자리를 찾기 위해서 애쓴다. 이들은 지느러미발을 앞뒤로 쓸면서 구멍을 파는데, 이때 모래가 마구 흩날리면서 주변에 있는 거북의 등딱지에 쏟아진다. 마침내 구멍을 파면 암컷은 그 안에 알을 100개쯤 낳은 뒤에 잘 덮고는 바다로 돌아간다. 산란은 사나흘 동안 밤마다 계속되며, 한 해변에 10만 마리가 넘는 올리브바다거북이 올라오기도 한다. 알은 부화하기까지 48일이 걸리는데, 때로는 그 전에 두 번째 거북 무리가 올라올 수도 있다. 그러면 해변은 다시금 기어오르는 파충류로 뒤덮인다. 이 거북들은 구멍을 팔 때 뜻하지 않게 앞서 다른 거북들이 낳은 알을 파내거나 부수기도 한다. 해변은 양피지 같은 알껍데기와 썩어가는 배아가 널려 있는 곳이 된다. 해변에 낳은 알들 중에서 새끼가 부화할 때까지 살아남는 것은 500개 중에 1개도 되지 않는다.

이 대규모 산란 활동을 일으키는 요인들이 무엇인지는 아직 제대로 밝혀지지 않았다. 모든 올리브바다거북이 그저 해류가 그 방향으로 흐르기 때문에 극소수의 해변에 다다르게 되는 것일 수도 있다. 일 년 내내 더 균등하게 흩어져서 찾아와 산란을 한다면, 게, 뱀, 이구아나, 수리 같은 포식자들이 더 많이 그리고 영구적으로 정착하게 될 수도 있으므로, 엄청나게 많이 모여서 한꺼번에 알을 낳는 편이 더 유리할 수도 있다. 실제로 이런 해변은 일 년 중 먹을 것이 거의 없는 날이 대부분이므로, 거북이 올라올 시기에도 그런 포식자들은 거의 없다. 그것이 이런 습성을 가지게 된 이유라고 한다면, 효과가 있어 보이기도 한다. 올리브바다거북은 태평양과 대서양 양쪽에서 가장 흔한 바다거북에 속한 반면, 다른 많은 바다거북은 현재 수가 줄어들고 있으며 멸종 위기에 처한 종류도 있기 때문이다.

바다거북 중에서 몸집이 가장 큰 장수거북은 몸길이가 2미터가 넘고 체중이 600킬로그램까지 자랄 수도 있다. 장수거북은 등딱지가 각질판이 아니라 거의 고무 같은 피부로 된 가죽질이라는 점에서 다른 바다거북들과 다르다. 이 등딱지에는 몇 개의 능선이 길게 뻗어 있다. 장수거북은 홀로 먼 바다를 돌아다닌다. 열대 대양에는 어디든 나타날 수 있지만, 멀리 남쪽의 아르헨티나와 북쪽의 노르웨이 해역에서도 잡힌다. 25년 전만 해도 이들이 주로 알을 낳는 해변이 어디인지 아무도 몰랐다. 지금은 두 곳이 발견되었다. 한 곳은 말레이시아의 동해안에 있고, 다른 한 곳은 남아메리카 수리남에 있다. 이곳에서 장수거북은 3개월에 걸친 산란기 중 하루를 잡아서 한번에 수십 개의 알을 낳는다.

암컷은 대개 달이 뜨고 밀물이 밀려드는 밤에 올라온다. 부서지는 파도 사이로 검은 혹 같은 등딱지가 달빛에 반들거리면서 모습을 드러낸다. 암컷은 거대한 지느러미발을 휘두르면서 젖은 모래 위로 몸을 끌어올린다. 몇 분마다 멈추어 휴식을 취한다. 원하는 높이까지 올라오는 데에 30분 넘게 걸리기도 한다. 둥지는 파도가 들이치지 않으면서도 구멍을 팔 때 모래가 무너지지 않고 단단히 뭉쳐 있을 만치 젖어 있는 곳에 지어야 하기 때문이다. 암컷은 몇 군데 시험 삼아 파본 뒤에 마침내 알맞은 곳을 찾아내기도 한다. 자리를 정하면 앞지느러미발을 휘저어서 모래를 뒤로 흩뿌리면서 넓게 구멍을 파기 시작한다. 몇 분 뒤 충분히 팠다 싶으면, 넓적한 뒷지느러미발을 써서 아주 섬세하게 모래를 파내어 좁고 깊은 구덩이를 만든다.

암컷은 공기로 전파되는 소리를 거의 전혀 듣지 못하므로, 우리가 옆에서 말을 해도 방해를 받지 않을 것이다. 장수거북이 해변으로 기어 올라올 때 손전등을 비춘다면, 알을 낳지 않고 몸을 돌려 바다로 돌아갈 수도 있다. 그러나 이제는 밝은 빛을 비춰도 알을 낳는 행동을 멈추지 않을 것이다. 암컷은 빠르게 여러 개씩 한꺼번에 알을 쏟아낸다. 뒷지느러미발로 산란관의 양쪽을 붙들어서 알이 제자리에 잘 떨어지도록 인도한다. 산란하면서 암컷은 깊게 한숨을 쉬고 끙끙거리는 소리도 낸다. 반들거리는 커다란 눈에서 눈물도 흘러내린다. 30분이 채 걸리지 않아 알을 다 낳은 다음, 암컷은 뒷지느러미발로 모래를 꾹꾹 누르면서 조심스럽게 구덩이를 덮는다. 그런 뒤 암컷은 곧장 바다로 돌아가는 대신에 마치 하릴없이 돌아다니는 양 해변을 여기저기 쏘다니고는 한다. 알이 묻힌 곳을 숨기려는 듯하다. 다시 바다로 돌아갈 즈음에는 해변이 온통 휘저어져서 알을 어디에 낳았는지 추측조차 거의 불가능하다.

그러나 지켜보는 사람들은 추측할 필요가 없다. 말레이시아와 수리남 주민들은 산란기가 되면 매일 밤새도록 해변을 돌아다니면서 알을 모은다. 대개 암컷이 구덩이를 메우기도 전에 알을 빼낸다. 지금은 지방정부에서 알들을 구입해서 인공 부화기에서 부화시키기도 하지만, 나머지는 거의 다 동네 시장에서 먹거리로 팔린다.

아마 우리가 아직 찾아내지 못한 장수거북의 번식지가 더 있을 것이다. 바다를 돌아다니는 거북 중 일부는 사람이 출몰하는 곳에서 멀리 떨어진 외딴 무인도를 발견했을 수도 있으며, 그곳에서 평온하게 산란할 수 있을 것이다. 그런 장거리 항해를 하는 생물이 장수거북만은 아니다. 연안에 사는 동물은 성체 때 얕은 바다 너머로는 갈 수 없다. 그러나 씨와 유생, 알과 치어 단계에서는 아주 멀리까지 떠다닐 수 있다. 그들에게 섬은 자신들의 고향인 해안처럼 개체 밀도가 높고 경쟁이 심하기만

한 곳이 아니라, 새로운 형태로 발달할 자유를 누릴 수 있는 안식처이기
도 하다.

# 10

# 떨어져 있는 세계들

선박들의 항해 경로에서 멀리 떨어져 있고 나머지 세계로부터 단절되어 있는 가장 고독한 섬을 찾고 싶다면, 알다브라 섬을 고르는 것이 당연해 보인다. 알다브라 섬은 아프리카에서 동쪽으로 400킬로미터 떨어져 있으며, 마다가스카르에서도 북쪽으로 같은 거리만큼 떨어져 있다. 이 섬에 가려면 항해 기술이 뛰어나야 한다. 알다브라 섬은 길이가 30킬로미터에 불과하고 가장 높은 곳이 해수면에서 겨우 25미터밖에 되지 않기 때문이다. 따라서 아주 가까이 다가가야만 눈에 보일 것이다. 사실 눈으로 이곳을 찾고자 한다면, 땅 자체가 아니라 식생과 얕은 초호의 녹색 물이 위에 떠 있는 구름의 밑면에 반사되어 비치는 연녹색 빛을 살피는 편이 찾을 가능성이 더 높다. 아프리카에서 출발했는데 찾지 못한다면, 며칠 더 항해하다가 세이셸 제도의 남쪽 섬들 중에서 하나를 발견하게 될 것이다. 그 제도까지 못 보고 지나쳐서 계속 나아간다면, 그 어떤 땅도 보지 못한 채 6,000킬로미터를 더 항해한 끝에 오스트레일리아에 다다를 것이다.

알다브라 섬은 환초이다. 즉 수심 4,000미터에 있는 해저로부터 가파르게 솟아오른 수중 화산의 꼭대기에 얹혀 있는 산호초이다. 좁은 수로로 서로 나뉘어 있는 20개의 작은 섬들이 고리처럼 배열되어 그 안에 넓은 환초가 형성되어 있다. 각 섬의 표면은 빗물의 화학 작용으로 침식되어 날카롭게 깎이고 깊이 파인 산호 암석으로 덮여 있다. 이 석회암들로 에워싸인 안쪽에 자갈 섞인 모래질 흙이 층층이 쌓여 있으며, 이런 것들로부터 이 환초가 해수면과 해저의 지형이 오르내림에 따라서 몇 차례 물에 잠겼다가 솟아오르기를 반복했음을 알 수 있다. 마지막으로 솟아오른 것은 약 12만 년 전이다. 산호초가 느리게 솟아오름에 따라서, 파도가 점점 덜 들이치면서 이윽고 석회암에서 물이 빠지고, 새로운 섬이 자리를 잡았다. 물론 이 시점에는 아직 어떤 육상 거주자도 없었겠지만, 긴 세월이 흐르는 동안 다양한 동식물들이 바다와 하늘을 통해서 들어오기 시작했고, 현재의 알다브라 섬에는 아주 다양한 생물들이 살고 있다. 이 섬에서만 발견되는 생물이 400종이 넘는다.

놀라운 일도 아니지만, 바닷새들도 엄청나게 몰려든다. 그런 유능한 여행자들은 알다브라 섬 같은 외딴 섬에도 얼마든지 갈 수 있으며, 한 해 중 특정 시기에 이 환초의 하늘은 붉은발얼가니새와 군함조들로 가득해진다.

이 두 새는 주변의 바다에서 먹이를 구한다. 개닛gannet의 일종인 얼가니새(부비새)는 사방으로 수백 킬로미터를 날아다니면서 먹이를 찾는다. 물고기 떼나 오징어 떼를 발견하면, 로켓처럼 물로 내리꽂히면서 몇

미터 깊이까지 잠수하여 먹이를 잡는다. 날개폭이 2미터에 달하고 깊게 갈라진 꼬리를 지닌 거대한 검은 새인 군함조는 조금 다른 사냥 기술을 이용한다. 이들은 수면 가까이에서 빠르게 스치듯 날면서 머리를 숙여서 굽은 긴 부리로 오징어나 날치를 능숙하게 낚아챈다. 또 이들은 섬 위에서 맴돌면서 돌아오는 얼가니새를 기다리기도 한다. 얼가니새가 물고기를 물고서 돌아올 때, 군함조들은 아주 집요하게 쫓아다니면서 괴롭힌다. 얼가니새가 견디다 못해 먹이를 떨어뜨리면, 군함조 한 마리가 재빨리 하강해서 공중에서 물고기를 낚아챈다.

얼가니새와 군함조 둘 다 한 해의 대부분을 공중에서 지내며 물에는 거의 내려앉지 않는다. 이들은 둥지를 짓기 위해서 알다브라 섬으로 온다. 고양이나 쥐 등 알이나 새끼를 약탈할 동물들이 없는 섬은 그다지 많지 않으며, 알다브라 섬은 인도양의 모든 군함조가 몰려드는 번식 본부 역할을 한다. 3,000킬로미터 이상 떨어진 인도의 해안에서도 날아오며, 이들은 섬 동쪽 끝의 키 작은 맹그로브 숲에 둥지를 튼다. 수컷이 먼저 내려온다. 나뭇가지에 터를 잡은 뒤 부리 밑의 커다란 주홍색 목주머니를 부풀린다. 위에서 날고 있는 암컷에게 내려와서 함께 둥지를 짓자고 권하는 초대장이다.

얼가니새는 군함조의 해적질에 시달리면서도 그 옆에 둥지를 짓는다. 이 섬에는 포식자가 전혀 없기 때문에, 새들은 둥지를 숨길 필요도, 접근하기 어려운 곳에 지을 필요도 없다. 그래서 맹그로브에는 둥지들이 빽빽하게 들어서며, 둥지를 짓는 새가 자리를 벗어나지 않고서도 이웃 둥지에서 잔가지를 훔칠 수 있을 정도이다.

이 섬에는 맹그로브뿐 아니라 다른 식물들도 많다. 해변에는 코코야자들이 늘어서 있다. 산호 석회암의 틈새에는 키 작은 가시덤불들이 뿌리를 내리고 있다. 그리고 모래가 안쪽으로 밀려서 쌓인 곳에는 키 작은 풀들이 자라고 있다. 이런 식물들은 어떻게 들어왔을까? 일부는 하늘로, 즉 새의 부리나 발이나 깃털에 붙어서 왔을 것이다. 새의 위장에 들어 있다가 배설물에 섞여서 해변으로 나온 씨도 있을 것이다. 더 작은 씨들, 특히 솜털 낙하산을 단 씨는 폭풍우에 실려 본토에서 왔을 수도 있다. 나머지 씨들 중 상당수는 바다로 들어왔을 것이다. 해변의 만조선을 따라 몇 미터만 걸어도 파도가 밀어놓은 씨를 적어도 6종류는 찾을 수 있다. 죽은 것도 있지만 아직 살아 있는 것도 많으며, 이미 뿌리와 잎을 내밀고 있는 것도 볼 수 있다.

그중에 코코넛도 흔하며, 사실 코코야자는 이런 방법으로 전 세계로 퍼져나가는 데에 가장 성공한 종 중의 하나이다. 코코야자는 본래 열대섬의 해변에서 만조선 바로 위, 나무에 가려지거나 덤불에 뒤덮이지 않는 아주 좁은 띠를 이루는 지대에서 자란다. 열매가 떨어지면 파도가 들이치는 곳까지 굴러가서 물에 실려서 바다로 떠내려가도록, 바다 쪽으로 기울어져서 자란다. 단단한 껍데기로 감싸인 살이 꽉 찬 씨를 둘러싸고 있는 거친 섬유로 된 두꺼운 껍질 덕분에 물에 뜬다. 이 열매는 바다에서 4개월까지도 살아서 떠다닐 수 있다. 그 사이에 수백 킬로미터를 돌아다닐 수도 있고, 이윽고 알다브라 섬 같은 새로운 해변에 도착할 수도 있다. 코코넛은 대단히 성공적으로 전 세계로 퍼졌기 때문에, 또 우리가 그런 유용한 식품과 음료 공급원을 아주 열심히 심은 덕분에, 이종이 어디에서 기원했는지 정확히 밝혀내기가 지금은 불가능해 보인다.

만조선에 쌓인 표류물에는 떠다니던 나무 조각, 뒤엉킨 뿌리 등 온갖 식물 쓰레기도 있다. 이런 식물들은 죽은 것들이기는 하지만, 동물 승객이라는 형태로 새로운 생물을 섬에 들여올 수도 있다. 알다브라의 달팽이, 노래기, 거미 같은 작은 무척추동물 중 상당수는 그런 식으로 들어왔을 것이 틀림없다. 더 큰 동물들도 그런 식으로 항해를 할 수 있다. 파충류는 특히 강인한 항해자로서, 그런 뗏목을 타고 장기간 항해를 할 수 있다. 반면에 양서류는 파충류와 달리 피부가 방수가 되지 않으므로 바닷물에 잠기면 살아남을 수 없다. 그래서 대양에 있는 섬들이 거의 다 그렇듯이, 알다브라 섬에도 나무 위에서 쪼르르 돌아다니거나 바위에서 햇볕을 쬐고 있는 도마뱀은 많지만, 짠물 섞인 습지에서 노래를 하는 개구리는 한 마리도 없다.

섬에 들어온 동식물들이 모두 세대가 흘러도 변함없이 원래의 모습을 유지하는 것은 아니다. 시간이 흐르면서 많은 종은 서서히 변하기 시작한다. 호수에 고립된 어류 집단에서 새로운 종이 출현하는 과정과 동일하다. 번식의 복잡한 과정이 진행되는 가운데 유전자에 미미한 변이가 일어나고, 그 결과 해부학적으로 조금 달라진 후손이 나온다. 본토의 더 큰 개체군에서는 그런 돌연변이가 희석되어 사라지고는 하지만, 근친 교배를 하는 작은 집단에서는 그렇지 않다. 그들은 후손들 사이에서 영구히 자리를 잡을 가능성이 더 높다. 따라서 큰 호수에서와 마찬가지로 섬에서도 진화적 변화가 유달리 빠르게 진행된다.

이런 변화는 때로는 아주 사소한 것처럼 보이기도 한다. 알다브라에서 가장 멋진 꽃식물은 알로에의 일종인데, 삐죽삐죽한 다육질 잎들이 둘러싼 한가운데에서 솟아오르는 긴 꽃대에 주황색 꽃들이 달린다. 이 꽃은 수백 킬로미터 떨어진 세이셸 제도에서 자라는 알로에의 꽃과 색깔이 조금 다르다. 마찬가지로 알다브라에 사는 유일한 맹금류인 아름다운 작은 황조롱이는 마다가스카르에서 서식하는 사촌들보다 배가 약간 더 불그스름하다. 이 차이가 뚜렷하고 항구적이어서 이 새는 아종으로 분류된다.

섬의 거주자들에게 일어나는 변화 중에는 더 실질적인 것도 있다. 덤불 속에는 작은 뜸부기가 총총 돌아다닌다. 이 새는 너무나 호기심이 강해서 조약돌로 바위를 톡톡 두드리기만 해도 빼꼼 모습을 드러낸다. 뜸부기는 작고 다리가 길며 쇠물닭과 물닭의 친척이다. 알다브라의 뜸부기는 아프리카 본토에 사는 친척 종들과 그다지 다르지 않다. 모습도 습성도 같다. 그러나 한 가지 큰 차이점이 있다. 알다브라뜸부기는 날지 못한다.

아프리카의 뜸부기는 공중으로 날아오르는 능력에 기대어 온갖 사냥꾼들의 공격을 피한다. 이곳 알다브라에는 그런 위험이 없기 때문에, 비행 능력을 잃어도 전혀 불리하지 않다. 정반대로 그 능력 상실은 이점을 안겨준다. 비행에는 요구되는 것이 많다. 전형적인 조류에게서 날개를 효과적으로 치는 데에 필요한 근육과 뼈는 몸무게의 약 20퍼센트를 차지하며, 그런 근육과 뼈를 만들려면 아주 많은 영양소를 투입해야 한다. 새는 날아오를 때마다 아주 많은 에너지를 소비해야 하며, 따라서 정말로 날 필요가 있을 때를 제외하면 거의 날아오르려고 하지 않는 것도 놀랄 일이 아니다. 알다브라의 뜸부기는 아예 날지 않는다. 오히려 날아오르는 것이 더 위험할 수도 있다. 섬에는 강한 바람이 불 때가 많은데, 그런 바람에 휩쓸려서 멀리까지 날아간다면 섬으로 돌아오기가 아주 힘들 수 있기 때문이다. 그래서 이들은 날개가 아주 작고 근육도 거의 없어서 날갯짓조차 하기 어렵다.

뜸부깃과에서 고립된 환경에 이런 식으로 대응한 종이 알다브라뜸부기만은 아니다. 트리스탄다쿠냐 섬, 어센션 섬, 고프 섬, 태평양의 몇몇 섬들에도 날지 못하거나 힘껏 파드득거려서 겨우 공중에 몸을 띄울 수 있는 뜸부기들이 산다. 서태평양의 뉴칼레도니아 섬에서는 두루미의 친척 종이 비행 능력을 잃었다. 카구라는 새인데, 반짝거리는 머리 깃을 지닌 대단히 아름다운 이 새는 무력한 날개를 자랑스럽게 과시하면서 멋진 구애 춤을 선보인다. 갈라파고스 제도에서는 동일한 진화 경로를 거쳐서 날개가 쪼그라든 가마우지가 있다. 날개 깃털도 성기게 나 있어서 아무리 열심히 날개를 파득거려도 몸을 띄울 수가 없다.

아마 섬에 사는 날지 못하는 새들 중에서 가장 유명한 사례는 인도양에서 알다브라 섬의 먼 이웃 섬인 모리셔스 섬에 살던 종일 것이다. 땅에서 먹이를 찾아 먹으면서 커다란 칠면조만 하게 커진 비둘기의 친척 종이었다. 몸의 깃털은 부드러워지고 솜깃털처럼 변했고, 날개는 흔적만 남아 있었다. 원래 비행할 때 쓰이던 부채 모양의 꼬리도 꽁무니에 타래처럼 말려서 장식깃이 되어 있었다. 포르투갈 선원들은 이 새를 도도$^{doudo}$, 즉 바보라고 불렀다. 사람을 너무 잘 믿어서 그냥 머리를 때려서 쉽게 잡을 수 있었기 때문이다. 국적을 가릴 것 없이 이 섬에 온 선원들은 모두 도도를 식량으로 삼고자 대량 학살했다. 또 사람들이 섬에 들여온 돼지는 도도의 알을 먹어치웠다. 도도는 17세기 말에 전멸했다.

여행자가 처음 도도의 존재를 기술한 지 200년도 채 지나지 않았을 때였다.

인근 섬인 레위니옹 섬과 로드리게스 섬에도 각각 날지 못하는 비둘기 2종이 살았다. 이 새들은 서로 다른 종이었지만, 유럽 선원들은 숲에서 홀로 돌아다니곤 했던 이들을 그냥 다 솔리테어solitaire라고 불렀다. 이들은 몸집이 도도와 비슷했지만 목이 더 길었고, 기록들을 토대로 할 때 어기적거리며 걸었던 도도보다 훨씬 더 우아하게 걸었던 듯하다. 이들도 18세기 말에 전멸했다.

모리셔스 섬, 레위니옹 섬, 로드리게스 섬에는 도도, 솔리테어뿐 아니라 거대한 땅거북도 살았다. 큰 것은 몸길이가 1미터를 넘고 몸무게가 200킬로그램에 달했다. 코모로 제도와 마다가스카르에도 땅거북이 살았다. 선원들에게는 도도보다 이런 거북이 더 가치가 있었다. 몇 주일 동안 배에 싣고 다녀도 여전히 살아 있었기 때문에, 배가 항구를 떠난 지 며칠이 지나서도 열대 바다에서 신선한 고기를 먹을 수 있었다. 그리하여 커다란 땅거북들도 도도, 솔리테어와 같은 운명을 맞이했다. 19세기 말에 인도양의 땅거북들은 전멸했다. 알다브라 섬에 사는 땅거북만 빼고서. 이 섬은 너무나 외진 곳에 있고 주요 항로에서 아주 멀리 떨어져 있기 때문에, 포장 운반이 쉬운 신선한 고기를 얻을 수 있다고 해도 이 먼 곳까지 오려고 한 선장은 거의 없었다. 현재 이 섬에는 10만 마리가 넘는 땅거북이 산다.

다른 섬들에 살던 멸종한 친척들과 마찬가지로, 이들도 아프리카 본토에서 서식하던 정상 크기의 땅거북에서 유래한 것이 분명해 보인다. 수천 년 전에 이들 중 일부가 떠다니는 식물을 타고 마다가스카르에서 이 섬으로 건너왔을 수도 있다. 일단 거대한 형태로 진화한 뒤, 몸 자체의 부력을 이용하여 이 섬 저 섬으로 퍼졌을 수도 있다. 바닷가 맹그로브 사이에서 식물을 뜯어 먹다가 실수로 조류에 휩쓸려 바다로 흘러나가면서 항해가 시작되었을 수도 있다. 실제로 땅거북은 육지에서 몇 킬로미터 떨어진 곳에서 떠다니는 모습이 발견되고는 하며, 아마 바다에서 며칠을 떠다녀도 살 수 있을 것이다. 마다가스카르에서 알다브라 섬으로 흐르는 해류도 있으며, 땅거북이 그 해류를 탄다면 10일쯤이면 건널 수 있었을 것이다.

땅거북은 선사시대에 몰타 섬에서 살았던 작은 하마처럼, 섬의 동물이 점점 작아지는 쪽으로 진화한다는 잘 알려진 경향에 반하는 사례인 듯하다. 실제로 화석 기록은 지금 있는 것들보다 훨씬 더 큰 땅거북들이 여러 섬에 퍼져 있었음을 보여준다. 즉 우리가 현재 섬에서 보는 커다란 땅거북들은 그중에 살아남은 존재들이다.

섬의 땅거북은 크기가 커졌을 뿐 아니라 다른 측면들에서도 변화가 일어났다. 많은 섬에는 이들이 뜯어 먹을 식물이 부족하며, 알다브라 섬은 더욱 그렇다. 그 결과 땅거북은 먹을 수 있을까 말까 한 것까지 거의 다 먹는 쪽으로 식단을 넓혔다. 그 섬에서 야영을 한다면, 여러분도 곧 알아차리게 될 것이다. 이들은 사람이 식사할 때 간절한 표정으로 근처에 앉아서 기다릴 뿐 아니라, 먹을 것을 찾아 텐트 안을 천천히 뒤적거리면서 난장판으로 만들어놓을 것이다. 게다가 안에 놓아둔 옷가지들을 죄다 물어뜯으면서 맛볼 것이다. 더 섬뜩한 점은 이들이 동족섭식도 한다는 사실이다. 무리 중 누군가가 죽으면, 평소에 채식을 하던 이들은 사체의 부패하고 있는 내장을 뜯어 먹기도 한다.

신체 비율에도 변화가 일어났다. 이들의 거대한 껍데기는 아프리카 친척들의 것보다 덜 두껍고 덜 튼튼하며, 등딱지를 지탱하는 몸속 뼈대도 더 약하다. 사실 거칠게 다룬다면 이들의 껍데기는 쉽게 움푹 들어간다. 게다가 등딱지도 본토에 사는 친척들의 것에 비해 피신처 역할을 제대로 못한다. 앞쪽의 입구가 더 넓게 벌어져 있어서 몸이 등딱지 밖으로 더 튀어나와 있다. 덕분에 식물을 뜯어 먹을 때는 몸을 훨씬 더 자유롭게 움직일 수 있지만, 바꿔 말하면 이는 다리와 목을 껍데기 안으로 완전히 집어넣을 수 없다는 의미가 된다. 따라서 이들을 아프리카로 보내면, 하이에나나 재칼이 목에 이빨을 박아서 죽일 수 있을 것이다.

세계의 다른 외딴 섬에 사는 땅거북들도 매우 비슷한 방식으로 변화를 거쳤다. 갈라파고스 제도에도 마찬가지로 큰 땅거북이 산다. 그러나 그들의 가장 가까운 친척은 인도양의 커다란 땅거북이 아니라, 남아메리카에 사는 작은 땅거북이다.

섬에 사는 파충류가 거대해지는 경향이 땅거북에만 나타나는 것은 아니다. 인도네시아의 한 파충류도 거의 비슷한 방향으로 진화했다. 이들의 주된 서식지는 인도네시아 열도의 한가운데에 있는 길이가 30킬로미터에 불과한 작은 섬인 코모도 섬이다. 영어로 코모도 드래곤Komodo dragon이라는 거창한 이름을 지닌 이 도마뱀은 사실 오스트레일리아의 왕도마뱀과 말레이시아에서 아프리카에 이르는 여러 열대 국가에 흔한 물왕도마뱀의 가까운 친척이다. 코모도왕도마뱀은 몸길이 3미터까지 자란다. 다른 모든 도마뱀보다 훨씬 더 길고, 더 무겁다. 다른 왕도마뱀들은 몸길이의 약 3분의 2가 꼬리인 반면, 코모도왕도마뱀은 약 절반이 꼬리이다. 그래서 반쯤 자란 개체도 같은 길이의 다른 왕도마뱀들에 비해 훨씬 더 육중하고 위압적이다.

코모도왕도마뱀은 육식동물이다. 몸길이가 1미터가 되지 않는 어린 개체는 나무를 기어올라서 곤충과 작은 도마뱀을 잡아먹는다. 반쯤 자랐을 때부터는 거의 땅에서만 돌아다니면서 쥐, 생쥐, 새를 사냥한다. 다 자란 뒤에는 섬에 본래 살던 멧돼지와 사슴뿐 아니라 사람이 들여온 염소의 고기를 주로 먹는다. 이 고기 중에는 사체에서 얻는 것이 많지만, 이들은 적극적인 사냥꾼이기도 하다. 새끼를 밴 염소를 계속 따라다니다가 염소가 새끼를 낳자마자 땅에 떨어진 새끼를 덥석 물 것이다. 또 염소, 멧돼지, 사슴이 으레 다니는 길목 옆 덤불에 숨어 있다가 성체를 덮치기도 한다. 먹이가 지나갈 때 턱으로 다리를 꽉 문 다음, 잠시 몸싸움을 벌인 뒤 땅으로 패대기친다. 먹이가 몸을 일으키기 전에 배를 물어뜯어서 죽인다.

섬에는 코모도왕도마뱀이 사람을 공격한다는 이야기가 떠돌며, 우연히 이 동물과 맞닥뜨려서 심하게 물린 뒤 나중에 상처가 악화되어 목숨을 잃은 사람이 예전에 한두 명 있었던 듯도 하다. 또 사람이 열사병으로 쓰러지면, 이들이 다른 동물의 사체를 다루는 것처럼 사람을 대하리라는 점에도 의문의 여지가 없다. 그러나 이들이 으레 인간을 먹이로 여길 가능성은 낮아 보인다. 덤불에 앉아서 이들을 지켜보고 있어도, 우리 자신이 사냥 당한다는 느낌은 들지 않는다. 이 동물도 우리가 지켜보는 동안 그저 우리를 지켜보고 있을 가능성이 높다. 눈을 깜박이고 이따금 한숨을 내쉬거나 끝이 갈라진 노란 긴 혀를 내밀어 공기의 냄새를 맡을 뿐, 조각상처럼 꼼짝하지 않고 엎드려 있을 것이다. 몸을 치켜들고 무슨 목적이 있는 양 우리를 향해 어기적거리며 다가올 때에도 그냥 무심하게 터벅터벅 스쳐 지나갈 것이다.

그러나 이들이 사체 주위에 모여 있을 때면, 이들의 잔혹함과 힘이 어느 정도인지를 실감하게 된다. 커다란 코모도왕도마뱀은 염소 상체를 물고서 통째로 질질 끌고갈 수 있다. 두 커다란 개체가 함께 달려든다면, 서로 사체를 꽉 문 채 머리와 어깨를 뒤로 홱 젖혀서 사체를 찢어발긴다. 더 젊은 개체가 경솔하게도 자신도 함께 먹겠다고 다가오면, 이들은 힘차게 돌진하여 쫓아버린다. 게다가 이런 공격이 엄포로 끝나는 것도 아니다. 배설물을 분석하니 성체가 더 작은 개체를 으레 잡아먹는다는 사실이 드러났다. 즉 이들은 동족섭식도 한다.

이들이 거대해진 한 가지 이유는 식성 때문일 수도 있다. 이곳에는 다른 커다란 육식동물, 즉 덤불을 뜯는 사슴과 멧돼지를 사냥하는 동물이 전혀 없다. 이 도마뱀의 조상은 다른 지역에 사는 더 작은 왕도마뱀들이나 코모도 섬의 어린 왕도마뱀처럼 사체, 곤충, 작은 포유류를 먹었을 가능성이 높다. 그러다가 이윽고 일부 개체가 살아 있는 초식동물을 공략할 수 있을 만치 커지고 힘도 세졌고, 그럼으로써 여태껏 제외되었던 풍족한 고기 공급원을 이용할 수 있게 되었다. 마지막으로 종 전체가 이 형질을 지니게 됨으로써, 코모도왕도마뱀은 세계에서 가장 큰 도마뱀으로 진화했다.

현재 코모도왕도마뱀은 코모도 섬뿐 아니라 이웃한 파다르 섬과 린카 섬, 훨씬 더 큰 플로레스 섬의 서쪽 끝에도 서식한다. 이들은 헤엄을 잘 치며, 좁은 바다를 건너서 코모도 섬 주변의 작은 섬까지 으레 오간다. 그러나 이들이 이 섬들에 이렇게 헤엄쳐 건너서 퍼진 것인지 여부는 불확실하다. 이 화산 지대의 땅이 지질학적으로 최근에 가라앉는 바람에, 원래 이들이 살던 커다란 섬이 지금처럼 몇 개의 작은 섬으로 나뉘게 되었을 수도 있다.

섬에 사는 종은 대부분 자신이 진화한 섬에 머무르므로, 그 외딴 섬에 들른 소수의 여행자들이 들려주는 믿기 어려운 이야기의 주제가 되고는 한다. 코모도왕도마뱀은 그런 신비로운 과장된 이야기에 으레 등장하면서 유명해졌고, 20세기 초에 이들의 존재가 처음으로 세상에 널리 알려지기 시작할 무렵에는 이 괴물이 실제 크기의 두 배를 넘는 7미터까지 자란다는 이야기가 떠돌고 있었다.

500년 전, 어느 섬에 살던 식물이 더욱 경이로운 이야기를 낳았다. 지금도 그렇지만 당시에도 커다란 코코넛 두 개를 나란히 붙인 것 같은 거대한 견과가 아주 드물게 인도양의 해안에서 발견되고는 했다. 대개 배 모양의 커다란 껍질에 감싸인 채 해변으로 밀려왔다. 아랍인은 그것을 발견하면 보물로 삼았다. 인도인도 동남아시아인도 마찬가지였다. 그러나 이 열매가 어떤 나무에서 열리는지는 아무도 몰랐다. 이 견과가 싹이 트고 자라서 답을 알려줄 수도 없었다. 예외 없이 모두 죽은 상태였기 때문이다. 가장 널리 받아들여진 이야기는 이들이 물속에서 자라는 나무의 열매라는 것이었다. 그래서 바다의 열매라는 뜻인 코코드메르coco-de-mer라는 이름이 붙었다.

어떤 이들은 가운데에 홈이 난 이 열매가 여성의 음부를 닮았다고 상상했다. 어쨌거나 많은 이들이 이 열매에 최음 효과가 있다고 믿었다.

단단한 씨앗으로 만든 음료는 거부할 수 없는 사랑의 묘약으로 여겨졌다. 속껍질에도 신비한 능력이 있었다. 가장 강력한 독조차도 속껍질로 만든 잔에 담으면 독성이 완전히 사라진다고 했다. 그래서 코코드메르 견과는 왕에게 바치는 진상품이 되었고, 동양 전역과 심지어 유럽의 왕가에서도 정교하게 깎고 은과 금으로 장식해서 보물로 삼았다.

이 견과가 맺히는 나무가 발견된 것은 18세기 말이 되어서였다. 세이셸 제도의 프랄린 섬과 큐리어스 섬에서 자라고 있었다. 이 나무는 열매만큼 경이로웠다. 프랄린 섬에서는 빽빽한 숲을 이루고 있었다. 수백 년 된 나무도 많다. 이 거대한 나무는 가지 하나 없이 매끄러운 줄기를 30미터 높이로 뻗고 있다. 잎은 폭이 6미터에 달하는 거대한 접이부채 모양이다. 암나무와 수나무가 따로 있고, 암나무는 수나무보다 더 높이 자라며, 수관에 원형으로 거대한 견과들이 매달린다. 견과는 익는 데에 7년이 걸린다. 수나무는 긴 못처럼 생긴 초콜릿색 수상꽃차례spike에 꽃을 피운다. 그리고 거의 모든 나무에는 절묘한 보석 같은 파충류가 앉아 있다. 밝은 에메랄드색에 군데군데 반짝거리는 섬세한 분홍 비늘이 박혀 있는 도마뱀붙이다. 이 동물도 독특하다. 이들이 속한 낮도마뱀붙이속은 마다가스카르에서 기원했지만, 세이셸 제도의 다른 생물들처럼 프랄린의 도마뱀붙이도 나름의 독특한 색깔을 갖추었다.

코코드메르 견과는 식물이 맺는 씨 중에서 가장 크다. 정상적인 코코넛은 익으면 속이 비는 반면, 코코드메르는 단단한 살로 꽉 채워져 있다. 아주 무거워서 코코넛처럼 물에 완전히 뜨지 않을 것이다. 실제로도 바닷물이 스며들어 죽는다. 그래서 이 식물은 얼마 되지 않는 이 작은 섬들에서만 살며, 이 섬들에서 진화했을 것이 틀림없다. 아니면 지금 남아 있는 작은 섬들이 더 큰 땅덩어리가 가라앉으면서 생긴 잔재일 수도 있다.

지금까지 말한 섬들은 비교적 작다. 그곳의 생물들은 각각 한 계통에서 진화하여 하나의 새로운 종을 낳았다. 그래서 코모도 섬의 왕도마뱀, 알다브라 섬의 땅거북, 모리셔스 섬의 도도는 1종뿐이다. 그러나 섬이 크고 다양한 환경이 존재하거나 저마다 특징이 다른 작은 섬들로 이루어져 있다면, 한 침입자가 단지 한 가지 새로운 형태가 아니라 여러 형태로 진화할 수도 있다.

이 현상의 가장 유명한 사례는 다윈이 바로 그런 효과를 관찰한 새, 즉 갈라파고스 제도의 핀치이다. 수천 년 전 핀치 한 무리가 변덕스러운 돌풍에 휘말려 남아메리카 해안에서 태평양으로 날려갔을 것으로 여겨진다. 그런 일은 그 이전과 이후에도 분명히 많이 있었겠지만, 이 무리는 운 좋게도 본토에서 거의 1,000킬로미터 떨어진 이 화산섬들을 발견했다. 이 제도에는 이미 식물과 곤충이 자리를 잡고 있었을 것이 틀림없다. 떠돌이 핀치들이 먹을 먹이가 충분했기 때문에 이들도 이곳에 정착했다. 그러나 갈라파고스 제도는 환경 조건이 다양하다. 선인장밖에 살지 못하는 아주 메마른 섬도 있고, 비교적 물이 풍족해서 풀밭과 빽빽한 덤불이 자라는 섬도 있다. 높이가 낮은 섬도 있으며, 화산 봉우리가 1,500미터까지 솟아 있고, 빗물이 모이는 골짜기에 고사리와 난초가 무성하게 자라는 섬도 있다. 따라서 핀치가 이용할 수 있는 환경이 다양했다. 그런 환경을 이용할 다른 새들은 없었다. 나무껍질 속에서 애벌레를 파낼 딱따구리도 없었고, 곤충을 잡아먹을 솔새도 없었고, 열매를 쪼아 댈 비둘기도 없었다. 시간이 흐르면서 핀치들은 각각 특정한 서식지에 서 먹이를 얻는 쪽으로 분화하면서 여러 집단으로 쪼개졌다. 먹이를 구 하는 데 쓰는 도구가 서로 다른 먹이에 맞게 변형되면서였다. 바로 부리 말이다.

오늘날 한 섬에는 핀치 10종이 산다. 이들은 크기, 체형, 깃털 색깔을 보면 거의 똑같다. 뚜렷하게 차이가 나는 것은 부리와 행동뿐이다. 한 종은 멋쟁이새와 조금 비슷하게 주로 식물의 눈과 열매를 으깨어 먹는 데, 부리가 억세고 두껍다. 작은 곤충과 애벌레를 집어 먹는 종은 가느 다란 부리로 족집게처럼 아주 섬세하고 정확하게 먹이를 잡는다. 몸무 게가 중간쯤 되고 부리가 참새의 것과 비슷한 종은 씨를 먹는다. 그리고 마치 진화를 통해서 해부구조를 물리적으로 변형하는 데에 걸리는 긴 시간을 기다리지 못하겠다는 양, 행동을 바꾸어 도구를 사용하는 쪽으 로 나아간 종도 있다. 이들은 꼼꼼히 골라서 잘라낸 선인장의 가시를 써 서, 핀으로 소라껍데기 안에서 살을 꺼내는 사람처럼 능숙하게 썩은 나 무의 구멍 안에 든 딱정벌레 애벌레를 꺼낸다.

가장 최근에는 어디에서든 먹이를 찾아내는 핀치의 창의성이 사악한 방향으로 나아갔다. 울프 섬은 갈라파고스 제도에서 가장 작고 가장 고 립된 섬에 속한다. 이 섬에 사는 한 핀치 종은 원래 얼가니새의 깃털에 서 이를 잡아먹는다고 알려져 있었다. 그런데 지금은 앉아 있는 얼가니 새 옆에 내려앉아서 커다란 비행 깃털의 밑동을 마구 쪼아 피가 나도록 상처를 내는 모습이 관찰되고는 한다. 기이하게도 얼가니새는 핀치의 이런 행동에 별로 개의치 않는 듯하며, 그래서 핀치는 부리 주위의 깃털을 피로 붉게 물들이면서 계속 피를 핥아먹는다. 고립된 상황에서 핀치는 뱀파이어가 되었다.

하와이 제도에서는 이 과정이 더욱 멀리까지 진행되었다. 하와이는 갈라파고스보다 더욱 멀리 떨어져 있다. 캘리포니아 해안에서 3,000킬로미터 거리이다. 면적도 더욱 크고 환경도 더 다양하다. 또 더 오래 전에 생겨났고, 동물들도 훨씬 더 오래 전에 정착했다.

그중에서도 가장 독특한 조류 집단은 꿀먹이새이다. 이들은 생김새가 비슷하므로 같은 조상 집단에서 유래했다고 보는 것이 합리적이지만, 지금은 너무나 많이 변했기 때문에 조상이 정확히 누구였는지를 판단하기가 극도로 어렵다. 핀치였을 수도 있고, 풍금조였을 수도 있다. 갈라파고스 핀치들처럼 이들도 부리 모양이 다양하다. 또 색깔도 다양하다. 주홍색을 띤 것도 있고, 녹색, 노란색, 검은색을 띤 것도 있다. 또 앵무새의 부리를 닮은 부리로 씨를 깨먹는 종도 있고, 길고 굽은 부리를 아름다운 꽃 깊숙이 넣어서 꿀을 빠는 종도 있다. 곤충을 먹는 한 종은 부리의 위아래 길이가 다르다. 윗부리는 굽어 있고 탐침 역할을 하며, 아랫부리는 짧고 곧으며 나무를 자르는 짧은 칼 역할을 한다. 인간이 처음 이 제도에 들어왔을 때에는 적어도 22종의 꿀먹이새가 있었다. 안타깝게도 그중 거의 절반은 지금 사라지고 없다.

꿀먹이새를 제외하면, 하와이 제도에 사는 조류는 겨우 5과에 속한 종들뿐이다. 반면에 영국에는 50과를 넘는 새들이 산다. 하와이가 극도로 고립되어 있을 뿐 아니라, 꿀먹이새가 먼저 들어와서 자리를 잡은 탓에 더 나중에도 틀림없이 다른 새들이 들어왔겠지만 그들은 자리를 잡을 기회가 거의 없었기 때문일 것이다. 꿀먹이새들이 대부분의 생태 지위를 이미 차지하고 있었다.

하와이와 갈라파고스는 둘 다 화산 활동으로 생겼다. 처음 바다에서 솟아오른 이 섬들은 바다와 하늘을 통해서 최초로 도착한 정착자들에게 빈 땅을 제공했다. 알다브라도 마찬가지였다. 그러나 다른 식으로 기원한 섬들도 있다. 대륙이 바다 밑으로 가라앉으면서 산꼭대기만 섬이 되어 남기도 하고, 해저의 지각판이 움직이면서 대륙에서 쪼개져 나와 생길 수도 있다. 그런 섬은 원래 살던 생물들을 지닌 채 떨어져서 노아의 방주가 된다. 그 뒤로는 새로운 종의 육아실이 될 뿐 아니라, 오래된 종의 보전구역 역할도 한다.

이 과정은 약 1억 년 전, 대륙 규모에서도 일어났다. 남쪽의 거대한 초대륙이 남아메리카, 남극대륙, 오스트랄라시아로 쪼개지기 시작했다. 당시 양서류와 파충류는 널리 퍼져 있었고, 조류도 꽤 자리를 잡은 상태였다. 뉴질랜드는 이 세 집단의 동물들을 간직한 채 아주 일찍 떨어져 나갔다. 그 뒤로 유대류가 남아메리카에서 남극대륙을 거쳐서 오스트레일리아로 들어오면서 그곳 동물 군집의 균형을 바꾸어놓았다. 그러나 그들은 뉴질랜드에는 들어오지 못했고, 덕분에 뉴질랜드는 양서류, 파충류, 조류 중심의 생태계가 존속했고, 다른 지역에서는 사라진 초기 형태들도 더 오래 생존했다.

뉴질랜드의 서늘하고 축축한 숲을 꼼꼼히 살피는 이들에게는 작은 개구리 3종이 눈에 띌 것이다. 또 도마뱀과 도마뱀붙이도 아주 흔하다. 유달리 관심의 대상이 된 파충류도 1종 있는데, 바로 투아타라이다. 언뜻 보면 살이 조금 통통한 도마뱀 같은데, 투아타라의 진정한 특징은 뼈대를 살펴볼 때에야 명확하게 드러난다. 머리뼈를 보면 몸길이가 30센티미터쯤 되는 이 작고 느린 동물이 현생 도마뱀이 아니라 공룡과 더 가깝다는 사실이 드러난다. 현생 파충류 중에서 가장 오래된 종류이며, 약 2억 년 된 암석에서 거의 똑같아 보이는 동물의 뼈 화석이 발견되기도 했다. 그러나 겉모습은 기만적일 수 있으며, 투아타라는 '살아 있는 화석'이 아니다. 한 고대 계통에서 살아남은 유일한 존재인 점은 맞지만, 원시적인 특징처럼 보일 수 있는 것들 중에는 사실 최근의 적응 형질인 것들이 많다.

뉴질랜드의 숲 자체도 카우리소나무, 남방너도밤나무, 나무고사리 같은 아주 오래된 고대 계통에 속한 나무들로 이루어져 있으며, 거기에는 마찬가지로 고대로부터 툭 튀어나온 듯이 보이는 또다른 동물이 산다. 바로 키위이다. 힘차게 땅을 파는 다리, 지렁이를 끄집어내는 긴 부리를 지닌 닭만 한 새이다. 깃털은 길어져서 거의 털처럼 변했고, 날개는 아주 작아서 깃털에 가려져 거의 보이지 않는다. 키위는 현재 5종이 있으며, 이들의 조상은 뉴질랜드로 날아서 들어온 것이 거의 확실하다. 아주 최근까지도 키위는 날지 못하는 새 집단인 모아와 함께 살았을 것이다. 남아 있는 뼈를 토대로 할 때, 모아는 약 12종이 있었던 듯하다. 어떤 종은 키위만 했고 숲 바닥에서 식물을 뜯어 먹었다. 반면에 키가 아주 큰 종도 있었다. 모아류는 날개뼈가 아예, 흔적기관조차도 없었다. 가장 큰 것은 키가 3.5미터로, 지금까지 존재한 새들 중에서 가장

컸다. 뼈대의 갈비뼈들 안쪽에서 발견된 닳은 위돌 더미로 볼 때 이들도 초식동물이었다. 아마 나무를 뜯어 먹었을 것이다. 뉴질랜드에는 초식성 포유류가 없었기 때문에, 이 날지 못하는 새들은 세계의 다른 지역에서 커다란 설치류, 사슴, 심지어 기린이 차지한 생태 지위까지 독점했던 듯하다.

날지 못하는 커다란 새는 세계의 여러 지역에 산다. 아프리카의 타조, 남아메리카의 레아, 오스트레일리아의 에뮤, 마다가스카르에 살다가 멸종한 코끼리새도 있다. 코끼리새는 가장 큰 모아보다는 키가 작았지만, 더 무거웠다. 이런 새들은 남쪽의 초대륙이 갈라지기 오래 전에 이미 비행 능력을 잃었을 수도 있다. 당시에 저마다 이미 아주 크고 힘이 셌기 때문에 사나운 포식성 포유류가 출현한 뒤에도 존속한 것일 수도 있다. 그렇다면 모아의 조상은 뉴질랜드가 오스트레일리아에서 분리될 때 투아타라, 고대 개구리와 함께 살았을 것이다.

현재 더 선호되는 다른 설명도 있는데, 뉴질랜드가 분리될 당시에 모아의 조상은 아직 날 수 있었고, 그 뒤에 고립된 상태에서 땅에서 살아가는 거대한 동물로 진화했다고 보는 것이다. 도도와 솔리테어가 그랬던 것처럼 말이다. 다른 많은 새들도 날아서 뉴질랜드로 들어왔다. 꾸준히 강력하게 동쪽으로 부는 바람인 무역풍의 도움을 받아서 오스트레일리아에서 날아온 종류가 많았다. 지금도 뒷부리장다리물떼새, 가마우지, 오리 등 오스트레일리아의 새들이 길을 잃고 뉴질랜드로 오고는 한다. 알다브라, 갈라파고스, 하와이에서도 그랬듯이, 수천 년 전에 들어와 정착한 새들은 나름의 방향으로 진화했다. 이곳 뉴질랜드에서는 그 과정이 더 오래 진행되었고, 그 결과 세계에 있는 다른 모든 친척들과 뚜렷한 차이점을 가진 굴뚝새, 앵무새, 오리가 진화했다.

뉴질랜드에는 50종의 독특한 육상조류가 산다. 그중 14종은 잘 날지 못하거나 아예 날지 못한다. 그중에 날지 못하는 뜸부기류가 있다고 해도 놀랍지 않다. 웨카라는 이 새는 자고새만 하며, 숲속을 뛰어다니면서 곤충, 달팽이, 도마뱀을 잡아먹는다. 같은 뜸부깃과에 속한 타카헤는 물닭의 일종으로서 비행 능력을 잃었을 뿐 아니라 몸집도 아주 크다. 작은 칠면조만 하며 짙은 주홍색 부리와 새파란 몸 깃털이 특징이다. 더욱 놀라운 점은 뉴질랜드의 앵무새 1종도 비행 능력을 잃었다는 사실이다. 바로 카카포이다. 부엉이앵무라고도 하는 이 새는 이끼색 깃털로 덮여 있고 아주 엄숙한 표정을 하고 있다. 밤에 나와서 고사리, 이끼, 물열매를 뜯어 먹는다. 마지못해 날개를 치면서 공중으로 수십 센티미터 날아가거나 비탈 아래로 활공할 수는 있지만, 이들은 주로 땅을 걷고 나무를 기어오른다. 또 황무지 식생 사이로 긴 통로를 만들어서 유지한다. 필요할 때면 식물을 잘라내어 정리도 하고, 바위 앞이나 나무 아래에 작은 공연장도 마련한다. 번식기에는 이곳에서 요란스럽게 노래를 부르면서 구애 공연을 펼친다.

뉴질랜드의 이런 동물들은 격리가 어떤 효과를 낳는지를 잘 보여준다. 독특한 형태로 진화한 동물들이 아주 많다. 카카포처럼 하늘을 날던 조상에게서 땅에서 사는 새가 진화할 수도 있다. 모아와 타카헤처럼 거대해지는 쪽으로 진화한 종류도 있다. 그런 한편으로 뉴질랜드는 섬 생물들의 또 한 가지 특징을 가장 생생하게 보여주기도 한다. 바로 취약성이다. 이들은 침입자에게 쉽게 무너진다.

가장 치명적인 침입자는 사람이다. 뉴질랜드가 처음으로 세상에 알려져서 사람이 들어간 것은 약 1,000년 전이었다. 처음 그곳에 들어간 이들은 폴리네시아인이었다. 그들은 세계에서 가장 위대한 원양 항해자였으며, 지금도 그렇다. 콜럼버스가 대서양을 건너기 오래 전에, 폴리네시아인은 태평양의 곳곳에 흩어져 있는 섬들로 들어갔다. 그들은 아마 아시아 본토에서 비교적 짧은 거리를 항해하면서 이 섬 저 섬으로 들어가 정착하다가 이윽고 태평양 한가운데까지 나아갔을 것이다. 그 뒤에 본거지로 삼은 마르키즈 제도로부터 수세기에 걸쳐서 일련의 원대한 항해를 계속했다. 북쪽으로는 하와이, 서쪽으로는 타히티, 동쪽으로는 이스터 섬까지 나아갔고, 이윽고 남서쪽으로 4,000킬로미터라는 가장 장거리를 항해한 끝에 뉴질랜드에 다다랐다. 갑작스러운 폭풍우에 배가 항로에서 벗어나는 바람에 우연히 도착한 것이 아니었다. 그들은 꼼꼼한 계획하에 항해를 했다. 그들이 탄 배는 수백 명을 태울 수 있는 거대한 이중 선체 선박이었다. 새 땅에 정착할 목적으로 항해를 할 때면 그들은 배에 남녀가 함께 타고, 식량이 될 식물의 뿌리, 가축 등 자급자족할 공동체를 새로 꾸리는 데에 필요한 모든 것을 싣고 갔다.

뉴질랜드에 도착한 폴리네시아인들은 아주 놀라면서 기뻐했을 것이 분명하다. 그 전까지 그들이 들어간 섬들에는 큰 동물이 전혀 없었다. 그들은 데리고 간 돼지와 닭을 길러서 고기를 얻어야 했다. 그러나 뉴질랜드에는 거대한 새인 모아가 우글거렸고, 폴리네시아 정착민인 마오리족은 모아를 마구 사냥했다. 모아의 살은 고기로 먹었고, 가죽은 천으로 썼고, 알은 그릇으로 사용했으며, 뼈로는 무기와 도구와 장신구를 만들었다. 옛 마오리족 마을 외곽에 쌓인 쓰레기 더미에는 모아의 사체 잔해가 가득하다. 이들의 사냥으로 모아의 수는 크게 줄어들었을 것이 분명하다. 게다가 마오리족은 숲도 없애기 시작했다. 당시 뉴질랜드는 훨씬 더 넓은 지역이 숲으로 덮여 있었다. 나무를 베고 숲을 불태우자 모아는 먹이뿐 아니라 은신처도 잃었다. 또 마오리족은 개와 폴리네시아 쥐인 키오리도 뉴질랜드로 들어왔다. 둘 다 모아 성체까지는 해치지 못하지만 새끼와 알을 먹어치워서 모아의 수를 크게 줄였을 것이다. 마오리족이 들어온 지 수백 년 사이에 키위를 제외하고 모아류는 모두 전멸했다. 모아만이 피해를 입은 것도 아니었다. 마오리족이 들어오기 전에 뉴질랜드에 살았다고 여겨지는 300종 가운데 45종이 사라졌다.

그러다가 200년 전에 유럽인들이 들어왔다. 그들은 더욱 지독한 피해를 입혔다. 그들의 배에는 다른 쥐가 타고 있었다. 또한 그들은 드넓은 숲을 없애서 풀밭으로 만들었고, 엄청나게 많은 양들이 그 풀을 뜯으며 돌아다녔다. 뉴질랜드에 사는 이국적인 동물들에게 별 호감을 느끼지 못했던 그들은 자신들의 고향을 떠올리게 하는, 오랫동안 함께했던 더 친숙한 동물들을 들여왔다. 그런 일을 할 단체들도 생겨났다. 영국에서는 청둥오리와 종다리, 대륙검은지빠귀, 떼까마귀, 푸른머리되새, 장박새, 찌르레기를 들여왔고, 오스트레일리아에서는 흑고니, 웃음물총새, 앵무새를 들여왔다. 또 낚시를 할 수 있게 하천에 송어를 방류했고, 사냥을 할 수 있게 숲에는 사슴을 풀어놓았다. 또 쥐와 생쥐를 줄이겠다고 족제비도 들여왔고, 난롯가에서 함께 있고자 고양이도 들여왔다. 안타깝게도 고양이는 머지않아 도시와 마을을 떠나 독립하여 시골에서 사냥꾼으로 살아갔다.

이런 대규모 침략에 토착 생물들은 계속 밀려났다. 날지 못하는 새들은 곧바로 피해를 입었다. 그들은 포식자인 고양이와 족제비를 피할 수 없었고, 나무 위에 둥지를 짓는 습성도 이미 버린 상태였기 때문에 알과 새끼는 쥐에게 습격당했다. 유럽인이 들어왔을 당시 타카헤는 이미 멸종 직전이었다. 사실 타카헤는 반쯤 화석이 된 뼈를 통해서 먼저 과학계에 알려졌다. 19세기에 한두 마리가 목격되기도 했지만, 1900년에 타카헤의 멸종이 공식적으로 선언되었다. 그런데 마치 기적처럼 1948년에 남섬의 한 외진 골짜기에서 이들의 작은 집단이 발견되었다. 현재 그곳에는 400마리의 타카헤가 살고 있으며, 엄격하게 보호를 받고 있지만 그들이 계속 생존할 수 있을지는 불확실하다.

날지 못하는 앵무새인 카카포는 더욱 큰 위험에 처해 있다. 이들은 고양이와 족제비에게 살해당했을 뿐 아니라, 이들의 먹이인 잎과 베리류를 사슴이 먹어치우는 바람에 타카헤보다 수가 더 줄어들었다. 당국은 리틀배리어 섬이라는 작은 섬에서 들끓던 야생 고양이들을 전부 없애고 남섬에 살아남은 소수의 카카포들을 모아서 이 포식자가 없는 환경에 풀어놓았다. 이들에게 너무나 필요한 환경이다.

그러나 날지 못하는 새들만 피해를 입은 것은 아니다. 완벽하게 잘 날 수 있는 많은 새들도 수가 크게 줄어들었다. 뉴질랜드에는 원래 세 종류의 볏찌르레기가 있었다. 이들은 극락조나 찌르레기의 친척임을 알려주는 특징들은 가지고 있지만, 충분히 다르기 때문에 독자적인 과로 분류된다. 이들은 부리의 귀퉁이에 살집이 축 늘어진 노란색이나 푸르스름한 육수가 달려 있다. 그중 1종인 후이아는 암수의 부리가 달랐다. 수컷의 부리는 짧았고 나무줄기를 파내어 애벌레를 찾는 데에 쓰인 반면, 암컷의 부리는 길고 굽어 있었고 애벌레가 판 굴로 부리를 깊이 들이밀어 먹이를 잡을 수 있었다. 매혹적이게도 암수는 협력해서 먹이를 찾고는 한 듯하다. 후이아는 금세기 초에 멸종했다. 또 1종인 붉은등볏찌르레기는 예전에는 널리 퍼져 있었지만, 지금은 몇몇 연안 섬에만 남아 있고 아주 희귀하다. 세 번째 종인 코카코만이 본토에 꽤 많이 존재하는데, 북섬에서만 서식한다. 게다가 조류만 이렇게 취약한 것도 아니다. 현재 투아타라도 연안의 몇몇 섬에만 남아 있다. 턱 힘이 강하고 위협적인 과시 행동을 보이는 날지 못하는 거대한 메뚜기인 웨타도 점점 희귀해지고 있다. 한때 약 30종에 달했던 토착 어류들도 많은 하천에서 송어를 비롯한 외래종에 자리를 내주었다.

나름의 고유한 군집을 이루었던 세계의 거의 모든 섬에 사는 생물들은 비슷한 운명에 처해왔다. 우리는 이런 일이 벌어지는 이유를 아직 온전히 이해하지 못하고 있다. 사례마다 다른 식으로 설명할 수 있다는 것은 분명하다. 많은 섬 생물 종들이 자신의 환경에 너무나 잘 적응해 있고, 아주 효율적으로 자기 환경을 이용하고 있으므로 침입종이 그 자리를 빼앗을 수 없을 것이라는 생각이 들 수도 있다. 그러나 그렇지 않다. 마치 격리되어 있어서 세계적인 공동체의 온갖 혼란을 접하지 못했기 때문에, 섬 주민들은 새로운 경쟁 상황에 직면했을 때 맞서 싸우는 습성을 잃어서 자신의 자리를 지킬 수 없게 된 듯하다. 섬을 보호하던 장벽이 일단 뚫리면, 많은 주민들은 멸종할 운명에 처하는 듯하다.

# 11
# 먼바다

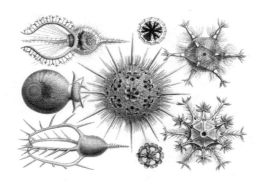

우리의 행성은 대부분 물로 덮여 있다. 세계의 모든 산을 잘라서 바다에 집어넣는다면, 지표면 전체가 수심 수천미터 깊이로 잠길 정도이다. 이 모든 물이 담겨 있는 대륙 사이의 거대한 분지는 지형학적으로 볼 때 육지 표면보다도 더 다양하다. 육지에서 가장 높은 산인 에베레스트 산을 바다에서 가장 깊은 곳인 마리아나 해구에 집어넣으면 봉우리가 수면에서 1킬로미터 아래에 잠겨 있을 것이다. 반면에 바다에서 가장 높은 산들은 아주 높아서 수면 위로 솟아올라 섬을 이룬다. 하와이에서 가장 높은 화산섬인 마우나케아는 해저에서부터 높이를 재면 1만 미터가 넘는다. 따라서 지구에서 가장 높은 산이라고 할 수 있다.

지구가 생겨난 직후에 식기 시작하면서 바다가 처음 생겨났다. 물이 어디에서 왔는지는 여전히 논쟁거리이다. 얼음 소행성에서 왔을 수도 있고, 지구 내의 수소에서 생겼을 수도 있고, 양쪽 다일 수도 있다. 이 어린 바다의 물은 빗물처럼 순수한 물이 아니라, 염소, 브롬, 요오드, 보론, 질소에다가 더 희귀한 온갖 물질들이 많이 섞여 있었다. 그 뒤로 다른 성분들도 추가되었다. 대륙의 암석이 풍화되고 침식될 때, 유출된 염분은 강물에 실려서 바다로 흘러들었다. 세월이 흐르면서 바다는 점점 더 짜졌다.

생명은 이 화학적으로 풍성한 물에서 약 35억 년 전에 처음 출현했다. 화석은 최초의 생물이 단순한 단세포 세균이었고, 곧 광합성 조류가 뒤따랐다고 말해준다. 지금도 바다에는 이 조류와 아주 비슷한 생물이 산다. 이들은 모든 해양생물의 토대이다. 사실 이 조류가 없었다면, 바다는 지금도 완전히 불모지로 남아 있었을 것이고 육지 정복도 없었을 것이다. 가장 큰 것은 지름이 약 1밀리미터이고, 가장 작은 것은 그 크기의 약 50분의 1이다. 이 작은 몸은 섬세한 껍데기로 감싸여 있다. 탄산칼슘 껍데기도 있고 유리질 규산염 껍데기도 있다. 갈퀴와 창, 빛살처럼 뻗은 가시, 섬세한 격자를 토대로 온갖 절묘한 모양들이 만들어진다. 조개의 축소판처럼 보이는 것도 있고, 플라스크, 알약통, 바로크 시대의 투구처럼 보이는 것도 있다. 이들은 바닷물 1세제곱미터에 수천만 마리가 들어 있을 만치 그 수가 엄청나게 많으며, 헤엄쳐 다니지 못하고 그냥 떠다니기 때문에 식물성 플랑크톤phytoplankton이라고 한다. 그냥 떠돌이 식물이라는 뜻의 그리스어에서 유래한 이름이다. 이들은 태양의 에너지를 이용해서 바닷물의 단순한 화학물질로부터 조직을 이루는 복잡한 분자를 만든다. 즉 무기물을 식물로 전환한다.

그들 사이로는 작은 동물들, 즉 동물성 플랑크톤zooplankton도 무수히 떠다닌다. 떠다니는 조류처럼 이들도 단세포 생물의 비율이 높으며, 엽록소가 없어서 스스로 광합성을 하지 못한다는 점이 조류와의 주된 차이점이다. 대신에 이들은 광합성을 하는 조류를 먹는다. 더 큰 동물들도 있으며, 종류는 다양하다. 여기저기 인광을 반짝이는 투명한 환형동물, 길이 약 1미터의 한 가닥 밧줄처럼 죽 연결된 작은 해파리들의 군체, 물결치듯이 꿈틀거리며 움직이는 편형동물, 헤엄치는 게와 무수히 많은 작은 새우 등이다. 이들은 모두 이 공동체의 영구적인 구성원이다. 일시적인 방문자도 있다. 게, 불가사리, 환형동물, 연체동물의 유생들이다. 이들은 성체와 닮은 구석이 전혀 없으며, 띠처럼 줄줄이 나 있는 섬모를 흔들면서 움직이는 작고 투명한 공모양이다. 이 다양한 동물들은 떠다니는 조류나 서로를 게걸스럽게 먹는다. 단순히 플랑크톤이라고 부르는 이들 집단 전체는 다양한 더 큰 동물들의 주식인 살아 있는 수프가 된다.

얕은 바다의 플랑크톤 섭식자들은 해저에 몸을 고정시키고 조류와 해류에 실려오는 먹이를 먹으면서 살아갈 수도 있다. 말미잘과 산호는 섬모들이 줄줄이 나 있는 촉수를 움직여서 그런 먹이를 붙잡는다. 따개비는 깃털 달린 다리로 먹이를 잡는다. 대왕조개와 멍게는 먹이가 든 물을 빨아들여 몸으로 통과시키면서 걸러 먹는다.

그러나 대양 한가운데의 해저는 햇빛이 닿지 않으므로 플랑크톤이 살아갈 수 없다. 따라서 플랑크톤 섭식자도 이 바닥에서는 살아갈 수 없으며, 적극적으로 헤엄치면서 먹이를 찾아야 한다. 그러나 아주 빨리 헤엄칠 필요는 없다. 사실 아주 큰 그물을 끌고갈 때 바람직한 한계 속도가 있는 것처럼, 빠른 속도는 에너지 낭비일 수도 있다. 그보다 더 빨리 끌고가면 그물 앞에 압력이 쌓이면서 물이 그물을 통과하는 대신에 옆으로 비껴간다. 플랑크톤 섭식자는 빨리 움직이지는 않지만, 먹이에 영양가가 풍부해서 때로 아주 크게 자라기도 한다.

거대한 다이아몬드 모양의 어류인 대왕쥐가오리는 지느러미 끝에서 끝까지 폭이 6미터까지 자란다. 머리 양쪽에 달린 커다란 지느러미발처럼 생긴 지느러미를 써서 물을 커다란 직사각형 모양의 입으로 보낸다. 물은 목을 지나서 머리 양쪽의 아가미구멍을 통과하며, 이때 빗살 같은 구조물로 플랑크톤을 거른다. 대왕쥐가오리의 먼 친척인 돌묵상어 basking shark도 같은 종류의 기구를 이용해서 같은 종류의 먹이를 모은다. 이들은 대왕쥐가오리보다 더 크게 자라며, 몸길이 12미터, 몸무게 4톤에 이르기도 한다. 시간당 1,000톤의 물을 거를 수 있다. 최고 속도는 시속 약 5킬로미터로 아주 느리기 때문에, 이들을 본 사람들은 이들이 실제로는 아주 바쁘게 먹이를 모으고 있다는 사실을 알아차리지 못한 채, 한가로이 '햇볕을 쬐고 있다basking'고 생각했다.

돌묵상어는 세계의 더 차가운 물에 산다. 더 따뜻한 바다에는 더욱 큰 상어가 산다. 어류 중에서 가장 큰 고래상어이다. 이 산더미 같은 동물은 몸길이는 18미터, 몸무게는 적어도 40톤까지 자란다고 알려져 있다. 먼 바다의 수면 가까이를 돌아다니면서 조용히 플랑크톤을 걸러 먹으므로 사람과 마주치는 일은 거의 없지만, 엄청나게 크고 느리고 온순하기 때문에 운 좋게 마주치는 사람은 정말로 깊은 인상을 받는다. 때로 실수로 배에 받혀서 뱃머리에 그대로 걸린 채 계속 가다가 이윽고 배가 멈추면, 이 거대한 몸은 천천히 떨어져 나와서 깊은 물속으로 가라앉는다. 그러나 가장 경이로운 만남의 순간을 접하는 이들은 잠수부일 것이다. 정말로 드문 행운이나 전문지식의 도움으로 한 마리, 아니 고래상어는 작은 무리를 이루어서 다니므로 몇 마리를 물속에서 마주치는 순간이다. 이 거대한 물고기는 자기 주변에서 얼쩡거리거나 늘 따라다니면서 입 주위에서 기다리다가 상어의 이빨에 달라붙은 것들을 뜯어 먹거나 상어의 배설물에 들어 있는 먹이를 먹으려고 꼬리 쪽을 맴돌고 있는 물고기 집단에 합류하는 인간 관찰자에게 거의 또는 전혀 관심을 두지 않는다. 그러다가 마침내 새 합류자가 성가시다는 양, 꼬리를 한 번 쳐서 더 깊은 물로 미끄러지듯 내려간다.

대왕쥐가오리, 돌묵상어, 고래상어는 연골어류라는 고대 어류 집단에 속한다. 뼈대가 경골(굳뼈)보다 더 부드럽고 더 탄력 있는 물질인 연골(물렁뼈)로 이루어져 있다. 그들이 출현할 무렵에 현재의 바다에 사는 모든 무척추동물 집단들은 이미 출현한 상태였다. 따라서 초기 연골어류는 다양한 먹이를 먹을 수 있었다. 물론 오늘날 이 집단에서 가장 흔한 종류인 상어는 가장 게걸스럽고 사나운 바다의 사냥꾼에 속한다.

그렇기는 해도 우리는 상어가 인간에게 끼치는 위험을 과장하고는 한다. 흔히 6미터까지 자라고 때로는 그보다 거의 두 배까지 자라기도 하는 백상아리 같은 몇몇 종은 사람이든 다른 동물이든 간에 닥치는 대로 공격하지만, 더 작은 상어들은 대부분 훨씬 더 작은 먹이를 사냥한다. 몰디브 제도에서는 산호초에 2미터에 달하는 상어들이 돌아다니는데, 이들은 잠수하는 사람들에게 아주 익숙해져 있다. 잠수해서 수심 약 15미터의 해저에 앉아 있으면 이들을 아주 가까이에서 지켜볼 수 있다.

이들이 불쑥 나타날 때, 우리의 첫 느낌은 두려움이 아니라 진정으로 완벽한 모습을 접하는 순간의 경이감이다. 몸의 모든 윤곽, 지느러미의 모든 곡선이 수력학적으로 완벽해 보인다. 그 어떤 방해도 받지 않은 채 미끄러지듯 물속을 나아간다. 그러나 이들에게도 한계는 있다. 머리 바로 뒤쪽에 있는 한 쌍의 지느러미는 고정되어 있어서 흔들 수 없다. 또 상어는 물보다 무겁고 제동 장치도 없어서 잠수부 앞에 잠시 멈춰서 시험 삼아 깨작거릴 수가 없다. 곧바로 들이닥쳐서 물든지, 아니면 놓치고 그냥 휙 지나가야 한다. 그리고 헤엄치는 사람은 몸집이 자신과 비슷하며 자신이 주로 먹는 먹이보다 훨씬 크므로, 몰디브 상어는 호기심이 가시면 그냥 헤엄쳐 사라진다.

연골어류 계통이 출현한 직후에, 고대 계통에서 다른 어류도 출현했다. 뼈대가 연골이 아니라 경골로 된 어류였고, 이들은 이윽고 연골어류에게는 없는, 헤엄치는 데에 도움이 되는 두 가지 장치를 갖추었다. 바로 몸속에서 부력을 제공함으로써 원하는 수심에서 헤엄치기 쉽게 해주는 부레와 거의 어떤 방향으로든 돌 수 있게 함으로써 물속에서 엄청난 기동력을 제공하는 앞쪽과 뒤쪽에 달린 지느러미들이다.

이런 초기 경골어류의 후손 중에도 플랑크톤 섭식자가 있는데, 같은 섭식 습성을 지닌 연골어류만큼 크게 자라는 종류는 없다. 대신에 이들은 다른 방법으로 플랑크톤을 먹는다. 이들은 엄청난 무리를 지어서 한 개체처럼 조화롭게 움직이면서 먹이를 찾는다. 그런 면에서 보면 경골어류 플랑크톤 섭식자는 괴물 같은 고래상어조차도 능가한다고 볼 수 있다. 그런 무리는 때로 길이가 몇 킬로미터에 달하기도 하며, 개체들이 아주 빽빽하게 모여 있어서 무리의 중심은 꿈틀거리는 거대한 혹처럼 수면 위로 올라오기까지 한다. 멸치는 이런 식으로 돌아다니면서 식물성 플랑크톤을 주로 먹는다. 청어는 조류뿐 아니라 동물성 플랑크톤도 많이 먹는다. 상어처럼 사냥꾼인 경골어류도 있는데, 이들은 현재 약 2만 종에 달하며 바다가 제공하는 거의 모든 환경의 거의 모든 먹이를 이용한다.

그러나 어류가 바다에서 차지하고 있는 우월적인 지위에 도전하는 이들이 없었던 것은 아니다. 약 2억5,000만 년 전, 경골어류와 연골어류가 이미 잘 발달하고 무수히 불어나 있을 때, 네 다리를 갖추고 육지에 자리를 잡고 있던 변온동물 중 일부가 바다로 돌아오기 시작했다. 처음 바다로 돌아온 파충류는 어룡이었고, 곧 초기 거북이 그 뒤를 따랐으며, 이어서 장경룡이 출현했다. 그리고 모든 대형 파충류가 대격변으로 사라지기 직전에 괴물 같은 모사사우루스가 등장했다. 몇몇 원양 조류 집단은 독자적으로 비행을 포기하고 물에 내려앉았다. 오늘날 펭귄은 물속에서 많은 어류만큼 빠르고 민첩하다. 사실 그럴 수밖에 없다. 물고기를 잡아먹어야 하기 때문이다.

약 1억5,000만 년 전 포유류가 육지에 출현했다. 단열이 되는 털가죽으로 덮인 정온동물이다. 이윽고 그들 중에서도 바다의 풍요로움에 끌려서 바다를 거주지로 삼는 종류가 출현했고, 모든 대형 해양 파충류의 멸종도 그런 현상을 부채질했다. 약 5,000만 년 전 고래의 조상이 먼저 나타났다. 그들은 전혀 다른 두 고래 집단으로 진화했다. 향유고래, 돌고래, 흰돌고래 같은 이빨을 지닌 집단과 위턱에 각질의 고래수염이 울타리처럼 나 있는 집단이다. 후자는 크릴 같은 조금 큰 편인 동물성 플랑크톤을 두고 돌묵상어와 경쟁한다.

수백만 년 뒤 곰을 비롯한 식육목에서 다른 집단이 갈라져서 바다로 들어가기 시작했다. 그들은 이윽고 현재의 물범, 바다사자, 바다코끼리를 낳았다. 고래와 달리 이들은 아직 해양 생활에 완전히 적응한 것이 아니다. 고래와 달리 뒷다리를 여전히 간직하고 있다. 또 머리뼈도 육상 식육목의 특징을 여전히 가지고 있으며, 고래와 달리 바다에서는 짝짓기도 출산도 할 수 없기 때문에 해마다 육지로 돌아와야 한다.

포유류가 바다로 들어가는 이 과정은 아직 끝나지 않은 듯하다. 북극해의 북극곰은 유빙 위에서든 물속에서든 간에 바다에서 물범을 사냥하면서 대부분의 시간을 보낸다. 색깔을 빼면 여전히 아주 가까운 친척인 회색곰과 매우 비슷하게 생긴 육상동물이지만, 이미 물속에서 눈을 뜨고 콧구멍을 닫을 수 있는 능력을 개발했으며, 2분 동안 물속에서 머물 수 있다. 아마 이들도 방해를 받지 않는다면 수백만 년 후에는 완전한 해양동물로 변하는 진화의 경로에 이미 들어선 것일 수도 있다. 현재 북극해의 얼음이 녹음으로써 이들에게 그런 진화 경로를 걷도록 부추기는 듯하지만, 실제로는 환경이 너무 빨리 변하는 바람에 북극곰의 생존 자체를 위협할 뿐이다. 북극곰은 그렇게 빨리 적응할 수가 없다.

따라서 다세포 생물이 처음 출현한 때부터 현재까지 10억 년이 흐르는 동안, 바다에는 아주 다양하면서 엄청나게 많은 동물 집단들이 자리를 잡았다. 현재 동물계의 모든 주요 집단들을 대변하는 동물들이 바다에서 살고 있다. 육상생활에 가장 잘 적응한 집단인 곤충 중에서도 한

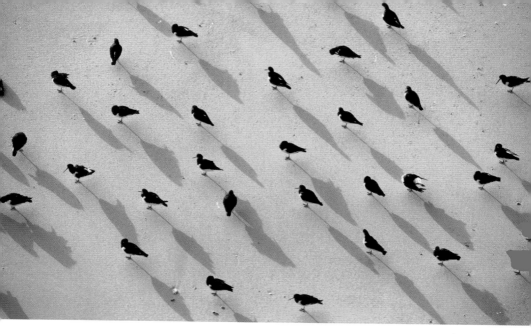

위 코니시의 해변에서 일정한 간격으로 떨어져서 조개를 캐먹고 있는 검은머리물떼새.

아래 퉁퉁마디의 잎은 비늘처럼 변해서 유리 같은 줄기를 감싸고 있다. 바닷가 공기로부터 수분을 흡수하므로 너무 짜서 다른 식물이 살아갈 수 없는 염습지에서도 자랄 수 있다. 영국 노퍼크.

**위** 맹그로브는 못이 숭숭 박힌 양 위로 뿌리를 뻗어 개흙의 흐름을 줄여서 안정시키는 역할을 한다.

**아래** 달랑게는 조간대에서 눈자루를 감싸고 있는 형태의 눈으로 360도를 살피면서, 작은 먹이 알갱이를 집어 먹는다.

**위** 말뚝망둑어는 썰물 때에도 몸을 좌우로 굴리면서 젖은 상태를 유지하며 자기 영역을 지킨다. 특유의 무늬가 있는 등지느러미를 휘둘러 자신의 영역임을 알린다. 말레이시아.

**아래** 바위 해안에서는 썰물 때 무지개모자반, 바다고리풀, 산호말 같은 해조류가 들어 있는 물웅덩이들이 생긴다. 영국 콘월.

오스트레일리아 그레이트배리어리프 북쪽 끝 레인 섬의 해변에서 바다거북 암컷이 약 100개의 알을 낳은 뒤 바다로 돌아가고 있다. 이 섬은 해마다 바다거북이 1만4,000마리까지 찾는 주요 번식지이다.

**위** 인도양의 산호 환초이자 세계에서 가장 외딴 섬 중 하나인 알다브라 섬의 항공 사진. 이곳에 정착한 주민은 없지만, 땅거북 약 15만 마리를 비롯하여 많은 종들이 살고 있다.

**왼편** 알다브라흰목뜸부기. 뜸부기는 본래 잘 날지 못하지만, 피해서 달아날 포식자가 없는 이곳의 뜸부기는 아예 비행 능력을 잃었다.

**위** 태평양의 뉴칼레도니아 섬에 정
착한 두루미의 일종인 카구. 포식자
가 없는 섬에서 진화한 많은 조류처
럼 이 새도 비행 능력을 잃었다.

**오른편** 알다브라땅거북. 큰 몸집은
영양분을 몸에 많이 저장하여 먹이
가 부족할 때에도 버틸 수 있으므로
이점이 될 수도 있다.

**위** 코모도왕도마뱀. 현생 도마뱀 중에서 가장 크며, 인도네시아 플로레스 섬의 서쪽 끝에 있는 몇몇 작은 섬에 산다. 가까운 친척인 동남아시아에 널리 퍼져 있는 물왕도마뱀보다 더 클 뿐 아니라 훨씬 더 무겁다.

**왼편** 세계에서 유일하게 날지 못하는 앵무새인 카카포. 이들이 사는 뉴질랜드는 파충류와 포유류가 진화하기 전에 격리되었다. 그러나 조류는 날아올 수 있었고, 이 앵무새의 조상을 비롯하여 그렇게 날아온 새들 중 상당수는 비행 능력을 버렸다.

**오른편** 뉴질랜드에만 살아남은 도마뱀과 비슷한 파충류인 투아타라. 이구아나와 아주 비슷해 보이지만, 해부학적으로는 2억 년 전 공룡과 함께 살던 거대한 파충류와 더 가깝다.

**아래** 하와이꿀먹이새. 태평양의 하와이 제도는 다른 육지에서 아주 멀리 떨어져 있었기 때문에, 육지에서 온 핀치 한 종류만이 사람이 들어오기 전부터 살고 있었다. 이 조상으로부터 각각 다른 먹이를 먹는 쪽으로 분화한 20여 종이 진화했다. 지금은 절반만 생존해 있다. 이 이위라는 사진 속 종은 꽃꿀을 먹는 데에 알맞은 굽은 부리를 가지고 있다.

**위** 돌묵상어는 길이 8미터까지 자라고 수면 가까이에서 입을 쩍 벌린 채 헤엄치면서 떠다니는 작은 생물인 플랑크톤을 걸러 먹는다. 스코틀랜드 이너헤브리데스 제도.

**왼편** 거의 모든 해양생물의 토대를 이루는 떠다니는 미세한 생물인 식물성 플랑크톤.

**맞은편** 고래상어는 현생 어류 중에서 가장 크며, 약 18미터까지 자란다. 멕시코 코르테스 해의 이 어린 개체는 그냥 해수면 가까이에 머물면서 플랑크톤을 먹고 있다.

**왼편** 흰돌고래. 4미터 넘게 자란다. 어릴 때에는 청회색을 띠다가 다 자라야 흰색이 된다. 흰돌고래는 아주 소란스럽게 떠들고 고음으로 노래를 불러서 의사소통을 하기 때문에 '바다의 카나리아'라고도 불린다.

**아래** 태즈메이니아에서 잠수부가 수심 40미터에서 나비바리, 회초리산호, 해면동물 사이에서 헤엄치는 모습.

**위 왼편** 여과 섭식을 하는 정원장어. 해저의 모래 속에 꼬리를 묻고 점액을 분비해서 모래를 고정시킨 뒤, 똑바로 서서 머리를 내밀어 먹이를 걸러 먹는다. 인도네시아.

**위 오른편** 보석말미잘. 미세한 침이 들어 있는 촉수로 떠다니는 먹이 알갱이를 모은다. 영국 채널 제도.

**아래** 여왕민어와 다랑어에게 몰리는 가운데 빽빽한 공처럼 뭉쳐서 헤엄치면서 안전을 도모하는 색줄멸 떼. 인도네시아.

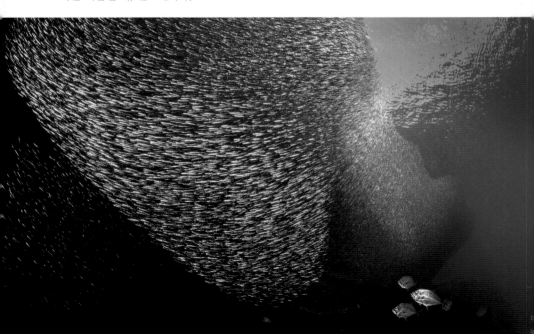

대서양 심해에서 민비늘드래곤피시가 턱 아래에 달린 발광 미끼로 먹이를 꾄다.

**위** 하늘을 나는 새 중에서 가장 빠른 매는 현재 도시에 자리를 잡았고, 고층 건물 사이에서 사냥을 한다. 이 암컷은 잡은 먹이를 공중에서 좀더 몸집이 작은 짝에게 넘기고 있다.

**아래** 런던의 이른 아침에 도시 공원의 새 모이통에 앉아 있는 목도리앵무. 영국에서 야생화한 앵무새 중 가장 수가 많다. 1970년대에 달아났거나 풀어준 기르는 새들이 야생에 자리를 잡았다.

**위** 도시에 사는 비둘기는 바위 절벽에 둥지를 틀던 야생종인 바위비둘기의 후손이다. 지금도 그런 절벽에 사는 바위비둘기가 일부 있지만, 도시에 사는 후손들이 훨씬 더 많다. 뉴욕 맨해튼.

**아래** 유럽의 여우는 현재 사람이 버리는 풍부한 음식을 찾아서 도시로 들어와 있다. 런던 중심부에만 약 1만 마리가 사는 것으로 추정된다.

**오른편** 이 회색머리날여우박쥐 같은 과일박쥐류는 도시에 터를 잡고는 한다. 오스트레일리아 시드니 왕립식물원.

**아래** 이곳 영국 템스 강 데프트퍼드크릭처럼 런던의 강가 건물과 부두에는 고유종과 외래종 식물들이 자라기 시작했다. 치명적인 독을 지닌 독당근미나리(오른쪽)와 뉴질랜드에서 온 뉴질랜드삼(가운데)이 자라고 있다.

종류가 바다에 산다. 바로 수면 위를 돌아다니는 소금쟁이이다. 연체동물과 갑각류, 환형동물은 여전히 대다수가 물에서 산다. 또 불가사리와 성게, 해파리, 산호, 오징어와 문어, 어류라는 많은 대규모 집단들은 물 바깥에서는 오래 살 수가 없다. 바다는 생명의 탄생지이자 양육실이었고 지금도 여전히 주요 거주지이다.

육지와 마찬가지로 바다에도 다양한 환경이 존재하고, 각 환경마다 거기에 적응한 동식물 군집이 있으며, 양쪽 사이에서 놀라울 만치 유사한 사례를 찾아낼 수 있다.

육지에서 가장 다양하고 무성하게 생명이 번성하는 곳인 열대우림의 해양판은 바로 산호초이다. 언뜻 볼 때 놀라울 만치 닮아 있다. 다양한 산호들이 숲을 이루고 있고, 일부 산호는 햇빛을 향해 줄기와 가지를 뻗는 반면, 풀처럼 수평으로 넓게 뻗으면서 햇빛을 받는 종류도 있다. 그리고 이 유사점들은 겉으로 보이는 것보다 더 심오하다.

물론 산호초를 만드는 산호 폴립은 동물이며, 작은 말미잘과 그리 다르지 않다. 그러나 산호의 몸에는 작은 황갈색 과립granule이 아주 많이 들어 있으며, 이 과립은 식물이다. 즉 물에 우글거리며 떠다니는 플랑크톤의 아주 가까운 친척인 조류이다. 이 조류는 폴립 안에서 노폐물을 흡수함으로써 숙주에게 도움을 준다. 조류는 노폐물인 인산염과 질산염을 단백질로 변환하고, 햇빛의 도움을 받아서 이산화탄소로부터 탄수화물을 만든다. 뒤의 과정을 진행할 때 조류는 부산물로 산소를 만들며, 이 산소는 폴립 자체가 호흡하는 데에 필요한 물질이다. 따라서 이 조합은 양쪽 동물 모두에게 바람직하다. 폴립 내부에 사는 조류뿐 아니라, 산호의 죽은 부위에도 많은 생물들이 살아간다. 전체적으로 보면 산호 덩어리에서 살아 있는 조직 중 4분의 3은 식물이다.

산호와 독립 생활을 하는 조류가 바닷물에서 그토록 열심히 추출하는 석회암은 산호초의 주된 물질을 형성한다. 산호초를 만드는 주된 역할을 하는 산호 폴립은 끊임없이 석회암을 분비한다. 산호 폴립은 각자 자신을 보호하는 작은 방을 만들고, 작은 섬유를 밖으로 뻗으며, 거기에서 다른 폴립이 싹튼다. 새 폴립은 원래의 폴립 방 위에 나름의 방을 만들기 시작한다. 이윽고 아래의 폴립은 묻혀서 죽는다. 따라서 산호 군체 전체는 빈 석회암 방들을 층층이 쌓고 그 겉을 얇게 뒤덮은 살아 있는 피부 같다. 버려진 방들로 이루어진 이 거대한 더미는 죽어 있을지는 모르지만, 대규모 토대가 됨으로써 군체에 계속 기여한다. 그 점에서는 나무줄기 안의 죽은 목재와 비교할 수 있다. 산호의 조류는 태양에 의지하므로, 산호는 수심 약 150미터 아래에서는 자랄 수 없다. 공교롭게도 이는 밀림의 우듬지에서 바다까지의 깊이와 거의 맞먹는다.

아주 다양한 동물들이 이 돌로 된 덤불과 산호초의 가지를 집으로 삼고, 이곳에서 먹이를 구한다. 파랑비늘돔은 입 앞쪽에 날카로운 부리 같은 이빨이 나 있으며, 이 이빨로 산호를 물어 뜯은 뒤, 입 안에서 굴려서 잘게 부순 다음 폴립을 빼내 먹는다. 다른 물고기들은 더 섬세한 방식으로 산호를 약탈한다. 밝은 녹색에 주황색 반점이 있는 쥐치는 폴립의 방 입구에 입을 가져다대고 폴립을 빨아낸다. 불가사리는 소화액을 이 작은 방으로 뿜어낸 뒤 폴립이 녹은 수프를 빨아들인다.

다른 동물들은 산호초를 은신처나 집으로 삼는다. 따개비와 조개는 석회암에 구멍을 뚫고 들어가서 안전하게 머물면서 플랑크톤을 걸러 먹을 수 있다. 바다나리와 거미불가사리, 다모류와 갯민숭달팽이는 산호의 가지들 사이를 끊임없이 돌아다닌다. 곰치는 작은 동굴에 숨어서 경계심 없이 지나가는 먹이를 덮칠 자세를 취하고 있다. 하늘색을 띤 작은 자리돔은 새 떼처럼 무리를 지어 사슴뿔산호의 가지들 위를 맴돌면서 물에 떠다니는 유기물 알갱이들을 먹다가 위험이 닥치면 재빨리 아래쪽 산호 가지들 사이로 안전하게 몸을 피한다. 그리고 산호 군체 사이사이에 밀림의 나뭇가지들에 붙어서 자라는 식물들처럼 해면동물과 총산호, 말미잘, 해삼, 멍게, 조개가 빽빽하게 붙어 있다.

앞에서 살펴보았듯이, 우림 생물의 다양성은 어느 정도는 덥고 습한 대기와 풍부한 햇빛이라는 탁월한 환경 조건, 또 어느 정도는 온갖 독특한 생태 지위에 적합한 종을 빚어낼 기회가 있을 만큼 아주 긴 세월 동안 안정적으로 진화가 일어난 덕분이다. 산호초에 생물이 아주 풍부한 것도 비슷한 요인들 덕분이다. 산호초 꼭대기를 뒤덮으면서 규칙적으로 산호초에서 부서지는 파도는 물을 산소로 포화시키며, 열대의 태양은 일 년 내내 풍부한 햇빛을 제공한다. 게다가 산호초는 우림보다 더욱 오래된 환경이다. 수많은 화석들이 뚜렷이 보여주듯이, 오늘날 산호초에서 볼 수 있는 종들과 모두 아주 가까운 친척인 산호, 성게, 거미불가사리, 연체동물, 해면동물을 갖춘 산호초가 약 2억 전에도 잘 발달해 있었다. 그때부터 지금까지 열대 바다의 어딘가에는 줄곧 산호초가 있었다. 즉 플랑크톤을 이루는 유생들이 정착할 곳이 늘 있었다. 현재 오스트레일리아 동부의 그레이트배리어리프에는 3,000종이 넘는 동물이 살고 있으며, 대부분 개체 수가 엄청나게 많다.

생물들이 빽빽하게 몰려 있기 때문에, 나름 문제도 생긴다. 은신처가 될 만한 구멍이나 틈새를 차지하기 위해서 열띤 경쟁이 벌어진다. 한 새우 종은 튀어나온 산호 덩어리 사이의 모래에 으레 열심히 구멍을 판다. 또 베도라치 한 종은 으레 이 새우와 같이 다니면서 그 구멍을 함께 은신처로 삼는다. 연체동물의 빈 껍데기는 안쪽은 소라게, 바깥쪽은 해면동물의 차지가 된다. 해면동물은 게가 먹을 때 남기는 부스러기를 먹으면서 껍데기 전체를 뒤덮음으로써, 게의 은신처가 포식자의 눈에 띄지 않게 한다. 연필처럼 가늘고 긴 숨이고기는 다른 동물의 몸속을 은신처로 삼는다. 해삼의 항문을 찔러대서 몸속으로 들어가는데, 안에 들어가면 적을 피할 수 있을 뿐만 아니라 먹이도 쉽게 얻을 수 있다. 이들은 해삼의 장기를 뜯어 먹는데, 물어뜯긴 부위는 곧 다시 자란다.

산호초의 많은 동물들이 화려한 색깔을 띠는 것도 이렇게 생물들이 우글거리기 때문일 수도 있다. 각 개체는 우글거리는 무수한 물고기들 중에서 자기 종의 개체를 알아볼 수 있어야 한다. 짝이나 경쟁자가 될 개체들이다. 시각적으로 혼란스럽기 그지없는 산호초 환경에서 식별 신호는 눈에 아주 잘 띄어야 한다. 모습과 크기가 비슷하면서 각자 다른 먹이를 찾는 친척 종들이 같은 물에서 헤엄치고 있을 때면 이 문제가 더욱 심각해진다. 나비고기는 바로 그런 과에 속한다. 종마다 독특한 특징을 지니며, 밀림의 아름다운 나비처럼 눈꼴무늬, 막대, 얼룩, 점이 멋지게 조합된 서로 다른 아름다운 무늬가 있어서 멀리서도 쉽게 알아볼 수 있다.

산호초가 바다의 밀림이라면, 먼바다의 탁 트인 수면은 사바나와 평원

에 해당할 것이다. 해마다 드넓은 면적에서 식물성 플랑크톤이 자란다. 풀처럼 이 플랑크톤의 풍요도도 계절에 따라 달라진다. 모든 식물이 그렇듯이, 식물성 플랑크톤도 빛뿐 아니라 인산염, 질산염 같은 양분이 필요하기 때문이다. 이런 양분은 수면 가까이에 사는 다양한 생물들의 배설물과 사체에서 나온다. 그러나 들판에 있는 소의 배설물과 달리, 이 배설물은 그 자리에 남아 있는 것이 아니라 천천히 꾸준히 가라앉아서 해저에 연니軟泥로 쌓인다. 떠 있는 조류가 접근할 수 없는 곳이다. 그러나 계절에 따라 폭풍우가 바다를 뒤흔들 때, 기온 변화로 강력한 해류가 일어나거나 용승류가 강해질 때, 물기둥이 교란되면서 기름진 연니가 솟구친다. 그러면 갑자기 식물성 플랑크톤이 마구 자라면서 엄청나게 불어날 수 있다. 그 뒤로 더 잔잔한 계절이 흐르는 동안 조류는 아주 많이 불어나면서 화학물질 먹이의 대부분을 소비할 것이고, 바닷물에는 다시금 영양분이 없어질 것이다. 그러면 플랑크톤도 다시 죽고, 이 과정이 재개되어 물에 다시금 영양분이 풍부해질 때까지 수가 적은 수준으로 남아 있을 것이다.

이 드넓은 초원에서 조류를 먹는 멸치와 청어, 정어리와 날치 무리는 아프리카 초원의 영양 떼가 치타와 사자에게 사냥을 당하는 것처럼 게걸스러운 육식성 어류들에게 사냥당한다. 고등어처럼 해양 사냥꾼 중에는 먹이보다 몸집이 조금 더 클 뿐인 종류도 있다. 한편 몸길이가 2미터에 달하는 큰꼬치고기처럼 플랑크톤 섭식자인 동시에 더 작은 동물을 사냥하는 종류도 있다. 가장 큰 사냥꾼은 대형 상어와 거대한 원양어류인 다랑어이다. 둘 다 먹이를 잡으려면 속도가 빨라야 하므로, 아주 빨리 헤엄을 친다. 이들은 몸집도 모습도 거의 비슷하게 진화했지만, 다랑어와 그 가까운 친척인 돛새치야말로 헤엄치는 능력을 가장 완벽에 가까울 만치 다듬은 어류이다.

이 탁월한 동물들은 전 세계의 대양을 돌아다닌다. 이들은 약 30종이 있으며, 이들을 잡으려고 애쓰는 세계 각국의 낚시꾼들에게 다양한 이름으로 불린다. 살이 많고, 활기 넘치고 힘센 싸움꾼이기 때문이다. 다랑어, 날개다랑어, 삼치, 가다랑어, 새치, 돛새치, 줄삼치, 꼬치삼치 등이 속한다. 몸길이 4미터, 무게 650킬로그램에 달하는 것도 있다. 이들은 수력학적으로 볼 때 상어보다 체형이 더욱 완벽하다. 주둥이는 뾰족하며, 초음속 항공기의 앞쪽처럼 창 모양으로 길게 뻗어나온 종류도 있다. 몸은 뒤쪽으로 향할수록 점점 가늘어지다가 초승달 모양의 꼬리로 끝난다. 눈도 불룩 튀어나와 있지 않으며, 머리의 매끄러운 유선형을 방해하지 않는다. 다랑어를 비롯한 일부 종은 머리 뒤쪽에 스포일러spoiler 역할을 하는 특수하게 변형된 비늘이 둘러져 있다. 몸의 가장 넓은 부위에서 약간의 난류를 일으켜서 몸 뒤쪽의 항력을 줄이는 일을 한다. 빠르게 헤엄칠 때면 이 지느러미들은 특수한 홈에 끼워져서 물의 흐름을 방해하지 않는다. 이런 탁월한 어류 중의 하나인 돛새치는 짧은 거리를 시속 110킬로미터로 헤엄칠 수 있다. 흑새치는 시속 129킬로미터로 헤엄치기도 한다. 육상동물 중에서 가장 빠르다고 하는 치타가 달리는 속도보다 더 빠르다.

그런 속도로 헤엄을 치려면 아주 많은 에너지가 들며, 따라서 산소가 풍부하게 공급되어야 한다. 이런 물고기들은 목 바닥을 내려서 물을 부드럽게 입안으로 빨아들여 아가미 덮개를 움직여서 아가미구멍으로 통과시켜 산소를 흡수하는 대신에, 입을 계속 벌린 채로 헤엄침으로써 물이 커다란 아가미로 빠른 속도로 밀려들도록 한다. 그래서 이들은 단순히 호흡을 하기 위해서 상당한 속도로 계속 헤엄을 친다. 또 이들은 체온이 높은 온도로 유지되기 때문에 근육의 에너지 출력도 높고 반응 속도도 빠르다. 사실 이들은 다른 어류들과 달리 정온동물이다. 자신들이 헤엄치는 물보다 체온이 12도 더 높게 유지되기도 한다.

황새치는 대개 홀로 사냥한다. 물고기 떼 안으로 뛰어들어서 긴 창 같은 주둥이를 휘둘러서 난도질을 하며, 찔리는 물고기도 있고 얻어맞아서 기절하는 물고기도 있다. 다랑어는 대개 무리 지어서 사냥을 한다. 무리는 물고기 떼를 신중하게 지켜보면서 뒤에서 몰고 옆에서 몰아붙이면서 점점 촘촘하게 모은다. 이윽고 와락 달려들어서 전면적인 살육 장면을 펼친다. 이들이 물고기 떼를 뚫고 들어가면서 정확하고 빠르게 작은 물고기들을 낚아채면, 물고기 떼는 공황 상태에 빠진다. 물고기들은 달려드는 사자들 앞에서 겁에 질려 마구 뛰어오르는 임팔라처럼, 밑에서 달려드는 턱을 피하고자 수백 마리씩 수면 위로 뛰어오르고는 한다.

바다에는 사바나뿐 아니라 사막에 해당하는 곳도 있다. 대륙의 가장자리에 가까운 해저에는 드넓은 모래밭이 펼쳐져 있다. 해수면에 비해 바다의 이쪽은 생명이 거의 없는 듯하다. 육지의 사막에서 바람이 하듯이, 이곳에서도 해류가 모래를 휩쓸면서 모래밭에 잔물결과 언덕을 만든다. 모래 자체에는 영양분이 전혀 없으며, 모래알 사이에 쌓이는 유기물 알갱이도 움직이면서 계속 체질을 하는 해류에 휩쓸려서 사라진다. 그래도 해안에 더 가까운 모래 해변에서처럼, 여기에서도 그럭저럭 살아가는 동물들이 있다. 정원장어는 모래 속에 꼬리를 묻은 채 점액을 분비하여 주변의 모래알들이 흘러내리지 않도록 굳힌 뒤, 수직으로 서서 몸 윗부분만 물 밖으로 내민 자세로 떠다니는 먹이 알갱이를 걸러 먹는다. 말미잘 한 종은 울타리갯지렁이처럼 모래로 통을 만들어서 몸을 감싼다. 언뜻 볼 때 이 사막 같은 해저에 사는 동물은 이들밖에 없는 듯하다. 그러나 착각이다. 이 모래밭 안에는 아주 많은 동물들이 산다. 표면 가까이에는 모래에 살짝 덮인 채 엎드려서 완벽한 위장술을 펴는 넙치류가 있다. 가자미, 참가자미, 홍어, 넙치 같은 어류이다. 모래의 더 깊숙한 곳에는 연체동물, 갯지렁이, 성게 같은 다양한 무척추동물들이 서식한다.

그러나 대양에는 육지에서 상응하는 곳을 찾을 수 없는 환경도 있다. 대륙붕 주위의 모래사막 너머로 가면, 수면 근처의 플랑크톤 초원 아래로 칠흑 같은 깊은 바다가 놓여 있다. 최근까지 우리는 거의 오로지 심해 저인망 어선에 우연히 부수적으로 잡혀 올라오는 죽은 동물을 통해서만 이 깊은 곳에 무엇이 사는지를 알 수 있었다. 그러나 지금은 수심 몇 킬로미터까지 으레 내려가서 탐조등을 비추면서 돌아다니는 유인 잠수정이나 원격 조종하는 무인 잠수정을 통해서 수면 위아래에 있는 지구의 다른 모든 환경과 공간적, 물리적으로 상이한 세계를 엿볼 수 있다. 이런 심해 잠수정 중에는 실시간으로 동영상을 전송하는 기능까지 갖춘 것도 있어서, 어느 누구에게든 간에 이 낯선 세계를 탐사할 기회를 제공한다.

대양 깊숙이 내려갈수록 물은 점점 차가워진다. 곧 어는점 가까이에 다다른다. 수심 600미터를 넘어서면 햇빛은 물에 흡수되어 완전히 사라진다. 물속을 10미터씩 내려갈 때마다 수압은 1기압씩 증가하므로, 수심 3,000미터에서는 압력이 해수면의 대기압보다 300배 높다. 이곳에는 먹이도 아주 적다. 위에서 사체가 떨어져 내리는 속도는 아주 느리다. 작은 새우의 사체가 수심 3,000미터까지 내려오는 데에는 일주일이 걸릴 수 있다. 그래서 대부분은 그런 깊이까지 내려오기 전에 먹히거나 동물이 먹을 수 없을 만치 분해되어 플랑크톤의 양분으로나 쓰일 상태가 된다. 그러나 이 동떨어진 세계를 드문드문 탐사하고 있음에도 불구하고, 이미 어류 수천 종과 더 많은 무척추동물이 발견되었다. 이런 탐사는 해마다 수십 차례 이루어지는데, 거의 언제나 새로운 종이 발견되어 과학계에 보고된다.

심해에는 스스로 빛을 내는 동물들도 있다. 이런 동물이 빛을 내는 데에 쓰는 배터리는 거의 다 세균 집단이다. 즉 세균이 스스로 대사 활동을 할 때 부수적으로 생기는 빛이다. 어류는 머리 양옆, 옆구리, 꼬리지느러미 끝에 있는 특수한 주머니에 이런 세균을 기른다. 세균 자체는 빛을 끊임없이 내지만, 숙주는 눈에 띄지 않는 편이 더 나은 상황도 있으므로 계속 빛이 나면 좋지 않을 수도 있다. 그래서 물고기는 이 주머니의 바깥에 불투명한 조직으로 된 차단막을 드리우거나 세균으로 가는 혈액 공급을 차단함으로써 횃불을 끈다.

대양의 중층이나 심해에 빛을 내는 어류가 널리 퍼져 있다는 사실은 빛을 내는 능력이 아주 중요함을 시사한다. 그러나 발광이 정확히 어떤 목적에 쓰이는지는 아직 모르는 부분이 많다. 작은 발광어류는 눈 바로 아래의 작은 방에 세균을 키운다. 이들은 방 바깥쪽에 있는 작은 피부

차단막을 올리거나 내려서 빛을 깜박이면서 무리 지어 돌아다닌다. 이 불빛 신호를 통해서 서로 모이거나 수컷이 암컷을 찾는 것일 수도 있다. 포식자가 접근하는 것을 알아차리면, 이들은 불빛을 끄고서 빠르게 헤엄쳐서 흩어진다. 그런 뒤 다른 곳에서 불빛을 깜박이면서 모이기 시작한다. 배쪽에서 불빛을 내는 어류도 아주 많다. 이는 불빛이 아래쪽 어딘가를 겨냥하고 있음을 의미한다. 이런 불빛은 역설적이게도 위장용으로 쓰이는 것일 수도 있다. 심해의 상층에서는 멀리 수면에서 오는 약한 빛에 물고기의 윤곽이 흐릿하게 드러날 수도 있다. 배쪽에서 불빛을 내면 밑에서 볼 때 이런 윤곽이 흐릿해질 수도 있다.

발광이 이런 기능을 할 것 같지 않아 보일 수도 있으며, 분명히 우리가 아직 이해하지 못한 측면들이 아주 많다. 그러나 빛이 어둠 속에서 유인하는 역할을 한다는 데에는 의문의 여지가 없으며, 일부 어류는 불빛을 주변에 있는 먹이를 꾀는 수단으로 삼는다. 더 얕은 바다에 사는 아귀는 특수하게 변형된 긴 등 가시를 입 앞쪽에서 달랑거리면서 먹이를 꾄다. 아귀는 이 가시 끝에 달린 작은 막을 낚시꾼의 미끼처럼 흔들면서 나풀거린다. 실제로도 미끼이다. 심해 아귀는 깃발 대신에 전구 같은 세균 불빛을 미끼로 쓴다. 작은 물고기는 참지 못하고 다가온다. 먹이가 점점 더 가까이 다가오면 이윽고 아귀는 입안으로 쏙 빨아들인다.

먹이를 꾀는 일은 대단히 중요하다. 심해에 아주 많은 동물 종들이 살고 있다고 해도, 개체 밀도는 아주 낮기 때문이다. 따라서 서로 마주치는 일은 극히 드물며, 그런 일이 일어난다면 그 기회를 최대한 활용해야 한다. 자기 몸보다 상당히 더 큰 먹이까지도 일단 삼켰다가 나중에 소화시킬 수 있도록 아주 크게 늘어날 수 있는 배를 지닌 심해어류가 아주 많은 이유도 이 때문일 수 있다. 또 많은 심해 아귀의 암수 사이에 기이한 관계가 형성된 것도 이 때문일 수 있다. 어릴 때 수컷은 암컷보다 약간 작다는 것 말고는 별 차이가 없다. 돌아다니다가 암컷과 마주치면 수컷은 암컷의 생식기 입구 가까운 부위를 꽉 물고 달라붙는다. 그런 뒤 서서히 퇴화한다. 수컷의 혈관계는 암컷의 것과 융합되며, 심장도 쪼그라든다. 이윽고 수컷은 정자를 생산하는 주머니나 다름없는 상태가 되지만, 그래도 암컷의 여생 동안 정자를 계속 만들어서 알을 수정시킬 것이다. 수컷은 암컷과의 단 한 차례의 만남을 최대한으로 활용한다.

대양에서 가장 깊은 곳은 해류가 흐르는 층보다 더 아래에 있어서, 물이 컴컴하고 차가울 뿐 아니라 아주 고요하기도 하다. 이런 환경 조건은 어류의 체형에도 영향을 미친다. 맞서서 헤엄칠 해류가 전혀 없으므로, 이들은 헤엄치고 자기 자리를 유지하는 데에 쓸 근육이 거의 필요 없다. 따라서 심해어류는 특유의 허약한 겉모습을 가지게 되며, 베네치아 유리 공예 장인의 환상적인 작품을 연상시킬 정도로 거의 투명한 종류도 많다. 또 가장 가느다란 대말처럼 생긴 지느러미로 바닥을 짚으면서 돌아다니는 종도 진화할 수 있다.

대양 분지 한가운데의 심해저는 육지에서 멀리 떨어져 있어서 대체로 육지에서 나오는 퇴적물이 전혀 들어오지 않는다. 이곳으로 가라앉는 광물질 알갱이는 대기에서 떨어지는 화산재뿐이다. 이곳은 수압이 아주 세서 뼈와 석회암 껍데기도 부서져서 사라진다. 규산염으로 이루어진 식물성 플랑크톤의 뼈대는 더 잘 견디며, 묘하게도 고래의 귓속뼈, 오징어의 턱, 상어의 이빨도 그렇다. 그러나 수압이 워낙 세서 물에 녹아 있던 광물질 중 일부가 침전되기도 한다. 그래서 가장 깊은 해저에는 망간, 철, 니켈의 덩어리가 널려 있다. 포도알만 한 것도 있고, 대포알만 한 것도 있다. 심해 잠수정의 탐조등에 생명의 흔적이 보이기도 하는데, 먹이 알갱이를 한 톨이라도 먹기 위해서 빈약한 연니 위를 환형동물이나 해삼이 힘겹게 기어다닌 자국들이다.

그러나 이 연니 중 상당수는 설령 위에서 살던 동물의 사체나 배설물에서 유래했다고 할지라도 먹을 수 없는 것이다. 인산염과 질산염 같은 화학 성분으로 분해된 상태이기 때문이다. 이런 성분들은 세균과 식물을 통해서 유기물 조직으로 재구성되어야만 동물이 유용하게 쓸 수 있다. 물론 빛이 없는 이 깊은 곳에서는 조류가 살지 않으므로, 양분이 되는 연니는 폭풍우에 휘저어져서 수면으로 솟아오르기 전까지는 식물성 플랑크톤이 이용할 수 없는 상태로 남아 있다.

같은 결과를 일으킬 수 있는 힘이 또 있다. 일부 해역에서는 강력한 해류가 심해저를 흐르면서 연니를 휩쓸어서 재순환시킨다. 그런 해류 중 하나는 카리브 해에서 시작된다. 열대 대서양의 한구석에서 비교적 수심이 얕은 분지에 있는 이 바다는 태양에 따끈하게 데워지고 있다. 이곳은 중앙아메리카의 동부 해안과 서인도제도의 섬들 사이에 있다. 지구의 자전으로 생긴 힘은 끊임없이 부는 무역풍과 결탁하여 카리브 해의 물을 북서쪽으로 쿠바와 유카탄 반도 사이를 지나 멕시코 만으로 밀어낸다. 거기에서부터 마치 폭 80킬로미터, 깊이 500미터에 이르는 거대한 따뜻한 강처럼, 열대 플랑크톤을 잔뜩 지닌 채 서대서양의 더 차가운 물을 가르면서 아메리카 동부 해안으로 향한다. 이것이 바로 멕시코 만류이다. 이 해류는 약 5,000킬로미터를 흐른 뒤에 북극해에서 남쪽으로 흐르는 또다른 거대한 바닷물의 강인 래브라도 해류와 정면으로 마주친다. 이곳에서 이 두 해류를 따라 이동하던 따뜻한 공기와 차가운 공기도 섞이면서 안개가 생긴다. 그래서 이곳은 일 년 내내 안개로 덮여 있다. 그 아래에서는 바닷물들이 뒤섞이면서 마구 휘저어진다.

공교롭게도 이 만남의 장소는 깊은 대서양에서 솟아오른 폭 300킬로미터, 길이 500킬로미터에 이르는 광대한 대지 같은 해대plateau가 자리한 곳이기도 하다. 이 해대가 수면에 너무나 가까이 올라와 있어서 바닥까지 햇빛이 닿으므로, 해역 전체에서 식물성 플랑크톤이 번성한다. 게다가 이곳은 다른 해역과 달리 양분이 끊임없이 공급된다. 해대의 가장자리에서 해류가 밀려오면서 깊은 바다에 있던 양분이 되는 연니를 계속 퍼올리기 때문이다. 그 결과 어느 해역에서도 찾아볼 수 없는 수준으로 플랑크톤 수프가 끊임없이 공급되며, 엄청난 물고기들이 득실거린다. 이곳은 뉴펀들랜드의 그랜드뱅크스이다.

예전에 정어리의 먼 친척인 작은 어류인 열빙어는 이곳에서 식물성 플랑크톤을 먹었다. 여름에 이들은 뉴펀들랜드의 물이 새까맣게 보일 만치 뉴펀들랜드의 모래 해안에 잔뜩 몰려들었다. 사리 때 이들은 육지로 다가와서 밀물이 가장 높이 올라올 때 해변으로 헤엄쳐 올라왔다. 파도가 들이칠 때마다 무수한 개체들이 해변으로 계속 밀려왔다. 이렇게 모래밭에 올라오면 암컷은 빠르고 다급하게 꿈틀거리면서 얕은 홈을 파고 산란을 했다. 그 옆에서 수컷은 정자를 뿌렸다. 이들은 다음에 밀려드는 파도에 실려서 바다로 휩쓸려갔다. 그러나 다시 새롭게 삶을 시작하는 것은 아니었다. 이들은 산란을 하고 나면 거의 다 죽었다. 그래서 얕은 앞바다에는 이들의 창백한 사체들이 둥둥 떠다녔다.

열빙어를 먹기 위해서 많은 동물들도 몰려들었다. 대구 수천만 마리가 몰려들어서 열빙어를 포식했다. 바닷새들도 꾸역꾸역 몰려들었다. 개닛들은 폭격하듯이 물속으로 내리꽂히면서 이들을 잡았다. 세가락갈매기와 레이저빌은 이들 사이를 떠다니면서 먹어댔다. 물범도 거센 물살을 헤치고 이 작은 물고기들을 포식했다. 혹등고래도 와서 한 번에 수만 마리씩 꿀꺽 삼키는 장관을 보여주었다.

사람도 이 잔치에 끼어들었다. 산업적 어업이 출현한 이래로, 그랜드뱅크스에서는 해가 갈수록 점점 더 왕성하게 조업이 이루어졌다. 해가 갈수록 레이더와 음파탐지기를 이용한 새로운 어군 탐지 방식, 새로운 그물, 더욱 많은 물고기를 잡는 신기술이 계속 나왔다. 그러나 그랜드뱅크스조차도 어류가 무한정 공급되는 곳은 아니었다. 1980년대 말에 이르자 방대한 어획량이 계속 유지될 것이라고 믿고 연안에 즐비하게 세운 생선 가공 공장들은 일감이 사라지고 텅 비게 되었다. 1992년 캐나다 그랜드뱅크스에서는 어업 자원이 회복될 수 있도록 어획을 금지했다. 그러나 아직까지도 회복은 이루어지지 않았다. 우리의 탐욕으로 지구에서 가장 풍성하고 생산적이었던 어류조차도 생존 위협에 처했다.

# 12

# 새로운 세계

생물은 적응력이 아주 뛰어나다. 종은 결코 고정되어 있는 불변의 존재가 아니라, 가장 점진적인 지질학적 변화와 기후 변화에 발맞출 수 있을 속도로 진화한다. 먼 북쪽에 사는 올빼미는 점점 더 두껍고 하얀 깃털을 지니게 됨으로써, 이제는 눈 덮인 툰드라에서 눈에 잘 띄지 않으면서 따뜻하게 지낸다. 늑대는 서식지가 사막으로 변하거나 영역이 사막까지 이어진다는 것을 알아차리면서, 서서히 두꺼운 털을 잃어갔다. 그래서 지금은 과열되지 않는다. 영양은 세대를 거치며 숲에서 나와 탁 트인 사바나에서 풀을 뜯게 되면서, 다리가 점점 길어지고 점점 더 빨리 달리게 되었고, 그럼으로써 그런 노출된 환경에서 살아가면서 겪는 위험이 줄어들었다.

인류도 아프리카에서 나온 뒤로 수만 년 사이에 지구 전체로 퍼지면서 같은 적응 능력을 지니고 있다는 징후들을 보여주었다. 북극 지방에 사는 사람들은 체온을 더 잘 보존하는 키가 작고 통통한 체형을 갖추게 되었다. 아마존 우림에 사는 사람들은 체열을 더 잘 발산하는 털이 없고 팔다리가 긴 체형으로 발달했다. 햇빛이 아주 약할 뿐 아니라 흐린 날이 많아서 잘 비치지도 않는 더 추운 지역으로 이주한 사람들은 몸의 비타민 생산을 늘릴 수 있도록 강한 햇빛을 막는 데에 기여했던 조상의 짙은 피부를 잃었다. 그리하여 피부 색소가 적은 창백한 피부가 되었다.

그러다가 약 1만2,000년 전 새로운 재능이 출현하기 시작했다. 혹독한 환경에 직면했을 때, 우리는 자연선택이 드러나지 않게 우리의 몸과 행동을 서서히 변화시키는 동안 마냥 운에 맡기고 기다리는 일을 더 이상은 하지 않기로 했다. 대신에 우리는 주변 환경을 바꾸었다. 우리가 사는 땅과 우리가 의존하는 동식물을 변모시키기 시작했다.

중동 지역에서 살던 이들은 처음으로 이 방향으로 나아간 사람들에 속했다. 당시 그들은 아직 야생동물을 사냥하고 뿌리와 잎, 열매와 씨를 채집하던 떠돌이 집단이었다. 식량을 놓고 늑대 집단과 경쟁했을 수도 있다. 늑대 무리는 분명히 인간 사냥꾼 집단을 따라다니면서 음식 쓰레기를 주워먹었을 것이다. 아프리카에서 재칼이 사자 무리를 따라다니면서 사자들이 먹고 남긴 먹이를 먹는 것과 마찬가지이다. 때로는 반대 방향으로 일이 진행되기도 했을 것이다. 즉 늑대 무리가 잡은 먹이를 인간 사냥꾼들이 달려들어서 빼앗아 먹기도 했을 것이다.

두 종은 영역과 먹이를 공유했을 뿐 아니라, 사회 조직도 비슷했다. 무리를 지어서 사냥했고, 정기적으로 지배와 복종을 표명하는 행동을 통해서 확립된 권위와 명령 체계를 갖춘 복잡한 계층 구조가 있었다. 이윽고 두 종은 동맹을 맺기에 이르렀다.

이런 일이 어떻게 일어났는지 상상하기는 어렵지 않다. 세계 어디에서든 사람들은 반려동물을 키우면서 기쁨을 느끼므로, 초기 사냥꾼 부족이 야영지에서 늑대 새끼를 아이들과 함께 키우고는 했을 것이라고 추측하는 것도 합리적이다. 아기를 키우는 엄마는 고아가 된 늑대 새끼에게도 남는 젖을 주었을 것이다. 그럼으로써 사람 집단에서 자란 어린 늑대는 사람을 지도자로 받아들이게 되었을 수도 있다. 그런 늑대는 다 자란 뒤에도 우열 관계를 그대로 받아들였고, 인간 지도자의 명령에 따라 행동하고 그 대가로 자기 몫의 먹이를 받았을 것이다.

현대 유전학은 이 늑대-개 조상이 현재 살고 있는 늑대와 달랐다는 것을 보여준다. 현생 개로 이어진 야생 늑대 계통은 죽어 사라졌고, 두 친척 종인 늑대와 길들여진 개만 남았다. 개는 식육류 중에서 길들이는 데에 성공한 유일한 동물인데, 우리가 정확히 언제부터 개와 살기 시작했는지는 아직 논쟁거리이다. 독일 본의 외곽에서 발견된 약 1만4,000년 전의 무덤에는 40대 남성, 20대 여성, 개 한 마리의 뼈가 함께 묻혀 있었다. 유럽, 아시아, 중동에서 사람들은 개를 사냥에 이용하기 시작했고, 아마 반려동물로도 삼았을 것이다.

당시 사람과 개가 함께 사냥한 동물 중에는 야생 양도 있었다. 현재 유럽의 외진 곳에서 여전히 살고 있는 야생 양인 무플런은 아마 당시의 야생 양과 아주 비슷했을 것이다. 이들은 작고 다리가 길다. 암수 모두 고리처럼 말린 무거운 뿔이 난다. 겨울에는 덥수룩한 속털이 자라고, 여름에는 빠진다. 약 8,000년 전 인류는 이 소심한 동물과 특별한 관계를 맺었다. 그 과정은 개를 길들인 과정과 전혀 달랐을 것이 틀림없으며, 아마 오늘날 북유럽의 툰드라에서 풀을 뜯는 순록과 사람 사이에 진행되고 있는 과정과 비슷했을 것이다.

순록은 식물을 찾아 떠돌아다닌다. 겨울에는 먹을 식물이 적기 때문에 뜯지 않은 이끼와 눈향나무가 자라는 새로운 지역을 찾아서 이곳저곳으로 끊임없이 이동해야 한다. 원래 유럽 중부에서 살다가 약 1,000년 전에 북극 지방으로 이주한 유목민인 사미족은 이들을 따라다닌다. 사미족은 전적으로 순록에 의지하여 살아간다. 순록의 고기와 젖을 먹고, 빽빽한 털가죽을 옷감으로 삼고, 털을 벗겨낸 가죽으로 텐트를 만들고, 힘줄로 바느질을 할 실을 잣고, 생가죽으로 밧줄을 만들고, 뿔과 뼈로 도구를 제작하는 등 생활에 필요한 모든 것을 순록에게서 얻는다. 그러나 사미족은 정상적인 의미에서의 사냥꾼이라고 할 수 없다. 현재의 순록은 더 이상 진정한 야생동물이라고 할 수 없기 때문이다.

사미족은 순록 떼를 원하는 방향으로 몰고 가지는 못하지만, 가족마다 소유하는 순록 떼가 있다. 해마다 봄에 태어나는 새끼들도 그 가족의 재산으로 간주된다. 그러나 문제가 하나 있다. 우두머리 수컷은 젊은 수컷을 무리에서 쫓아내며, 내쫓긴 수컷은 돌아다니다가 자신의 무리를 짓는 경향이 있다. 따라서 소유자는 젊은 수컷을 잃을 수도 있다. 거세를 하면 그런 수컷은 우두머리에게 대들지 않으며 무리에 남는다. 그래서 해마다 사미족 가족은 자기 소유의 순록 수컷들을 모아서 표시를 하고 거세를 한다.

물론 다음 세대를 낳을 젊은 수컷들은 거세하지 않고 남겨두어야 하며, 이때 가장 유순하고 성욕이 왕성할 때에도 무리와 잘 지낼 가능성이 가장 높은 동물을 고르는 편이 합리적이다. 이 선택은 수백 년 동안 지속되어왔다. 따라서 사미족은 딱히 선택적 교배를 한다는 의도가 없었음에도, 자신도 모르게 그런 교배를 계속해왔다. 현재 그들의 순록은 아주 유순하며 1,000마리가 넘는 큰 무리를 이루고 있음에도 일 년 내내 함께 지낸다. 완전히 야생 상태에 있는 북아메리카의 순록은 그렇지 않을 것이다.

우리도 그런 식으로 관리를 하다가 자신도 모르게 순종적인 양과 염소 떼를 빚어낸 것일 수도 있다. 약 1,000년 동안 우리가 가축으로 길들인 동물은 이들뿐이었다. 그러다가 마침내 우리는 소를 길들이기에 이르렀다. 소는 길들이기가 훨씬 더 어려웠을 것이고, 사실상 그 과정은 위험했을 것이 틀림없다. 약 8,000년 전 유럽과 중동을 돌아다니던 야생 소는 아주 커다란 동물이었다. 바로 오록스이다. 마지막 오록스는 300년 전 폴란드의 숲에서 죽었지만, 우리는 뼈를 통해서 그들이 얼마나 컸는지를 알며, 또 훨씬 더 이전에 프랑스와 스페인의 동굴 벽에 초기 사냥꾼들이 그린 생생한 벽화로부터 오록스가 얼마나 인상적인 동물이었는지를 짐작할 수 있다. 그들은 어깨 높이가 2미터에 달했다. 수컷은 검었고 등줄기를 따라 하얀 줄이 나 있었으며, 암컷과 새끼는 좀더 작고 적갈색이었다. 아주 무시무시한 동물이었던 것이 틀림없지만, 인류는 아마도 개 무리의 도움을 받아서 그들을 사냥한 것이 분명하며, 그것도 아주 효율적으로 한 듯하다. 그들을 사냥하여 먹은 흔적들이 발견되기 때문이다. 그리고 인류는 오록스를 사냥하기만 한 것이 아니었다. 그들을 숭배했다. 약 8,000년 전에 건설된 튀르키예의 차탈회위크에서는 점토로 만든 긴 의자에 오록스의 뿔이 줄줄이 세워져 있는 방이 발견되었다. 마치 성소처럼 보인다.

야생 소 숭배는 오랫동안 계속되었다. 세계의 주요 종교 중에서 가장 오래된 힌두교는 여전히 소를 숭배한다. 로마의 신 미트라는 소와 관련이 있었으며, 그를 섬기는 이들은 소를 제물로 바쳐야 했다. 스페인에서 지금도 이루어지는, 경기장에서 의례를 거쳐 수소를 살육하는 행사도 같은 근원에서 나왔을 수 있다. 수세기가 흐르는 동안 이 신성한 야생 동물도 길들여졌고, 인류는 이들을 선택적으로 번식시켜서 우리에게 더 적합한 소를 만들기 시작했다. 놀랄 일도 아니겠지만, 우리가 처음으로 빚어낸 변화 중의 하나는 소의 몸집 줄이기였다. 야생 오록스만 한 큰 짐승은 통제하기가 무척 어려웠을 것이 틀림없다.

이런 초기에 길들여진 혈통 중의 일부가 아직 생존해 있다는 주장도 있다. 영국의 체비엇 구릉지대의 칠링엄에 있는 큰 벽으로 둘러진 공원에는 13세기에 울타리 안에 가두어 기르던 중세 소 떼의 후손이 지금도 돌아다니고 있다. 이들은 오록스에 비하면 작지만, 수컷은 극도로 공격적이다. 사람이 다가가면 뿔을 밖으로 향한 채 빙 둘러서서, 어느 방향으로든 공격자에게 달려들 태세를 보인다. 거대한 수소 한 마리가 무리 전체를 지배한다. 이 우두머리는 모든 암소와 짝짓기를 하고 도전하는 모든 젊은 수소와 싸우며, 이윽고 2-3년이 지나면 다른 수소에게 져서 물러난다. 현재 어느 누구도 이들을 어떤 식으로든 통제하려고 시도하지 않으며, 송아지에게 사람의 손이 닿기만 해도 무리는 그 송아지를 죽인다고 한다.

칠링엄소는 야생 오록스와 달리 순백색이다. 이 변화도 의미 있는 것일 수 있다. 길들여진 많은 동물들은 하얗거나 얼룩무늬이기 때문이다. 양과 염소뿐 아니라, 더 뒤에 인류 사회에 들어온 돼지와 말, 신세계의 야마와 기니피그 모두 이런 두드러진 색깔을 보이는 품종들이 있다. 야생 집단에서는 어떤 유전적 변덕의 결과로 그런 개체가 나타나면, 그 개체는 몹시 불리한 입장에 놓인다. 포식자를 통해서 금방 솎아지기 때문이다. 그러나 사람의 보호를 받는 집단에서는 그런 일이 일어나지 않으므로, 그 유전적 성향은 집단 내에서 자유롭게 퍼질 수 있다. 사실상 기르는 이들이 그런 눈에 확 띄는 색깔을 선호할 수도 있다. 동물들이 숲에서 풀을 뜯을 때 추적하기가 더 쉽기 때문이다. 그래서 아주 일찍부터 의도적으로 그렇게 색깔이 두드러지는 개체들을 골라서 번식시켰을 수도 있다.

동물들을 통제하면서 모습을 바꾸고 있었을 그 무렵에, 우리는 식물에도 같은 일을 하고 있었다. 인류는 오래 전부터 풀씨를 채집해서 식량으로 삼았으며, 지금도 칼라하리의 부시맨과 오스트레일리아의 원주민은 그렇게 한다. 그런데 씨가 익었을 때 땅으로 떨어지기보다는 이삭에 여전히 붙어 있다면 채집하기가 더 쉽다. 그래서 오늘날의 대다수 수렵채집 사회가 그렇듯이, 채집을 담당했던 여성들은 그런 씨를 고르는 경향이 있었을 것이다. 사람들이 더 정착 생활로 기울어지고 영구 주거지를 짓기 시작했을 때, 그들이 주변에 심기 위해서 고른 낟알도 이런 특성을 지니고 있었을 것이다. 즉 식물 번식의 기본 원리조차 몰랐을 가능성이 높았음에도, 인류는 이런 식으로 수확하기가 더 쉬운 새로운 종류의 풀을 개발하는 과정을 시작했다. 낟알을 심기 위해서 우리는 작물이 자랄 공간과 받을 햇빛을 확보할 수 있도록 나무를 베고 덤불을 뽑아서 정착지 주변의 땅을 정리하기 시작했다. 인류는 농사꾼이 되었다.

　이런 새로운 동식물은 이 정착지에서 저 정착지로 전파되면서 중동에서 유럽으로 확산되었다. 그런 동식물을 채택하면서, 인류는 그런 동식물이 살아가기 좋게 땅의 모습도 바꾸었다. 이런 변화가 이윽고 얼마나 극심하고 전면적인 양상을 띠게 되었는지는 영국에서도 생생하게 볼 수 있다. 1만 년 전 영국제도는 거의 다 숲으로 덮여 있었다. 영국 북부와 스코틀랜드에는 상록수림이 있었고, 남부는 참나무, 피나무, 느릅나무가 다수이고 개암나무, 자작나무, 오리나무, 물푸레나무가 섞여 있는 혼합 낙엽수림으로 덮여 있었다. 습지대와 해발 700미터 이상의 산비탈에만 나무가 없었다. 사람들은 숲에서 생활했으며, 수천 년 동안 그런 삶을 이어갔다. 그러나 숲 자체를 바꾸는 일은 거의 없었다. 숲에서 개암 열매와 야생 과일을 따고, 개의 도움을 받아서 오록스, 붉은사슴, 말코손바닥사슴, 비버, 순록, 멧돼지를 사냥했다. 그러다가 약 5,500년 전 유럽의 농경민들이 잉글랜드 남부에 들어오기 시작했다. 그들은 경작하는 밀의 씨앗과 길들인 양과 소도 들여왔다. 또 돌도끼로 숲을 베어서 정착촌을 짓고 가축이 풀을 뜯을 목초지와 낟알을 기를 밭을 만들기 시작했다.

　오늘날 우리는 이들이 만든 풍경이 영국 시골의 전형적인 자연 경관이라고 생각하고는 한다. 풀이 빽빽하게 뒤덮여 있고, 봄에는 서양앵초의 황금빛 꽃으로 뒤덮이고, 여름이면 작고 선명한 색깔의 꽃들이 만개하고, 새파란 하늘에 종다리의 노래가 울려퍼지는 굽이치는 백악 언덕 말이다. 사실 이 풍경에서 굽이치는 백악 언덕 자체만 빼고 나머지는 모두 사람들과 그 가축들이 빚어낸 산물이다. 사람들은 나무를 베어냈고 그 뒤로 가축들은 싹이 튼 모든 어린 나무들을 먹어치움으로써 숲이 재생되는 것을 막았다.

이런 변형은 현재 영국의 거의 모든 지역에 영향을 미쳤다. 그러나 바로 우리 자신이 그렇게 만들었다는 사실을 사람들은 잊는다. 갈대가 수북히 자라고 여기저기 물길이 뻗어 있는 습지대인 노퍼크 브로즈의 호수들은 사실 자연적으로 생긴 것이 아니라 중세에 광부들이 이탄을 파내고 난 구덩이에 물이 들어찬 것이다. 스코틀랜드 고지대의 히스로 덮인 뇌조 사냥터는 원래 침엽수림이었는데, 최근인 200년 전에 숲을 없앤 곳도 있다. 사람들은 뇌조의 수를 늘리기 위해서 숲을 없애고 히스가 자라도록 했다. 뇌조는 히스 잎을 먹는다. 그리고 10-15년마다 이 황무지에 불을 놓음으로써 이런 상태가 유지되도록 한다. 영국의 많은 언덕 자락을 뒤덮고 있는, 격자 모양으로 규칙적으로 배열된 침엽수들은 사람이 심었다는 사실이 뚜렷이 드러나지만, 시골 저지대에서 다양한 풍경을 빚어내고 수많은 야생생물들이 살아갈 곳을 제공하는 크고 작은 혼합림들도 대체로 사람들이 사냥하고 목재를 얻기 위해 조성한 숲이다.

사람들은 영국의 풍경을 바꾸었을 뿐 아니라, 그 풍경에 사는 동물들도 바꾸었다. 우리와 맞지 않거나 늑대와 곰처럼 우리에게 위험하다고 판단된 동물들은 박멸했다. 비버, 순록, 말코손바닥사슴 등은 의도한 것은 아니지만, 지나칠 만치 사냥을 하거나 살 곳을 없애는 식으로 그냥 사라지게 만들었다. 그런 한편으로 사람들은 다른 곳에서 동물을 들여왔다. 12세기에는 고기와 털가죽을 얻기 위해서 지중해 서부 지역에서 살던 토끼를 들여왔다. 토끼는 200년이 지나기도 전에 엄청나게 불어나서 몸집이 조금 큰 사지류 중에서 영국에서 가장 수가 많은 동물이 되었다. 비슷한 시기에 원래 캅카스 지역에서 살던 꿩도 들여왔다. 그 뒤로 몇 차례에 걸쳐서 새로운 조류 품종들도 들여왔다. 중국에서 들여온 꿩도 있었다. 이들도 야생으로 퍼져서 지금은 시골에서 흔히 볼 수 있다. 수백 년이 흐르는 동안, 식량이나 스포츠, 장식용으로 또는 세 가지를 다 충족시키는 용도로 다양한 동물들이 도입되었고, 그 결과 타지에서 왔지만 영국의 자연으로 퍼져나간 동물이 현재 영국에서 적어도 포유류 13종, 조류 10종, 양서류 3종, 어류 10종이 살고 있다.

또 사람들은 자신들이 원하는 바에 따라서 길들인 동물들을 더욱 변형시켰다. 털이 꾸준히 조금씩 빠지는 대신에 양치기가 필요로 할 때 한꺼번에 깎아서 모을 수 있도록 일 년 내내 털이 붙어 있고 더 빽빽하게 자라도록 양을 개량했다. 공격성이 거의 완전히 사라지고, 부자연스러울 만치 풍족하게 젖을 만들고 요리하기에 적합하게 불필요한 근육이 살에 박혀 있도록 소를 개량했다. 이윽고 개는 놀라울 만치 다양하게 분화했다. 사람을 쓰러뜨릴 수 있는 사나운 경비견 역할을 할 매스티프도, 사람이 총을 쏘아서 떨어뜨린 새를 찾아올 수 있도록 후각이 뛰어난 스패니얼도 출현했다. 구멍을 파고 여우와 싸울 수 있을 만치 사납고 다리가 짧은 테리어도 나왔다. 오소리를 사냥하는 키 작고 길쭉한 닥스훈트도, 신호를 보내면 상대를 꽉 물고 늘어질 툭 튀어나온 아래턱과 송곳니를 갖춘 불도그, 평생 귀여운 외모를 유지하면서 귀부인의 무릎팍에서 귀여움을 받으면서 지내는 놀라울 만치 털이 부드럽고 눈이 커다란 개들도 생겨났다. 모두 동일한 늑대 조상에게서 나왔음에도, 이 품종들 중에는 거의 새로운 종 수준에 다다른 것도 있다. 가장 극단적인 품종들은 그저 신체 비율과 키 차이 때문에 서로 짝짓기를 할 수가 없기 때문이다.

우리는 식물도 마찬가지로 개량했다. 오늘날 우리 식탁에는 전 세계에서 온 채소들이 올라온다. 감자는 안데스 산맥의 잉카인이 처음 재배했다. 강낭콩, 옥수수, 토마토는 멕시코의 아즈텍인이 재배했다. 대황은 중국, 당근은 아프가니스탄, 콜리플라워는 중동, 시금치는 페르시아에서 처음 재배한 것이다. 그리고 지난 500년 동안 인류는 식용 가치가 가장 높은 부위가 아주 크게 발달하도록 다양한 품종들을 개발했다. 그러다 보니 원래 어느 식물에서 나왔는지 알아보기 힘들 만치 변형된 작물도 있다.

우리는 완전히 새로운 환경도 만들어냈다. 우리는 도시를 지었다. 도시는 중동에서 약 1만 년 전에 출현했으며, 처음으로 동식물을 길들임으로써 식량을 찾아 여기저기 떠돌아다닐 필요가 없어진 상황과 직접적인 관련이 있는 듯하다. 수천 명이 살아가던 이런 밀집된 정착지는 햇볕에 말린 진흙 벽돌로 지었고, 분명히 처음에는 그다지 이질적인 곳이 아니었을 것이다. 식물은 부서진 벽돌 더미에 쉽게 뿌리를 내릴 수 있었을 것이다. 거미가 집을 지을 수 있는 먼지 낀 구석도 많았을 것이고, 들쥐들이 숨고 보금자리로 삼을 쓰레기 더미도 흔했을 것이다. 그러나 기술이 발전함에 따라서 우리는 돌과 불에 구운 벽돌 같은 더 내구성 있는 자재로 건물을 짓고, 길에 자갈을 깔고 포장을 하는 법을 터득했으며, 그에 따라 도시는 점점 야생에서 온 생물들이 살아가기 어려운 곳이 되었다. 오늘날 우리는 대단히 창의적인 공학자이자 대단히 독창적인 신물질 생산자가 되었기 때문에, 도시에 인공적이지 않은 것이 거의 없을 정도가 되었다. 시카고의 시어스 빌딩(2009년부터 윌리스 타워라고 불린다)이야말로 자연 세계와 가장 동떨어진 대표적인 환경이라고 할 수 있다. 높이 450미터의 이 건물은 여러 해 동안 세계에서 가장 높은 건물이었다. 뼈대는 강철이며, 외부는 청동빛 유리, 검게 도금한 알루미늄과 스테인리스 강철로 매끈하게 마감되었으며, 수직으로 까마득히 높게 서 있다. 매일 아침 약 1만2,000명이 이 건물로 들어와서 대부분의 시간을 실내에서 보낸다. 대부분 햇빛을 보지 못한 채 컴퓨터로 제어되는 펌프를 통해서 공급되는 온도와 습도가 적정하게 맞춰진 공기를 호흡하면서 편안하게 지낸다. 이 건물을 중심으로 사방으로 몇 킬로미터에 이르는 땅은 아스팔트와 콘크리트로 완전히 덮여 있고, 공기는 자동차 배기가스와 100만 대의 에어컨에서 내뿜는 뜨거운 바람으로 자욱하다. 그런 도시에 사람을 제외한 다른 생명체는 아예 살지 못할 것이라고 생각할 수도 있겠다. 그러나 동식물은 지표면의 다른 모든 곳에서 그러하듯이, 이 새로운 환경에도 적응해왔다. 그들은 새로운 환경을 견디는 방법을 찾아냈을 뿐만 아니라, 그런 환경을 가장 선호하는 종류도 나타났다.

사실 돌과 콘크리트로 이루어진 생물이 살 수 없을 것 같은 황량한 공간에 상응하는 곳은 자연에도 있다. 바로 화산이 뿜어내는 용암과 재로 뒤덮인 곳이다. 그런 곳에 정착하도록 진화한 식물은 이곳에 상응하는 곳에도 정착할 수 있을 때가 많다. 18세기에 옥스퍼드의 한 식물학자는 시칠리아 에트나 화산의 비탈에서 샛노란 꽃이 피는 키 큰 국화처럼 생긴 식물을 채집해서 대학교 식물원에 옮겨 심었다. 그 식물은 아주 잘 자랐고, 그 세기 말에는 식물원을 탈출해서 교내의 석회암 벽 틈새에서도 자랐다. 그 뒤로 수십 년 동안은 더 이상 확산되지 않았다. 그러다가 19세기 중반에 전국에 철도가 깔리면서 운행에 방해가 되지 않도록 철로변에는 식생을 뿌리 뽑고 광재와 재를 마구 뿌렸다. 곧 그런 곳이 이 식물이 살기에 딱 좋은 장소임이 드러났다. 이때쯤 옥스퍼드금방망이 Oxford ragwort라는 이름을 얻은 이 식물은 철길을 따라 새로운 지역으로 꾸준히 퍼져나갔고, 그러면서 토착 식물들과 상호 교배도 이루어졌다. 오늘날에는 영국의 어느 도시에서든 간에 이 식물이 건축 공사장의 건축 잔해들 사이에서 자라고 있다.

북아메리카의 화산 자락에서 흔히 자라며 세인트헬렌스 화산이 분출한 이후 화산재로 뒤덮인 비탈에 가장 먼저 들어가 자리를 잡은 분홍바늘꽃도 비슷한 역사를 보여준다. 지난 세기에 이 식물은 영국에서 희귀한 종이라고 여겨졌다. 그러다가 제2차 세계대전 당시 폭격으로 영국 도시들의 많은 지역이 폐허가 되자, 분홍바늘꽃이 갑자기 불어나면서 폐허 더미를 자주색 꽃으로 빽빽하게 뒤덮었다. 현재 이 종은 영국에서 가장 흔한 도시 식물 중의 하나가 되었다.

동물도 본래의 자연 서식지에 상응하는 인위적인 환경에서 살아갈 수 있음을 보여준다. 건물의 수직면은 절벽과 거의 동일하게 둥지를 틀기에 좋은 기회를 제공할 수 있다. 그래서 절벽 꼭대기에 둥지를 틀고는 하는 새들은 도시에서 어려움 없이 둥지 자리를 구할 수 있다. 도시에서 가장 흔하면서 전형적인 조류 중 한 종인 비둘기는 원래 해안 절벽에서 살던 바위비둘기의 후손이며, 바위비둘기는 현재 아일랜드와 스코틀랜드 일부 지역에서만 원래의 모습 그대로 살아가고 있다. 바위비둘기는 약 5,000년 전에 길들여졌다. 식용으로 삼기 위해서였는데, 특수한 비둘기장에서 살면서 번식하도록 했다. 그러나 이렇게 길들여진 비둘기는 도시에서 다시 야생화되었고, 진정한 야생의 비둘기와 섞이기도 했다.

양쪽은 상호 교배를 통해서 다양한 잡종을 형성했고, 그들은 현재 서유럽 도시들의 거의 모든 공공장소를 날아다니고 있다. 그중에는 청회색 깃털에 하얀 엉덩이, 윤기나는 녹자색 머리와 목을 지닌, 원래의 야생 바위비둘기를 쏙 빼닮은 개체들도 있다. 부리 아래쪽에 맨살이 드러난 부위가 좀더 두드러진다는 점만 다르다. 또 수백 년 동안 인위 교배를 거침으로써 하얀색, 검은색, 얼룩무늬, 적갈색 등 특정한 형질이 두드러지게 발달한 개체들도 있다. 도시의 비둘기는 조상이 해안 절벽의 꼭대기 틈새에 둥지를 틀었듯이, 고전 양식과 신고딕 양식의 성당 꼭대기와 벽감에 둥지를 튼다. 찌르레기는 가을에 수만 마리씩 도시로 몰려들어서 건물에 내려앉는다. 추운 날씨에도 도심이 주변의 시골보다 기온이 몇 도 더 높기 때문일 수 있다. 황조롱이, 새매, 심지어 송골매도 도시의 첨탑과 송신탑에서 살면서, 시골의 사촌들이 암벽 꼭대기에서 하듯이 아래쪽 멀리 있는 먹이를 찾는다. 많은 주택에는 지붕 바로 밑에 제대로 마감이 되지 않은 벽돌이나 슬레이트의 틈새를 통해서 드나들 수 있는 고미다락과 다락이 있다. 박쥐는 동굴에서처럼 그런 곳에서도 편하게 자리를 잡는다. 북아메리카에서는 원래 속이 빈 나무 속에 선반 같은 둥지를 짓는 칼새가 자기 영역에서 속이 빈 나무보다 환기 통로와 굴뚝이 더 많은 곳이 있다는 사실을 알아차렸다. 현재 굴뚝칼새는 거의 오로지 도시에서만 둥지를 짓는다. 열대 도시에서는 콘크리트 수직벽과 유리창이 매끄러운 잎과 수직 나무줄기에 찰싹 달라붙어서 돌아다닐 수 있는 파충류에게 이상적인 서식지를 제공한다. 현재 동남아시아 열대에는 인공 조명에 끌려서 실내로 들어오는 곤충을 낚아채는 도마뱀붙이가 돌아다니지 않는 집이 거의 없다.

이런 도시 이주자들 중에는 가장 좋아하는 먹이가 잔뜩 있는 곳을 발견한 동물들도 있다. 몇몇 나방 애벌레는 옷가지들이 잔뜩 쌓인 곳을 돌아다니면서 배불리 먹는다. 바구미는 곡식을 보관한 곳에 일단 들어가면 끊임없이 먹어대고 번식을 하면서 이윽고 모든 낟알을 먹어치우고 오염시킨다. 흰개미와 딱정벌레 애벌레는 들보와 가구의 목재에 굴을 판다. 일부 흰개미는 플라스틱에 맛을 들여, 전선을 갉아대서 누전과 합선을 일으키기도 한다. 플라스틱은 아무리 씹어대도 영양가가 전혀 없는데, 왜 이들이 플라스틱을 씹어대는지 이해가 잘 되지 않는다. 그냥 사람이 껌을 씹는 것처럼, 씹는 짓 자체가 좋아서일 수도 있다.

그러나 도시 동물들의 대다수는 한 가지 아주 큰 먹이 공급원에 이끌려서 도시로 온다. 바로 사람들의 쓰레기이다. 먹고 버린 배달 음식, 부주의하게 흘린 부스러기, 쓰레기통과 쓰레기 처리장은 이들에게 바다의 플랑크톤이나 사바나의 풀에 해당한다. 이 쓰레기를 토대로 서로 먹고 먹히는 먹이 사슬 전체가 구축된다. 이런 쓰레기를 먹는 소비자들 중에서 주류를 차지하는 것은 설치류이다.

생쥐는 북숲쥐와 종이 다르며, 북숲쥐는 도시로 거의 들어오려고 하지 않는다. 레반트 지역에서 발굴된 이빨 화석들을 조사하니 1만5,000년 전, 즉 농경은 아직 시작되지 않았지만 인류가 정착 생활을 막 시작했을 무렵 생쥐도 곧바로 인류의 정착 생활 방식에 적응했고, 집 안으로 들어와서 음식물을 먹기 시작하면서 해부 구조에도 변화가 일어났음이 드러났다. 생쥐는 그 뒤로 죽 우리와 함께했고, 우리를 따라 전 세계로 퍼졌다. 아종들이 있을 수는 있지만, 기본적으로 전 세계의 집쥐는 모두 같은 종에 속한다. 각 도시의 생쥐들은 시골이라는 장벽을 통해서 다른 도시와 격리된 독자적인 공동체를 이룬다. 이런 도시 섬에서는 진화가 유달리 빠른 속도로 일어나며, 진짜 섬과 호수에서처럼 해부 구조의 중요하지 않은 미미한 차이도 존속시킬 뿐 아니라 특수한 적응 형질을 낳기도 한다. 그래서 남아메리카의 몇몇 대도시에는 식별 가능한 집쥐 아종들이 있으며, 몇몇 오래된 냉장 창고에는 극지방에서처럼 몸을 따뜻하게 해주는 유달리 두꺼운 털가죽을 지닌 생쥐 가문까지 있다.

곰쥐도 인류의 정착 생활 초기에 합류했다. 곰쥐는 원래 동남아시아 어딘가의 나무 위에서 살았으며, 기어오르는 습성을 결코 잃지 않았다. 이들은 배, 특히 목재로 된 범선을 무척 좋아하며, 배의 삭구를 날쌔게 오르내리면서 돌아다닌다. 이렇게 배를 좋아하는 습성 때문에 이들은 급속도로 전 세계로 퍼졌다. 12세기에 유럽 대륙의 도시들에는 곰쥐가 우글거렸다. 영국에는 이미 1세기에 로마 군이 침략할 당시 그 배를 타고 들어왔다. 16세기 중반에는 대서양을 건너서 남아메리카의 도시들에도 자리를 잡았다.

시궁쥐는 더 뒤에 합류했다. 시궁쥐도 아시아에서 기원했는데, 기어오르는 대신에 굴을 파는 습성을 지녔다. 지금의 시궁쥐도 조상의 습성을 지니고 있기 때문에, 곰쥐와 같은 건물에 살아도 곰쥐는 위쪽에서 관과 서까래를 타고 다니는 반면, 시궁쥐는 내부에 설치한 목재 벽 아래를 쏟아서 구멍을 내고, 들보 사이의 바닥을 쪼르르 돌아다니고, 지하실과 하수구에 산다. 시궁쥐는 먹이도 훨씬 다양하다. 곰쥐가 좋아하는 채소

뿐 아니라 육류도 먹는다. 오늘날 시궁쥐는 도시의 대다수 지역에서 주류가 되었고, 곰쥐는 대체로 항구에만 몰려 있다. 배를 타고 새로 들어오는 개체들 때문에 곰쥐의 개체 수가 때때로 늘어나고는 하며, 바다를 항해하는 배에서 여전히 번성하고 있다.

쥐와 비둘기, 흰개미와 도마뱀붙이가 도시에서 잘 살아가고 있기는 하지만, 도시 생활에 따르는 문제들을 해결한 동물 종은 어느 한 자연환경에서 살아가는 엄청나게 많은 종에 비하면 그 수가 얼마 되지 않는다. 그러나 도시에서는 먹이가 일 년 내내 풍족하게 공급된다. 그 결과 도시에 사는 종은 개체 수가 엄청나게 불어난다. 그러면서 전염병도 창궐하고는 한다. 날씨의 계절 변화에 시달리지 않으면서 건물 안에서 지내므로 생쥐는 일 년 내내 번식을 하며 약 8주일마다 한배에 많으면 12마리까지 새끼를 낳는다. 비둘기는 실외에 살면서도 해마다 몇 차례 알을 낳으며 겨울이든 여름이든 간에 알을 품는다.

이런 동물들의 끊임없는 증식은 자신들이 살기 위해서 도시를 짓는 사람들에게 큰 문제를 안겨준다. 생쥐와 쥐는 식량 창고를 습격하며 먹는 양보다 훨씬 더 많은 양을 오염시킨다. 비둘기의 배설물은 돌과 벽돌을 부식시키고 건물을 훼손하고 흉하게 만든다. 그런데 더욱 심각한 문제도 있다. 도시에 사는 쥐도 비둘기도 주요 포식자가 없기 때문에, 병든 개체가 금방금방 잡아먹히지 않고 더 오래 살아남아서 질병을 퍼뜨린다는 것이다. 이들은 감염병도 퍼뜨린다. 쥐는 벼룩을 옮기며, 벼룩은 쥐뿐 아니라 사람도 문다. 14세기에 그런 벼룩이 가래톳페스트를 쥐에게서 사람으로 옮겼고, 그 결과 유럽 인구의 4분의 1이 목숨을 잃었다. 약 한 세기 전(1896–1921)에는 쥐가 옮기는 비슷한 질병으로 인도에서

1,100만 명이 사망했다. 비둘기는 그런 끔찍한 유행병을 일으킨 적이 없지만 나름의 질병을 가지고 있으며, 발을 기형으로 만드는 비둘기천연두와 파라티푸스 같은 감염병을 앓는다. 많은 도시들의 길거리를 배회하는 길들여진 개의 후손인 비실비실한 야생 개들은 가장 끔찍한 질병 중의 하나인 광견병을 옮길 수 있다. 도시민으로서는 자신의 생존을 위해서 자기 도시에 사는 이런 동물들의 수를 줄일 수밖에 없다.

좀나방이나 권연벌레의 박멸에 반대할 사람은 그다지 많지 않을 것이다. 집에 침입하여 식료품을 훔치는 쥐와 생쥐를 죽이는 것이 도덕적으로 잘못되었다고 믿는 사람도 거의 없을 것이다. 그러나 비둘기가 거의 쥐만큼 위험하고 피해를 입힐지도 모른다고 해도, 비둘기를 그물로 잡아 죽인다면 분노할 사람은 더 많다. 어쨌든 오늘날 대다수의 사람들은 우리가 도시 동물들을 관리해야 한다는 점을 받아들이며, 그러기 위해서 때로는 개체 수를 줄여야 한다는 사실도 안다.

그런 한편으로 관리에는 다른 생물들의 수를 더 늘리는 일도 포함된다. 우리는 우리의 인공 세계에 더 다양한 생물들이 살기를 원하므로, 공원을 따로 조성하고 나무를 심고 새집을 달고 나비가 즐겨찾는 꽃을 심고 우리가 관심을 가지는 야생동물이 살아갈 수 있도록 텃밭을 관리한다. 사실 많은 도시 당국은 자신들의 도시에 사람 이외에 다양한 생물들이 살아갈 수 있도록 환경을 조성하려고 노력한다.

그러나 시골도 우리가 만든 것이다. 시골도 관리되어야 한다. 수세기 동

안 그곳에 어떤 생물이 살아야 하는가라는 결정은 많은 이들이 서로 조율하는 일도 거의 없이, 어떤 조치가 장기적으로 어떤 효과가 있는지 명확한 개념도 전혀 없이 저마다 알아서 했다. 뒤늦게 지금에야 비로소 우리는 동식물 집단의 동역학과 상호관계를 얼마간 아는 생물학자들의 조언을 고려하고, 그 땅을 이용하는 모든 이들에게 이로운 방법이 무엇인지를 생각하면서 국가 정책을 수립하려고 노력한다.

그러나 이런 대규모 결정조차도 진정으로 효과가 있으려면, 한 국가가 개별적으로 해서는 안 된다. 한 나라는 철새의 번식지를 아주 잘 보호할 수 있겠지만, 다른 나라가 겨울 섭식지에서 사냥을 허용한다면 그 새들은 전멸할 수도 있다. 호수는 설령 그 연안에 사는 사람들이 오염을 막기 위해서 갖은 노력을 다 한다고 해도, 다른 나라의 공장이 증기를 공중으로 마구 뿜어낸다면 오염된 구름이 며칠 뒤면 수백 킬로미터 떨어진 그 호수로 산성비를 쏟아부어서 물고기들이 죽을 것이다. 게다가 무엇보다도 지구의 어디든 간에 우리의 화석 연료 소비 욕구 때문에 점점 커져가는 기후 변화의 효과로부터 벗어날 수 없다.

게다가 설령 이런 인과 사슬들을 인정한다고 해도, 도시 너머, 선진국의 길들여진 시골 너머에 아주 드넓게 펼쳐져 있어서 어떤 약탈에도 견딜 수 있고, 아주 복원력이 강해서 어떤 피해로부터도 회복될 수 있는 자연 세계가 존재한다는 믿음이 여전히 퍼져 있다. 계속해서 틀렸음이 드러나는데도 우리는 여전히 그렇게 믿는다.

세계에서 가장 양분이 풍부한 바다 중 한 곳은 페루 앞바다의 친차 제도와 산가얀 제도 주변 해역이다. 뉴펀들랜드의 그랜드뱅크스에서와 거의 비슷하게 해류가 심해저의 양분을 수면으로 끌어올리는 곳이고, 나타나는 결과도 거의 비슷하다. 플랑크톤이 엄청나게 증식하면서 아주 많은 물고기들이 모인다. 플랑크톤을 먹는 주된 동물은 떼를 지어 다니는 작은 물고기인 페루멸치이다. 멸치는 농어와 다랑어 같은 더 큰 물고기에게 먹히고, 섬들의 드러난 바위들에 홰를 틀거나 둥지를 짓는 많은 새들에게도 먹힌다. 엄청나게 많은 제비갈매기, 갈매기, 펠리컨, 얼가니새가 우글거린다. 80년 전만 해도 과나이가마우지라는 새의 수가 가장 많아서 이곳에만 550만 마리가 둥지를 틀었다. 개닛이나 펠리컨과 달리 과나이가마우지는 먹이를 구하러 멀리 돌아다니지도 않고 깊이 잠수하지도 않는다. 수면 가까이에서 헤엄치는 멸치 떼로부터 필요한 모든 것을 얻는다.

과나이가마우지는 소화 방식도 기묘하며 그다지 효율적이지 않아 보인다. 잡아먹은 멸치에 든 영양소 중 비교적 적은 비율만 흡수하고, 나머지는 배설하기 때문이다. 배설물 중에는 바다로 떨어지는 비율이 더 높고, 이 배설물은 바다에 비료가 됨으로써 플랑크톤 증식을 더욱 촉진한다. 과나이가마우지의 배설물 중 약 5분의 1은 섬의 바위에 떨어진다. 페루의 이 지역에는 비가 거의 내리지 않는다. 그래서 배설물은 씻겨나가지 않고 쌓이며, 이윽고 높이 50미터가 넘게 쌓였다. 콜롬비아 이전 시대에 본토 사람들은 이 쌓인 배설물이 놀라운 비료임을 아주 잘 알았고, 밭에 뿌렸다. 19세기가 되어서야 다른 이들도 동일한 발견을 했다. 이 쌓인 배설물은 구아노guano라고 하는데, 농장의 보통 거름보다 질소가 30배 더 많이 들어 있었을 뿐 아니라, 다른 중요한 성분들도 많았다. 구아노는 전 세계로 수출되었다. 먼 나라들의 농업 전체가 이 비료에 의존할 정도였다. 가격은 점점 치솟았다. 구아노 수출이 페루의 국민 소득의 절반 이상을 차지했다. 그리고 이 섬들 주변에서 어선들이 잡는 농어와 다랑어는 페루 전역의 주민들에게 팔려나갔다. 이렇게 풍요로우면서 생산적인 자연의 보고는 다른 어디에도 없을 터였다.

그러다가 50년 전에 화학 비료가 개발되어 판매되기 시작했다. 구아노만큼 좋지는 않았지만, 그래도 구아노의 가격은 떨어지기 시작했고 해안의 일부 주민들은 구아노 채굴보다 멸치를 잡는 편이 조금 더 이익이 날 것이라고 판단했다. 사람이 먹을 만한 생선은 아니었지만, 닭, 소, 반려동물에게 먹일 사료로 만들 수는 있었다. 엄청나게 많은 멸치가 떼지어 돌아다녔기 때문에 그물로 잡기는 너무나 쉬웠다. 어민들은 끝도 없이 계속 잡았다. 한 해에 1,400만 톤씩 건져올렸다. 몇 년 지나지 않아서 멸치 떼는 거의 다 사라졌다. 그 결과 과나이가마우지도 굶어죽었다. 수백만 마리가 죽어서 페루 해안을 뒤덮었다. 살아남은 개체가 너무나 적었기 때문에 더 이상 채굴할 구아노가 쌓이지 않았고, 구아노 시장은 완전히 붕괴했다. 바다에 비료를 공급할 과나이가마우지가 사라지자 플랑크톤도 전과 같은 수준으로 증식하지 못했다. 멸치 선단이 몇 년 동안 어획을 중단하자 멸치는 수가 다시 회복되었고, 현재 이 해역에서 가장 어획량이 많다. 그러나 페루멸치는 불어났어도, 과나이가마우지는 불어나지 않았다. 그들의 수는 계속 줄어들고 있으며, 현재 준위협종으로 분류되어 있다. 인류는 진정으로 지속 가능한 방식으로 관리해야 할 책임을 받아들이지 않음으로써, 과나이가마우지, 페루멸치, 다랑어 사이의 섬세한 균형뿐 아니라 우리 자신과의 균형도 계속 무너뜨리고 있다.

대양 다음으로 세계에서 가장 규모가 큰 천연자원은 열대우림이다.

열대우림도 마찬가지로 분별 없이 약탈당하고 있다. 우리는 열대우림이 적도에 심하게 내리는 비를 흡수하고 방출함으로써 강이 꾸준히 흐르도록 하여 더 아래쪽의 비옥한 골짜기에 물을 전달하며, 지구 전체의 생명의 균형을 유지하는 데에 핵심적인 역할을 한다는 사실을 안다. 열대우림은 우리에게 엄청난 풍요를 제공해왔다. 우리가 사용하는 의약품 중 약 50퍼센트에는 천연 성분이 들어 있는데, 열대우림에서 나온 것이 많다. 열대우림의 나무줄기에서 얻은 목재는 가장 귀한 대접을 받는다. 수백 년 동안 임업가들은 그런 나무를 벌목했는데, 대개 특정한 수종을 찾아 베어서 빼내고 숲의 다른 나무들에는 거의 피해를 입히지 않는 방식이었다. 그들은 숲이 회복될 수 있도록 한 번 벌목한 곳에는 몇 년 동안 가지 않는 식으로 신중하게 계획을 세워서 벌목을 했다.

그러나 지금은 우림에 극심한 압박이 가해지고 있다. 우림 주변의 시골에서 인간 활동이 증가함에 따라서 식량을 기를 땅을 늘리기 위해서 숲을 점점 더 없애고 있다. 게다가 그렇게 확보한 땅은 지역 주민들이 자급자족할 식량을 얻기 위해서가 도시나 해외로 수출할 육류를 생산하거나 기름야자를 재배하는 데에 쓰이고 있다. 우리가 알다시피, 밀림의 비옥함은 쉽게 유실되는 토양이 아니라 식물 자체를 통해 유지되므로, 개간된 땅은 몇 년 지나지 않아서 척박해진다. 그러면 사람들은 숲을 또 개간한다. 게다가 현대 장비 덕분에 벌목 작업도 점점 더 수월해지고 있다. 자라는 데 200년이 걸리는 나무를 지금은 한 시간이면 베어낼 수 있다. 쓰러진 나무는 강력한 트랙터로 빽빽한 숲에서 비교적 쉽게 끌어낼 수 있다. 물론 그 과정에서 그다지 돈이 되지 않는 주변의 많은 나무들이 훼손된다. 따라서 밀림은 예전보다 더 빠르게 사라지고 있다.

해마다 스위스보다 더 큰 면적의 숲이 사라지고 있다. 나무를 베면 뿌리는 더 이상 토양을 묶어놓지 못한다. 계속 내리는 비에 토양은 씻겨나간다. 강물은 흙탕물이 되어 더욱 거세게 흐르고, 땅은 토양이 사라진 불모지가 되며 세계에서 가장 풍요로운 동식물의 보고는 그렇게 사라져왔다. 현재의 속도로 파괴 활동을 계속한다면, 금세기 말까지 우림은 사라질 것이다.

게다가 이런 생태 재앙의 배후에서 기후 변화가 어른거리고 있다. 점점 더 대중의 마음을 사로잡고 있는 위협이다. 인류의 화석 연료 소비로 대기의 이산화탄소 농도가 치솟아왔다. 우리는 수억 년 동안 해조류의 몸에 갇혀 있던 태양 에너지를 우리의 차량과 기계를 가동하는 데에 쓰고 있다. 석유의 화학 결합을 끊을 때 우리가 필요로 하는 에너지가 방출되지만, 동시에 이산화탄소라는 형태로 방출되는 탄소는 강력한 온실가스로 작용한다. 기온 상승과 그에 따른 대양의 산성화가 일으키는 효과는 복잡하며 때로 예측 불가능하겠지만, 한 가지는 확신할 수 있다. 자연 세계와 인류 전체에게 대재앙이 될 수 있다는 것이다.

현재 전 세계의 야생 환경에 우리가 어떤 피해를 입히고 있는지를 보여주는 것은 너무나 쉽다. 더 중요한 점은 우리가 어떻게 대처해야 할지를 생각하는 것이다.

우리는 인류가 비교적 미미한 역할을 했다는 기존 세계관은 역할이 다했으며 끝장났다는 점을 인정해야 한다. 우리의 주거지와 영향 범위 너머에 우리가 얼마나 가져오든지, 얼마나 마구 대하든 간에 언제든 우리가 원하는 것을 공급할 한결같이 풍족한 자연이 있다는 개념은 잘못된 것이다. 서양인이 들먹거리는 신의 섭리에 계속 기대는 식으로는 더 이상 우리 자신이 의존하는 동식물들의 섬세하게 상호 연결된 공동체를 유지할 수가 없다. 1만 년 전 중동에서 처음 해냈던, 환경을 제어하는 우리의 능력은 지금 정점에 다다랐다. 지금 우리는 원하든 원하지 않든 간에 지구의 구석구석까지 물질적으로 영향을 미치고 있다.

자연 세계는 정적이지 않으며, 그랬던 적도 없다. 숲은 초원으로, 사바나는 사막으로, 강어귀는 퇴적물이 쌓여서 습지로 변하고, 빙하는 커졌다가 줄어들었다 한다. 지질학적 시간의 관점에서 보면 이런 변화는 빠른 것이지만, 동식물은 대응할 수 있었고 그럼으로써 거의 모든 곳에서 번식의 연속성을 유지할 수 있었다. 그러나 지금 우리는 생물들이 거의 적응할 시간이 없을 만치 급속한 변화를 일으키고 있다. 그리고 우리가 일으키는 변화의 규모도 지금은 엄청난 수준이다. 우리는 대단히 뛰어난 가공 기술과 온갖 창의적인 화학물질을 이용해서 몇 달 사이에 하천의 어느 한 구간이나 숲의 어느 한 구역이 아니라, 강 전체, 숲 전체를 변형시킬 수 있다.

세계를 분별 있게 효과적으로 관리하려면 관리 목표가 무엇인지를 정해야 한다. 국제자연보전연맹, 유엔환경계획, 세계야생생물기금이라는 세 국제 기구는 그 일을 위해 서로 협력해왔다. 그들은 우리가 지침으로 삼아야 할 세 기본 원칙을 제시했다.

첫째, 우리는 스스로 재생할 수 없을 만치, 따라서 결국 사라질 만치 집중적으로 자연에 있는 동식물을 이용해서는 안 된다. 언급할 필요도 없을 정도로 너무나 명백해 보인다. 그러나 페루에서 페루멸치 떼를 싹 그리 잡아들이고, 유럽에서 기존 번식지에서 청어 떼를 내몬 사례들, 많은 고래 종들이 멸종 위협에서 이제야 겨우 서서히 회복되고 있는 사례들을 보라.

둘째, 대기의 산소 함량, 바다의 비옥도, 기후의 섬세한 균형 등 생명을 지탱하는 기본 과정들을 방해할 만치 지표면을 전면적으로 변화시켜서는 안 된다. 지구의 초록 덮개인 숲을 계속 파괴하고, 바다를 우리의 유독 물질을 버리는 쓰레기장으로 계속 사용하고, 무엇보다도 대기로 탄소를 계속 뿜어낸다면, 그런 변화가 일어날 것이다.

셋째, 우리는 지구 동식물의 다양성을 유지하는 일에 최선을 다해야 한다. 우리는 그들 중 상당수를 식량으로 삼고 있지만, 그런 이유만은 아니다. 또 우리는 아직 그들을 너무나 모르고 있고 그들이 앞으로 우리에게 실질적인 가치를 제공할 수도 있기 때문이기도 하지만, 마찬가지로 그런 이유만은 아니다. 무엇보다도 우리에게는 이 지구를 공유하고 있는 생물들을 영구히 없앨 도덕적 권리가 없다.

우리가 아는 한, 지구는 광대한 우주에서 생명이 존재하는 유일한 곳이다. 이 우주에서 우리는 혼자이다. 그리고 그 생명의 존속은 지금 우리 손에 달려 있다.

# 감사의 말

이 책의 초판을 쓸 때 많은 분들에게 큰 도움을 받았다. 가장 중요한 도움을 준 이들은 리처드 브룩이 이끄는 BBC 제작진이다. 초고를 놓고 그들과 많은 토론을 벌이던 일이 떠오른다. 그들은 내가 처음에 생각했던 더 잘 알려진 생물을 대체할 새롭고 낯선 생물들을 제시하고 초고에 빠진 부분이나 착오가 있는 대목을 지적하기도 했다. 제작자와 감독, 연구자, 녹음 담당자, 카메라 기사 등 모두에게 고마움을 전한다.

영상 대본과 이 책의 장을 쓸 때에는 많은 과학자들에게 큰 도움을 받았다. 덕분에 단편적인 내용들을 잘 엮어서 생물 공동체를 짜임새 있게 기술하고 전체가 어떤 식으로 기능하는지를 상세하게 설명할 수 있었다. 대개는 그들이 학술지에 쓴 논문을 통해서 그들의 깨달음과 발견을 습득했지만, 운 좋게도 현장에서 그런 연구자들과 함께 일할 기회도 있었다. 그런 기회를 얻을 때마다 우리는 가장 관대하면서도 아낌없는 도움을 받았다. 너무나도 감사한 마음이다. 해당 분야에서 오랜 세월을 보낸 사람만이 터득할 수 있는 지극히 실용적인 기술을 알려줌으로써 도움을 준 분도 많고, 그런 이들만이 볼 수 있는 것들을 보게 해준 분들도 있다. 특히 알다브라에서 짐 스티븐슨, 남극대륙에서 나이절 보너와 피터 프린스, 오스트레일리아에서 노먼 듀크, 하와이에서 프랜시스 하워스, 인도네시아에서 푸트라 사스트라완, 케냐에서 트루먼 영, 나미비아에서 메리 실리, 뉴질랜드에서 딕 바이치, 페루에서 펠리페 베네비데스, 미국에서 게리 앨트, 존 에드워즈, 찰스 로, 로버트 페인께 큰 도움을 받았다. 또 각 장을 읽고서 오류를 바로잡아준 로버트 애튼버러, 험프리 그린우드, 그렌 루카스, 해리슨 매슈스에게도 감사드린다.

또 이 책의 개정판을 내자고 제안한 윌리엄 콜린스 출판사의 마일스 아치볼드, 책에 실을 사진들을 모은 톰 캐벗과 레이철 모리스에게도 진심으로 고마움을 전한다.

이 책을 내놓은 뒤로 이 지구에는 아주 많은 일이 일어났다. 초판에 실은 경고 중에는 너무나 정확하게 들어맞은 것도 있다. 새로운 위협들도 출현했다. 리버풀 대학교의 매슈 코브는 원고 전체를 읽으면서 그런 내용이 여전히 정확한지 확인해주었다. 그러나 이 책의 목적은 우리가 지구에 가하는 훼손을 경고하는 것이 아니었고, 개정판도 마찬가지이다. 게다가 세계의 생태계가 복잡성을 그대로 간직할 수 있으려면 우리가 어떤 조치를 취해야 하는지 제시하는 것도 아니다. 나는 그런 문제들은 다른 화면과 지면을 통해서 다루어왔다. 이 책은 다르다. 이 책은 동식물의 군집, 즉 생태계가 어떻게 돌아가는지 올바로 이해할 수 있도록 동식물을 묘사하는 데에 초점을 맞춘다. 그렇게 올바로 이해해야만 우리가 지구에 끼친 피해를 복구할 수 있을 것이며, 그렇기 때문에 그 일에 도움을 준 모든 분들에게—위에 언급한 분들과 지면 부족으로 언급하지 못한 많은 분들에게—감사의 뜻을 전한다.

# 역자 후기


지구의 생명을 살펴보는 방식은 여러 가지이다. 자연 다큐멘터리의 거장인 저자는 이 책에서는 지구 전체를 걸으면서 둘러보는 관점을 취한다. 화산이 불을 뿜는 섬도 둘러보고, 바다의 수면에서부터 심해까지 들어가기도 한다. 발원지부터 강어귀까지 강줄기를 따라가면서 강이 어떻게 나이를 먹어가는지도 잔잔하게 들려준다.

글로 묘사하고 있지만, 읽고 있자면 마치 자연이 바로 눈앞에서 펼쳐지는 듯하다. 사막과 극지방에서 온갖 생물들이 역경을 헤치고 살아가는 모습도 생생하게 떠오른다. 또 저자는 북아메리카와 뉴질랜드 같은 곳에서 인류가 들어간 뒤로, 도도와 모아를 비롯한 여러 종들이 어떻게 사라져갔는지도 들려준다. 주요 항해 경로에서 벗어나 있는 덕분에 인간의 발길이 거의 닿지 않아서 거의 온전히 토착 생물들의 낙원으로 남아 있는 알다브라 섬의 풍경도 보여준다. 정체를 알 수 없었기 때문에 바다 깊은 곳에서 나오는 열매가 아닐까 하는 신비한 수수께끼의 대상이었던 코코드메르를 비롯한 진귀하고 별난 생물들의 이야기도 곳곳에 숨어 있다.

이제는 우리가 자연을 웬만큼 안다면서 때로 심드렁하게 여길 수도 있겠지만, 저자는 그런 생각이 착각임을 저절로 깨닫게 한다. 전문 용어를 거의 쓰지 않은 채, 자연에서 누가 어떻게 살아가는지를 잔잔한 어조로 들려주는 이야기를 듣다 보면 우리가 얼마나 많은 것을 놓치고 있는지를 저절로 깨닫는다. 다른 책이라면 몇 쪽에 걸쳐 다루어질 생물들이 그저 한두 문장으로 언급되고 넘어갈 때도 있지만, 그 짧은 대목에도 저자의 오랜 연륜이 담겨 있음이 드러난다.

저자와 함께 지구 전체를 여행하면서 말 그대로 생물들의 희로애락을 느껴보시기를 바란다.

2023년 봄
이한음

# 찾아보기

# 그림 출처

화보 1 (PP. 1–16) – page 1: www.naturepl.com; page 2: Oriol Alamany/www.naturepl.com); page 3: (above) Bernard Castelein/www.naturepl.com, (below) Bernard Castelein/www.naturepl.com; page 4: Erlend Haarberg/www.naturepl.com; page 5: (above) Theo Bosboom/www.naturepl.com, (below) USGS/Lyn Topinka; page 6: (above) NOAA Okeanos Explorer Program, Galapagos Rift Expedition 2011/photolib.noaa. gov, (below) MARUM – Center for Marine Environmental Sciences, University of Bremen; page 7: (above) Lieutenant Elizabeth Crapo/NOAA Corps/photolib.noaa.gov, (below) Jim Brandenburg/www.naturepl.com; page 8: (above) Martha Holmes/www.naturepl.com, (below) Enrique Lopez–Tapia/www.naturepl.com; page 9: Grant Dixon/www.naturepl.com; page 10: (above) Tui De Roy/www.naturepl.com, (below) Bryan and Cherry Alexander/www.naturepl.com; page 11: Fred Olivier/www.naturepl.com; page 12: (above) Fred Olivier/www. naturepl.com, (below) Suzi Eszterhas/www.naturepl.com; page 13: Danny Green/www.naturepl.com; page 14: Danny Green/www.naturepl.com; page 15: (above) Michio Hoshino/www.naturepl.com, (below) Sergey Gorshkov/www.naturepl.com; page 16: (above) Guy Edwardes/www.naturepl.com, (below) Heike Odermatt/ www.naturepl.com. 화보 2 (PP. 17–32) – page 17: (above) Konstantin Mikhailov/www.naturepl.com, (below) Alan Murphy/BIA/www.naturepl.com; page 18: (above) Peter Cairns/www.naturepl.com, (below) Jussi Murtosaari/www.naturepl.com; page 19: Jasper Doest/www.naturepl.com; page 20: Wild Wonders of Europe/ Zacek/www.naturepl.com; page 21: Marie Read/www.naturepl.com; page 22: Suzi Eszterhas/www.naturepl. com; page 23 (above) Hermann Brehm/www.naturepl.com, (below) Thomas Marent/www.naturepl.com; page 24: (above) Stephen Dalton/www.naturepl.com, (below) Daniel Heuclin/www.naturepl.com; page 25: (above) Jouan Rius/www.naturepl.com, (below) Anup Shah/www.naturepl.com; page 26: Konrad Wothe/www. naturepl.com; page 27: Phil Savoie/www.naturepl.com; page 28: (above) Donald M. Jones/www.naturepl. com, (below) Ingo Arndt/www.naturepl.com; page 29: (above) Bence Mate/www.naturepl.com, (below) Nick Garbutt/www.naturepl.com; page 30: (right) Nick Garbutt/www.naturepl.com, (below) Jim Brandenburg/ www.naturepl.com; page 31 (above) Konrad Wothe/www.naturepl.com, (left) George Sanker/www.naturepl. com; page 32: (above) Anup Shah/www.naturepl.com, (below) Sean Crane/www.naturepl.com. 화보 3 (PP. 33–48) – page 33: (above) Konrad Wothe/www.naturepl.com, (below) Jean E. Roche/www.naturepl.com; page 34: (above) Thomas Rabeil/www.naturepl.com, (below) Richard Du Toit/www.naturepl.com; page 35: (above) Denis–Huot/www.naturepl.com, (below) Jack Dykinga/www.naturepl.com; page 36: Ingo Arndt/ www.naturepl.com; page 37: (above) Mark Moffett/www.naturepl.com, (below) Michael & Patricia Fogden/ www.naturepl.com; page 38: (above) John Cancalosi/www.naturepl.com, (below) Michael & Patricia Fogden/ www.naturepl.com; page 39: (above) Jack Dykinga/www.naturepl.com, (below) Hanne & Jens Eriksen/www. naturepl.com; page 40 (right) Yves Lanceau/www.naturepl.com, (below) Phil Savoie/www.naturepl.com; page 41: (above) Kim Taylor/www.naturepl.com, (below) Chris & Monique Fallows/www.naturepl.com; page 42: (right) Tui De Roy/www.naturepl.com, (below) Sylvain Cordier/www.naturepl.com; page 43: (above) MODIS/ NASA, (below) Michel Roggo/www.naturepl.com; page 44: (above) Konrad Wothe/www.naturepl.com, (below) Konrad Wothe/www.naturepl.com; page 45: David Welling/www.naturepl.com; page 46: (above) © Aaron Gekoski/Scubazoo Images, (below) Nature Production/www.naturepl.com; page 47: (above) Julie Edgley Photography/julie@julieedgley.com/This file is licensed under the Creative Commons Attribution–Share Alike 4.0 International license, (below) Kim Taylor/www.naturepl.com; page 48: (above) Pete Oxford/www.naturepl. com, (below) Stephen Dalton/www.naturepl.com. 화보 4 (PP. 49–64) – page 49: (above) Laurent Geslin/www. naturepl.com, (below) David Tipling/www.naturepl.com; page 50: (above) Willem Kolvoort/www.naturepl. com, (below) Gary Bell/Oceanwide/www.naturepl.com; page 51: (above) Daniel Heuclin/www.naturepl. com, (below) Nick Upton/www.naturepl.com; page 52: Mark MacEwen/www.naturepl.com; page 53: (above) Adam White/www.naturepl.com, (left) Pete Oxford/www.naturepl.com; page 54: (above) Roland Seitre/ www.naturepl.com, (right) Pete Oxford/www.naturepl.com; page 55: (above) Nick Garbutt/www.naturepl. com, (left) Tui De Roy/www.naturepl.com; page 56: (right) Piotr Naskrecki/www.naturepl.com, (below) Jack Jeffrey/BIA/www.naturepl.com; page 57: (above) Alex Mustard/2020VISION/www.naturepl.com, (left) Richard Kirby, Plymouth University, Plymouth, UK/ https://doi.org/10.1073/pnas.1306732110; page 58: Alex Mustard/www.naturepl.com; page 59: (left) Franco Banfi/www.naturepl.com, (below) Fred Bavendam/www. naturepl.com; page 60: (above left) Brandon Cole/www.naturepl.com, (above right) Sue Daly/www.naturepl. com, (below) Alex Mustard/www.naturepl.com; page 61: Solvin Zankl/www.naturepl.com; page 62: (above) Luke Massey/www.naturepl.com, (below) Georgette Douwma/www.naturepl.com; page 63: (above) Michael Hutchinson/www.naturepl.com, (below) Laurent Geslin/www.naturepl.com; page 64: (right) Roland Seitre/ www.naturepl.com, (below) Tom Cabot/ketchup.